Systematischer Aufbau mehrkerniger Münzmetallkomplexe zur Untersuchung ihrer Lumineszenz und Synthese von d^{10}-Ferrocenylbisamidinatkomplexen

Systematischer Aufbau mehrkerniger Münzmetallkomplexe zur Untersuchung ihrer Lumineszenz und Synthese von d^{10}-Ferrocenylbisamidinatkomplexen

Zur Erlangung des akademischen Grades einer

DOKTORIN DER NATURWISSENSCHAFTEN

(Dr. rer. nat.)

der KIT-Fakultät für Chemie und Biowissenschaften

des Karlsruher Instituts für Technologie (KIT)

genehmigte

DISSERTATION

von

M.Sc. Milena Dahlen

aus Karlsruhe

Dekan: Prof. Dr. Manfred Wilhelm

1. Referent: Prof. Dr. Peter W. Roesky

2. Referent: Prof. Dr. Robert Langer

Tag der mündlichen Prüfung: 20. Juli 2021

Diese Arbeit wurde vom Fonds der Chemischen Industrie (FCI) im Rahmen eines Kekulé-Stipendiums gefördert.

Die Arbeit entstand im Zeitraum Januar 2018 – Juli 2021 am Institut für Anorganische Chemie des Karlsruher Instituts für Technologie unter der Leitung von Herrn Prof. Dr. Peter W. Roesky.

Hiermit erkläre ich, nur die angegebenen Quellen und Hilfsmittel benutzt und mich keiner unzulässigen Hilfe Dritter bedient zu haben. Insbesondere habe ich wörtlich oder sinngemäß aus anderen Werken übernommene Inhalte als solche kenntlich gemacht.

Bibliografische Information der Deutschen Nationalbibliothek

Die Deutsche Nationalbibliothek verzeichnet diese Publikation in der
Deutschen Nationalbibliografie; detaillierte bibliographische Daten sind im Internet
über http://dnb.d-nb.de abrufbar.
1. Aufl. - Göttingen: Cuvillier, 2021
    Zugl.: Karlsruher Institut für Technologie (KIT), Diss., 2021

© CUVILLIER VERLAG, Göttingen 2021
    Nonnenstieg 8, 37075 Göttingen
    Telefon: 0551-54724-0
    Telefax: 0551-54724-21
    www.cuvillier.de

    ISBN 978-3-7369-7519-4
    eISBN 978-3-7369-6519-5

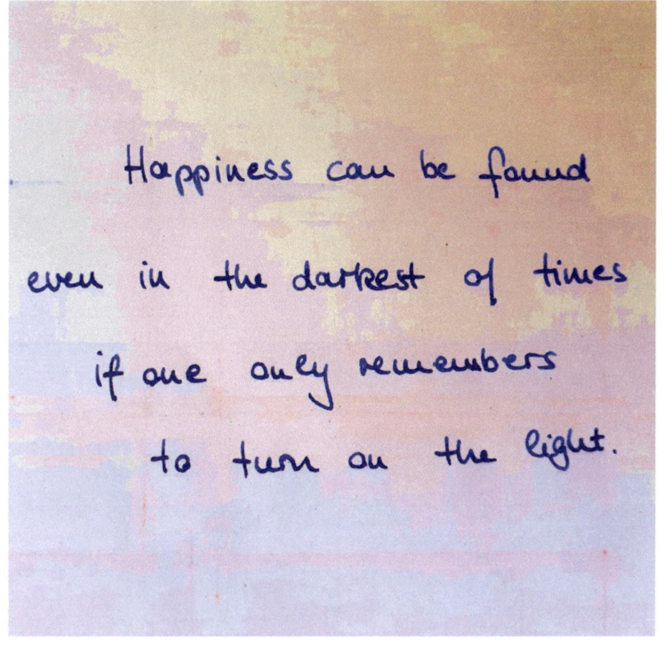

Zitat von Albus Percival Wulfric Brian Dumbledore (Schulleiter von Hogwarts)

aus dem Film „Harry Potter und der Gefangene von Askaban"

© Warner Bros. Entertainment Inc. basierend auf der Romanvorlage von J.K. Rowling

Für meinen Vater. Dreh die Musik laut auf und rock da oben!

Inhaltsverzeichnis

1 Einleitung

1.1 Gruppe 11 – Die Metalle Kupfer, Silber und Gold

1.1.1 Allgemeines

Aufgrund ihrer historischen Bedeutung als Zahlungsmittel werden die Elemente der elften Gruppe des Periodensystems gemeinhin als Münzmetalle bezeichnet. Die ersten Verwendungen von Kupfer und Gold sind bereits von vor 7000 Jahren dokumentiert und auch Silber findet seit langer Zeit Anwendung als Schmuck oder Zahlungsmittel.[1] In der heutigen Zeit sind die Edelmetalle nach wie vor unverzichtbar und finden sich unter anderem in elektronischen Geräten und Platinen. Dank der guten Leitfähigkeit, Duktilität und des im Vergleich zu Silber und Gold niedrigen Preises (~7530 €/t (Cu) vs. ~750 000 €/t (Ag) und 51.5 Mio. €/t (Au))[2] ist Kupfer heute Bestandteil vieler elektronischer Geräte, Kabel und Ähnlichem. Aufgrund des stetig steigenden Bedarfs hat sich die weltweite Jahresproduktion des Rohstoffs auf mittlerweile rund 24 Mio. Tonnen (2019) erhöht.[3] Ob metallisch oder in seinen Verbindungen – es ist im heutigen Alltag auch abseits des elektrotechnischen Bereichs allgegenwärtig, zum Beispiel als Wirkbestandteil in Bakteriziden, Fungiziden, Intrauterinpessaren und vielem mehr.[4] In den vergangenen Jahren rückte es auch in den Fokus der Forschung rund um erneuerbare Energien und der Fixierung von Kohlenstoffdioxid. Kanan *et al.* zeigten zum Beispiel 2014 den erfolgreichen Einsatz von nanokristallinem Kupfer, hergestellt aus Kupferoxid, zur Produktion von Ethanol, Acetat und *n*-Propanol.[5]

Selbst im menschlichen Körper ist Kupfer als Spurenelement unverzichtbar und jeder Erwachsene trägt *ca.* 80 mg in sich, das meiste davon in der farbigen Iris.[6] Es wird über den Magen-Darmtrakt aufgenommen und ist Bestandteil vieler Proteine, wobei ein Überschuss jedoch toxisch wirken und zur Schädigung der Leber führen kann.[7] Kupfermangel auf der anderen Seite führt zu einer Störung der Oxidationskapazität der Mitochondrien und zur Beeinträchtigung des blutbildenden Systems. Vermutlich ist auch die Bildung von Hämoglobin von Kupfer abhängig, dafür spricht zumindest die Wirksamkeit einer Kupfereinnahme bei einer Anämie.[8]

Obgleich Silber eine noch bessere Leitfähigkeit als Kupfer aufweist, die höchste aller Metalle,[9] wird es aufgrund seines hohen Preises und der geringeren Verfügbarkeit vorwiegend für Spezialanwendungen, wie in der Photovoltaik und Medizin verwendet und in der Schmuckindustrie verarbeitet.[10] Der Jahresbedarf lag 2019 bei *ca.* 28123 Tonnen.[10a] Seine

Verarbeitung und Nutzen sind schon seit langem Gegenstand der Forschung und als Justus von Liebig 1868 den Artikel „On Silvering Glass" veröffentlichte, revolutionierte er damit die Spiegeltechnologie und unseren Alltag.[11] Heute, rund 150 Jahre später wird Silber noch in Spezialspiegeln eingesetzt, beispielsweise im Hubble Teleskop der NASA, auch wenn mittlerweile bei dessen Nachfolger auf Gold gesetzt wird (siehe unten).[12] In unserer digitalen Welt erweist sich Silber nach wie vor in vielerlei Hinsicht als nützlich und es eröffnen sich immer neue Anwendungsmöglichkeiten. So sorgen beispielsweise feine Silberfäden, verarbeitet an den Fingerspitzen von Handschuhen dafür, dass der Touchscreen des Smartphones auch in der Kälte bedient werden kann.[13] Neben einigen weiteren Schwermetallen, konnte Silber auch im menschlichen Metabolismus in geringen Mengen nachgewiesen werden. Im Gegenteil zu Kupfer ist dessen physiologische Bedeutung allerdings bisher unbekannt.[6] In der medizinischen Applikation ist es hingegen nicht zu ersetzen. Jedem geläufig sind die mit Silber beschichteten Wundauflagen kommerziell erhältlicher Pflaster mit antiseptischer Wirkung.[14] Ebenso bekannt ist die Verwendung in der Zahnmedizin, beispielsweise als Silberamalgam in Zahnfüllungen, obgleich dessen gesundheitliche Unbedenklichkeit aufgrund des Quecksilbergehalts seit vielen Jahren umstritten ist.[15]

Seit jeher nimmt Gold in der Edelmetallreihe aufgrund seiner Seltenheit, der Korrosionsbeständigkeit und seiner charakteristischen Farbe eine besondere Stellung ein. Bekannt als Zahlungsmittel und in der Schmuckindustrie, steht es seit langem auch im Fokus der medizinischen und technischen Forschung.[16] Unter anderem sind dessen Nanopartikel Gegenstand zahlreicher medizinischer Untersuchungen, wie beispielsweise bei Stevens *et al.*, die die Anwendung in einem äußerst sensitiven Nachweis des HI-Virus zeigten.[17] Neben Nanopartikeln werden auch diverse Gold(I)- und Gold(III)-Verbindungen seit einigen Jahren zur Medikation verschiedenster Erkrankungen erforscht und genutzt.[18] Sie stellen vielversprechende Alternativen zum seit 1978 in der Krebstherapie eingesetzten *cis*-Platin dar, welche aufgrund starker Nebenwirkungen und der entwickelten Resistenzen benötigt werden. Da der quadratisch planare Pt(II)-Komplex isoelektronisch und isostrukturell zu Gold(III)-Komplexen ist, waren diese die naheliegende Wahl und ihre antikarzinogene Wirkung wurde in mehreren Studien bestätigt.[18b,19] Da unter physiologischen Bedingungen sowohl Gold(I)- als auch Gold(III)-Verbindungen sehr reaktiv sind und zu Ligandenaustausch und Disproportionierung neigen, müssen sie mit entsprechenden Liganden stabilisiert werden.[19a] Aufgrund ihrer Lipophilie, Stabilität und Bindungsaffinität, gehören Phosphane, Thiolate und N-Heterozyklische Carbene (NHCs) zu den bevorzugten Ligandensystemen für

Au(I)-Verbindungen. Au(III)-Ionen können beispielsweise mit Porphyrinen fixiert werden.[19a] Vorreiter in der Wirkstoffklasse der Goldverbindungen und bereits seit 1985 zur Behandlung rheumatischer Arthritis zugelassen, ist Auranofin (Struktur siehe Abbildung 1.1.1-1, links).[20] Dessen potentielle weitere Anwendungsgebiete erstrecken sich über die Behandlung von Krebs, HIV, neurodegenerativer Störungen sowie parasitärer und bakterieller Infektionen.[20-21] Jüngste Ergebnisse zeigen zudem eine erfolgreiche Behandlung des SARS-CoV-2 Virus in menschlichen Zellen, bei der die virale RNA innerhalb von 48 h nach der Infektion um 95 % reduziert werden konnte.[22] Der Ansatz, heterobimetallische Komplexe im Einsatz gegen Krebs zu untersuchen, in der Hoffnung positive kooperative Effekte der Metallzentren festzustellen, wird ebenfalls seit einiger Zeit verfolgt.[23] Aussichtsreiche Ergebnisse zeigten letztes Jahr Gimeno *et al.* an zwei Propargylgoldkomplexen, die zusätzlich an Kupfer oder Silber koordinierten (Abbildung 1.1.1-1, rechts). Sie präsentierten vielversprechende Resultate bei der Behandlung *cis*-Platin resistenter Lungenkrebszellen, die auf einen möglichen synergistischen Effekt der beiden Metallzentren schließen ließen.[24]

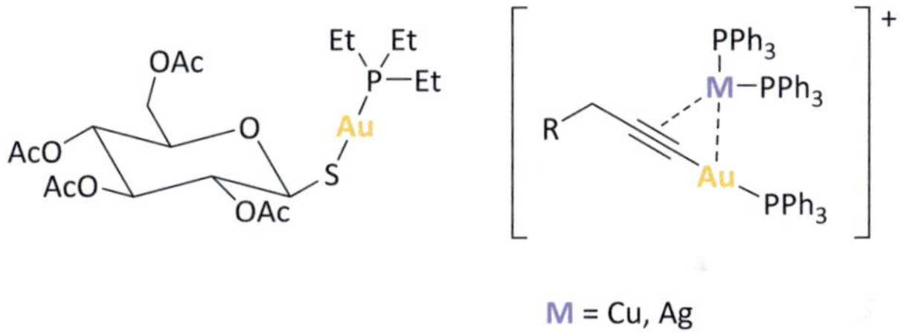

Abbildung 1.1.1-1: Strukturformeln von Auranofin (links) und des Hauptmotivs der heterobimetallischen Strukturen von Gimeno *et al.* (rechts).[24]

1.1.2 Physikalische und chemische Eigenschaften

Die Metalle der Gruppe 11 sind ausgesprochen duktil und lassen sich einfach verarbeiten. Daher scheiden allerdings zumindest Silber und Gold, beide duktiler als Kupfer, für die Anwendung unter mechanischer Belastung aus oder müssen hierfür mit anderen Metallen legiert werden.[9] Als das duktilste aller Metalle kann Gold bis auf wenige Atomlagen ausgerollt werden, ohne dabei zu reißen.[9] Auf dieser Eigenschaft beruht die Entdeckung des Atommodels von Rutherford, welcher eine extrem dünne Goldfolie mit α-Teilchen bestrahlte und feststellte, dass nur ein Bruchteil der Strahlung zurückgestreut wurde.[25] In der Moderne werden solche dünnen Goldschichten zum Beispiel in Teleskopen verwendet. Das neue James Webb Space Telecope der NASA trägt eine mittels Gasphasenabscheidung aufgetragene *ca.* 100 nm dünne Goldschicht, die zur Reflektion der Infrarotstrahlung dienen soll.[12b]

Ihre Bezeichnung als Edelmetalle verdanken die Münzmetalle, insbesondere Silber und Gold, ihrer hohen Korrosionsbeständigkeit, welche auf das hohe positive Standardpotential zurückzuführen ist. Das Standardpotential nimmt in Gruppe 11 nach unten zu und erreicht bei Gold die höchsten Werte aller Metalle ($E^0(Au/Au^+)$ = +1.69 V, $E^0(Au/Au^{3+})$ = +1.50 V und $E^0(Au^+/Au^{3+})$ = +1.40 V).[9] Die Gruppe der Münzmetalle hält unter den Metallen einige Rekorde, darunter die größte thermische und elektrische Leitfähigkeit bei Silber und die höchste Elektronegativität, das positivste Standardpotential und die negativste Elektronenaffinität aller Metalle für das Element Gold.[9]

Neben kleineren gediegenen Vorkommen liegt Kupfer vorwiegend in oxidischen und sulfidischen Erzen vor, wobei letztere die wichtigste Rolle in der kommerziellen Förderung einnehmen. Aus Kupferkies ($CuFeS_2$), Buntkupferkies (Cu_5FeS_3) und Kupferglanz (Cu_2S) werden über das schmelzmetallurgische Verfahren die Eisenbestandteile abgetrennt und anschließend aus dem so erhaltenen Cu_2S mittels Röstverfahren das Rohkupfer hergestellt. Anschließend erfolgt eine elektrolytische Aufreinigung zu Reinkupfer.[9] In seinen Verbindungen nimmt Kupfer meist die Oxidationsstufen +1 oder +2 an, wobei jedoch auch Beispiele mit den Oxidationsstufen 0, +3 und +4 bekannt sind. Die bevorzugte Koordinationszahl des Cu(I)-Ions ist vier, darauf folgen drei und zwei.[9] Obgleich +3 eine ungewöhnliche Oxidationszahl für Kupfer darstellt, wurde in jüngerer Vergangenheit mehrere Male davon berichtet.[26] Insbesondere anionische chelatisierende zyklische NHC- oder pyridinhaltige Ligandensysteme scheinen sich hierfür zu eignen.[26a,26b,26e,27]

Erst kürzlich berichteten Meyer *et al.* von einem Pyridyl-NHC-Ligandensystem, welches in der Lage ist, neben Cu(I) und Cu(II), auch Cu(III) zu komplexieren (Schema 1.1.2-1).[28]

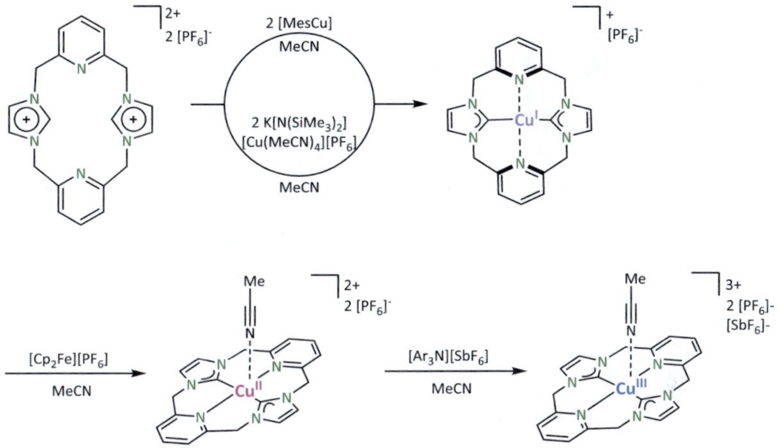

Schema 1.1.2-1: Systematische Oxidation eines Kupfer(I)-Ions in einem Pyridyl-NHC-Ligandensystem, vorgestellt von Meyer *et al.* Adaptiert mit Erlaubnis von John Wiley and Sons (Lizenznummer 5167021377340). Y. Liu, S. G. Resch, I. Klawitter, G. E. Cutsail, S. Demeshko, S. Dechert, F. E. Kühn, S. DeBeer, F. Meyer, *Angew. Chem. Int. Ed.* **2020**, *59*, 5696. DOI: 10.1002/anie.201912745.[28]

Die für Kupfer seltene Oxidationsstufe 0, konnte von Bertrand, Roesky, Kaim und Frenking *et al.* erfolgreich mit zyklischen Alkylaminoliganden (CAACs) isoliert werden (Abbildung 1.1.2-1).[29] Im selben Jahr veröffentlichten einige der Autoren zudem eine Analyse der Bindungssituation, in der sie feststellten, dass in diesem Fall die π-Rückbindung vom Metall auf den Liganden stärker ist als die σ-Hinbindung. Die berechnete Ladungsverteilung unterstützte dies mit einer positiven Ladung am Metallatom.[30] Landis *et al.* analysierten die Bindungssituation ebenfalls. Ihren NBO (natural bond orbital) Analysen zu Folge entspricht die Bindungssituation eher der eines Kupfer(I)kations zu zwei „nicht unschuldigen" Liganden, wobei jeder von je 0.5 Elektronen reduziert vorliegt, welche über die π-Orbitale der zwei Liganden delokalisiert sind.[31]

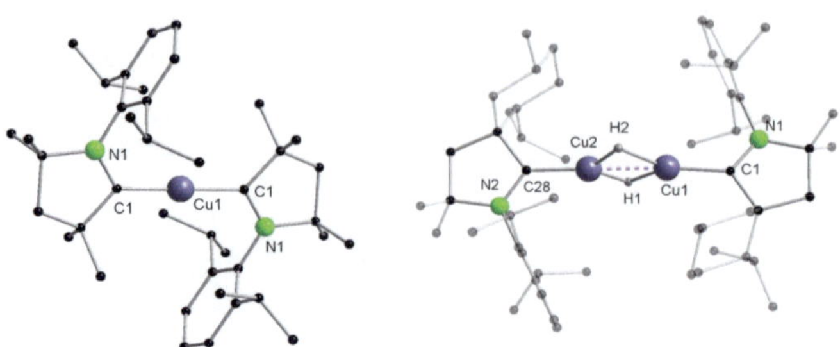

Abbildung 1.1.2-1: Links: Der von Bertrand, Roesky, Kaim und Frenking *et al.* veröffentlichte CAAC$_2$Cu^0 Komplex.[29] Rechts: Die von Bertrand veröffentlichte, bei Raumtemperatur stabile Kupferhydridverbindung.[32]

Auch Kupferhydridkomplexe, die mit herkömmlichen NHCs bei Raumtemperatur nicht lagerbar sind, konnten mit CAAC-Liganden hinreichend stabilisiert werden.[32] Sadighi *et al.* nutzten beispielsweise das IPr-NHC (1,3-Bis(2,6-diisopropylphenyl)imidazol-2-yliden) zur Synthese eines Kupferkomplexes, aus dem ein Kupferhydridkomplex generiert werden konnte. Dieser wurde zwar erfolgreich in einer Hydrokuprierung umgesetzt, wurde allerdings als nur bedingt stabil beschrieben.[33] Durch Einsatz des CAAC-Liganden, konnten Bertrand *et al.* einen strukturell ähnlichen Komplex präsentieren (Abbildung 1.1.2-1), der jedoch bei Raumtemperatur sowohl in Lösung als auch im Festkörper mehrere Wochen stabil ist.[32] Kupfer(IV) schließlich ist kaum bekannt und konnte bislang nur unter harschen Bedingungen, wie unter Druckfluorierung als oktaedrischer Komplex Cs$_2$[CuF$_6$] oder unter starkem O$_2$-Druck in Perovskiten realisiert werden.[34]

Das entsprechend nächstschwerere homologe Element, Silber, kommt natürlich gediegen oder sonst vor allem in Form sulfidischer Erze vor.[9] Rohsilber kann daraus beispielsweise durch Cyanidlaugerei erhalten werden, welches anschließend elektrochemisch aufgereinigt wird.[9] Es nimmt ebenfalls Oxidationsstufen von +1 bis +4 an, wobei im Gegensatz zu Kupfer hier +1 die stabilste darstellt. Zusätzlich sind niederwertige Verbindungen mit Oxidationsstufen < 1, zum Beispiel Silbersubfluorid Ag$_2$F bekannt.[35] Das einwertige Kation Ag$^+$ bevorzugt eine lineare Koordination,[9] kann unter anderem aber auch trigonal planar,[36] tetraedrisch[37] oder oktaedrisch koordiniert vorliegen.[38] Eine Variante der dreifachen Koordination präsentiert eine im vergangenen Jahr veröffentlichte Publikation von Fernández und Bezuidenhout *et al.*[39]

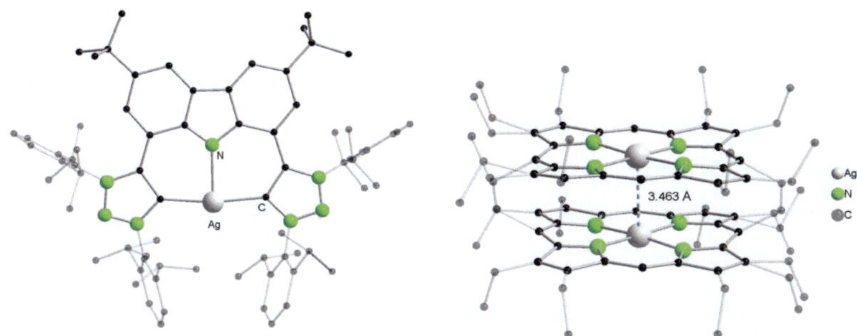

Abbildung 1.1.2-2: Links: Der von Fernández und Bezuidenhout *et al.* vorgestellte Silberkomplex mit T-förmiger Koordinationsgeometrie.[39] Rechts: Der Porphyrin stabilisierte Ag(III)-Komplex von Rath *et al.* (PF$_6$-Anionen, Lösungsmittelmoleküle und Protonen sind aus Gründen der Übersichtlichkeit nicht dargestellt).[40]

Der verwendete CNC-Zangenligand, früher bereits erfolgreich zur Komplexierung von Cu(I) und Au(I) eingesetzt,[41] zwingt das Silber(I)-Kation in eine T-förmige planare Koordinationsgeometrie (Abbildung 1.1.2-2 links).[39] Auch für Silber ist die Oxidationsstufe +3 ungewöhnlich, kann aber beispielsweise mit stickstoffhaltigen zyklischen Liganden stabilisiert werden.[40,42] Rath *et al.* isolierten hierzu mit verbrückten Porphyrinen zunächst den Ag(II)/Ag(II)-Komplex, dann die gemischt valente Ag(II)/Ag(III)- und zuletzt die Ag(III)/Ag(III)-Verbindung (Abbildung 1.1.2-2). Sie stellten zudem eine attraktive d^8-d^8-Wechselwirkung der beiden Silber(III)zentren fest.[40]

Obgleich Gold sich durch das höchste Standardpotential der Münzmetalle auszeichnet, hat es eine noch vielfältigere Redoxchemie. Neben elementarem Gold sind +1 und +3 die stabilsten Oxidationsstufen.[9] Mit der Elektronenkonfiguration [Xe]4f^{14}5d^{10} weist das Au(I)-Kation eine geschlossene Valenzschale auf und bevorzugt meist eine annähernd lineare Koordination mit 14 Valenzelektronen. Dies kann anschaulich mit dem Hybridisierungskonzept erklärt werden. Bedingt durch relativistische Effekte (siehe unten) ist für Gold der Energieunterschied zwischen 6s und 6p Orbitalen besonders ausgeprägt. Im Falle einer Hybridisierung ist folglich eine Mischung mit höchstmöglichem s-Anteil begünstigt. Daraus resultiert eine bevorzugte Ausbildung von sp- eventuell auch sd-Hybridorbitalen, welche dann zur bekannten linearen Konfiguration mit 14 Valenzelektronen führt.[9,43] Trotzdem gibt es auch diverse Beispiele von Gold(I)kationen in trigonal planarer Koordinationsumgebung, wie von Hey-Hawkins *et al.* oder auch in dieser Arbeit gezeigt.[36a,44]

Seit einigen Jahren sind molekulare Gold(0)-Verbindungen im Fokus der Forschung. Ihre Darstellung erweist sich als große synthetische Herausforderung, da die Tendenz zur Agglomeration und Bildung von Gold(0)-Nanopartikeln hier besonders ausgeprägt ist.[45] Zur Isolierung molekularer Komplexe wurden vor allem die oben bereits mehrfach erwähnten CAAC-Liganden erfolgreich eingesetzt. Die hierzu von Bertrand *et al.* veröffentlichten Strukturen sind in Abbildung 1.1.2-3 dargestellt.[46]

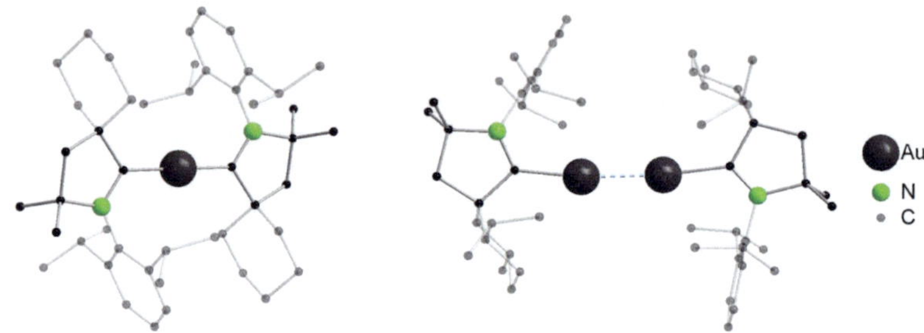

Abbildung 1.1.2-3: Molekülstrukturen der von Bertrand *et al.* synthetisierten Komplexe [CAAC$_2$Au^0] (Links) und [CAAC$_2$Au$^0_2$] (Rechts) im Festkörper. Dargestellt ohne Protonen, die Legende gilt für beide Strukturen.[46b]

Aufgrund ihrer Disproportionierung in die stabileren Oxidationsstufen +1 und +3 sind Verbindungen des zweiwertigen Goldes vergleichsweise rar.[47] In mehr als einer Hinsicht außergewöhnlich ist daher die erste Gold(II)-Xenonverbindung [AuXe$_4$][Sb$_2$F$_{11}$]$_2$ (Abbildung 1.1.2-4, links), die 2000 von Seppelt und Seidl vorgestellt wurde.[48] Sie war die erste in einer Reihe weiterer Gold-Xenon-Verbindungen.[49] Hervorzuheben sind an dieser Stelle zudem die Arbeiten von Heinze *et al.*, die Porphyrine als potente Liganden für Au(II)-Ionen etablierte.[47b,50] Der erste in diesem Zusammenhang veröffentlichte Komplex ist in Abbildung 1.1.2-4 (rechts) dargestellt.[47b] Aufgrund seiner hohen Elektronenaffinität ist für Gold auch die Oxidationsstufe -1 bekannt, welche z.B. in Gegenwart starker Reduktionsmittel, wie Cäsium erhalten wird.[9]

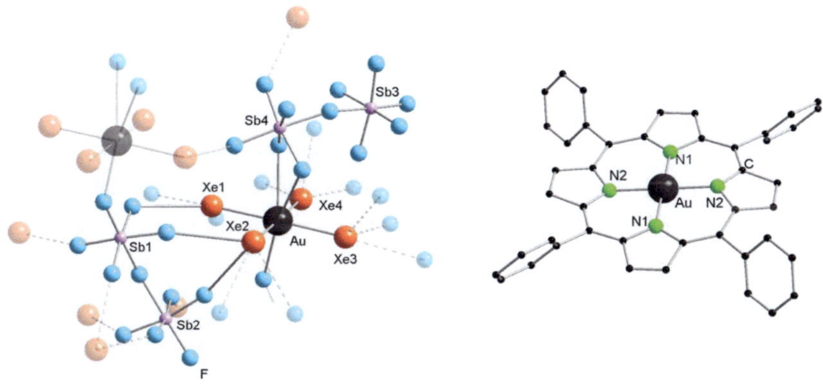

Abbildung 1.1.2-4: Links: Ausschnitt aus der Molekülstruktur des von Seppelt und Seidel 2000 in *Science* veröffentlichten Au(II)-Xenon-Komplexes mit [Sb$_2$F$_{11}$]$^-$ als Gegenanionen im Festkörper.[48] Rechts: Molekülstruktur des Porphyrin-Au(II)-Komplexes von Heinze *et al.* im Festkörper.[47b]

Für molekulare metallorganische elektronenreiche Goldkomplexe gibt es nur wenige, dafür beeindruckende Vertreter. Ein Beispiel der jüngeren Vergangenheit wurde von Kinjo *et al.* 2016 in *Journal of the American Chemical Society* vorgestellt.[51] Sie isolierten einen 1,2,4,3-Triazaborol-3-yl-gold-Komplex, in dem sich aufgrund der Elektronegativitätsdifferenz zwischen dem Gold- und dem Boratom formal eine polare Au$^{\delta-}$–B$^{\delta+}$-Bindung vermuten lässt. Das Goldatom stellt hier allerding kein nukleophiles Zentrum dar.[51-52] Außergewöhnlich ist der erste als Nukleophil agierende Gold-Komplex, welcher 2019 von Goicoechea und Aldridge *et al.* in *Nature Chemistry* vorgestellt wurde.[52] Auf Basis des 2018 von Ihnen vorgestellten NON-Liganden, mit dem sie bereits ein nukleophiles Aluminylanion realisierten,[53] präsentierten sie 2019 den NON-Aluminium-Gold-Komplex, gezeigt in Schema 1.1.2-2.

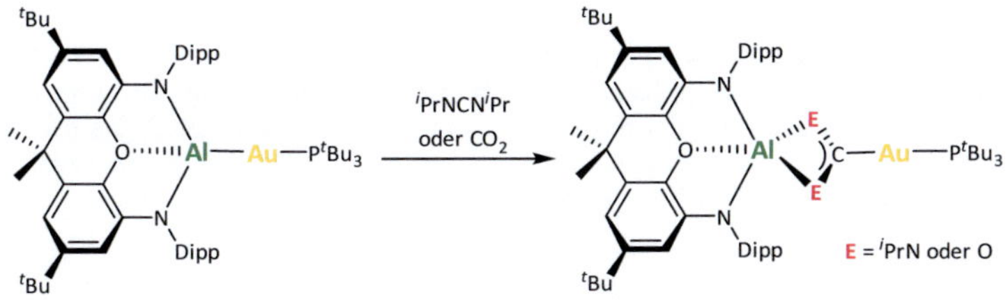

Schema 1.1.2-2: Strukturformel des von Goicoechea und Aldridge *et al.* vorgestellten NON-Aluminium-Gold-Komplexes und dessen Reaktion mit N,N'-Diisopropylcarbodiimid bzw. Kohlenstoffdioxid.[52]

Die Verbindung weist am Goldzentrum eine berechnete formale Ladung von -0.82 auf und reagiert mit CO_2 und Diisopropylcarbodiimid unter Insertion in die Aluminium-Gold-Bindung, wobei das Gold die Bindung zum elektrophilen Kohlenstoffatom ausbildet. Kürzlich veröffentlichten Yamashita und Lin *et al.* einen Gold-Boryl-Komplex, der ebenfalls nukleophilen Charakter am Goldzentrum aufweist. Mit C=O/N-Substraten reagiert er unter Ausbildung einer Au-C bzw. B-O/N Bindung.[54] Sie führten zudem ausführliche Studien zum Reaktionsmechanismus für diverse Reagenzien durch. Interessanterweise ist der nukleophile Angriff des Goldatoms nicht der erste Reaktionsschritt. Bei Einsatz von Benzaldehyd als Substrat erfolgt zunächst eine Koordination des Lewis-sauren Boratoms an das Sauerstoffatom (analog für die anderen untersuchten Substrate). Erst danach bildet sich der viergliedrige Übergangszustand aus, der das Goldatom mit dem elektrophilen Zentrum des Substrats in Verbindung bringt (Abbildung 1.1.2-5).[54]

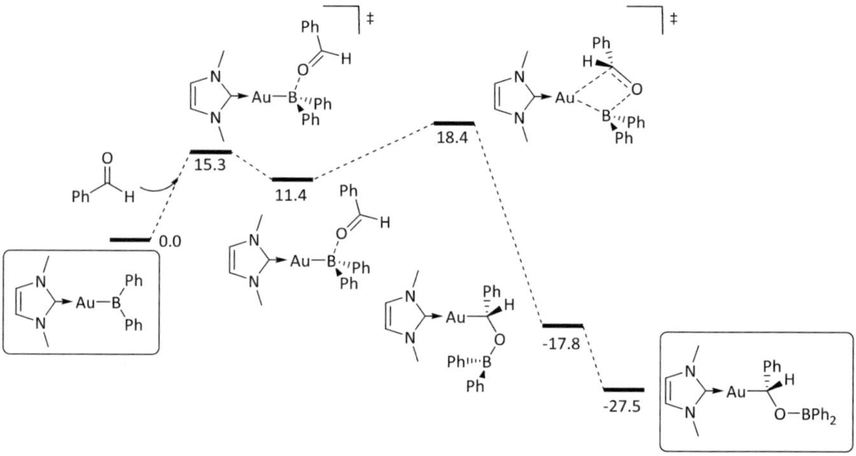

Abbildung 1.1.2-5: Der von Yamashita und Lin *et al.* als Nukleophil agierende Gold-Boryl-Komplex (Kasten links) und der postulierte Reaktionsmechanismus bei Umsetzung mit Benzaldehyd mit angegebenen relativen freien Energien (in kcal·mol^{-1}). Abbildung erstellt mit Erlaubnis (Open Access) auf Basis des Scheme 7 aus: A. Suzuki, X. Guo, Z. Lin and M. Yamashita, *Chem. Sci.*, 2021, **12**, 917. DOI: 10.1039/D0SC05478J.[54] Published by The Royal Society of Chemistry.

Viele der bekannten besonderen Eigenschaften von Gold, wie die Zugänglichkeit einer hohen Anzahl an Oxidationsstufen, sind auf die bei Gold besonders ausgeprägten relativistischen Effekte zurückzuführen.[9,55] Diese sind Ergebnis der Wechselwirkung zwischen Atomkern und Elektronen und gewinnen mit steigender Ordnungszahl an Bedeutung ($\sim Z^2$).

Zur Veranschaulichung der relativistischen Effekte müssen Elektronen in kernnahen Orbitalen betrachtet werden. Zum leichteren Verständnis und um ein möglichst anschauliches Bild zu erhalten, ist eine Beschreibung des Elektrons als Teilchen besonders geeignet. Im Teilchenbild bewegen sich die s-Elektronen in Kernnähe mit steigender Ordnungszahl mit immer höheren Geschwindigkeiten, im Falle von Gold mit *ca.* 58 % der Lichtgeschwindigkeit.[55-56] Durch den hierdurch verursachten relativistischen Massezuwachs (siehe Formel 1.1.2-1 (a) und (b)) erhöht sich die Masse des 1s-Elektrons (n = 1, Z = 79) im Falle von Gold gemäß dem Verhältnis m_{rel}/m_0 um 22 %.[55]

$$(a) \quad m_{rel}(v) = \frac{m_0}{\sqrt{1 - \left(\frac{v}{c}\right)^2}} \qquad (b) \quad v = \frac{n \cdot Z \cdot e^2}{2 \cdot h \cdot \varepsilon_0} \qquad (c) \quad a_0 = \frac{4 \cdot \pi \cdot \varepsilon_0 \cdot \hbar^2}{Z \cdot e^2 \cdot m_{rel}}$$

Formel 1.1.2-1: $m_{rel}(v)$: Relativistische Masse; m_0: Ruhemasse; v: Geschwindigkeit des Elektrons; c: Lichtgeschwindigkeit; Z: Kernladung; e: Elementarladung; n: Hauptquantenzahl; h: Planck'sches Wirkungsquantum; ε_0: Elektrische Feldkonstante; a_0: Bohr'scher Radius; m_{rel}: Relativistische Masse; $\hbar$: Reduziertes Planck'sches Wirkungsquantum (h/2π).[55-56]

Durch die reziproke Abhängigkeit des Bohr'schen Radius von der Masse (Formel 1.1.2-1 (c)) kontrahiert das 1s-Orbital entsprechend um den Faktor $m_0/m_{rel} \approx 0.82$.[55] Hinzu kommen die Auswirkungen der Lanthanoiden- bzw. Actinoidenkontraktion: Aufgrund ihrer Diffusität schirmen die d- und f-Orbitale mit höher werdender Ordnungszahl die ebenfalls zunehmende Kernladung nur unzureichend ab. Durch die hierdurch höhere effektive Kernladung, die auf die kernnahen s- und p-Elektronen wirkt, kontrahieren deren Orbitale und werden energetisch abgesenkt (direkter relativistischer Effekt).[57] Dies wiederum führt zu einer höheren Abschirmung der Kernladung durch diese kernnahen Orbitale, wodurch die d- und f-Orbitale expandieren, genannt relativistische Expansion oder indirekter relativistischer Effekt.[55]

Das Goldatom erhält im Falle einer Elektronenaufnahme die Elektronenkonfiguration $[Xe]4f^{14}5d^{10}6s^2$ mit gefüllten d- und s-Orbitalen. Dies, zusammen mit der energetischen (durch relativistische Effekte hervorgerufenen) Absenkung des 6s-Orbitals von Gold erklärt unter anderem dessen hohe Elektronegativität und Elektronenaffinität. Aus der hohen ersten Ionisierungsenergie des 6s-Elektrons resultiert auch die für Gold bekannte und geschätzte Korrosionsbeständigkeit.[9] Die oben erwähnte relativistische Destabilisierung der 5d-Orbitale eröffnet zudem den Zugang zu den hohen Oxidationsstufen, die bei den leichteren Homologen nicht disponibel sind.[58]

1.1.3 Von metallophilen Wechselwirkungen und Lumineszenz

Mit Einführung der Einkristallröntgenstrukturanalyse traten unerwartete strukturelle Eigenschaften in unter anderem Gold(I)-Verbindungen zu Tage, welche mit dem bis dato etablierten Verständnis chemischer Bindungen nicht vereinbar waren.[59] Obgleich für geschlossenschalige Systeme keine Interaktion zu erwarten ist und sich zwei Kationen gemäß der Coulombkräfte abstoßen, wurde eine Stabilisierung von Goldkationen in räumlicher Nähe zueinander, oft unterhalb der Summe der van-der-Waals-Radien, beobachtet.[60] Schmidbaur prägte in diesem Kontext den heute geläufigen Begriff der „Aurophilie", bzw. der „aurophilen Wechselwirkungen".[61] Er ist heute zur Beschreibung von Verbindungen gebräuchlich, in denen Goldabstände unterhalb von 3.5 Å auftreten.[62] Der Summe der van-der-Waals-Radien entspräche zwar ein Abstand von 3.32 Å (nach Bondi),[63] allerdings wurden noch bis zu den genannten 3.50 Å hinreichend attraktive Wechselwirkungen ermittelt. Je nach Abstand r liegen diese in der Größenordnung starker Wasserstoffbrückenbindungen (siehe Formel 1.1.3-1).[57,64]

$$D_e = 1.27 \cdot 10^6 \cdot \exp\left(-3.5\, r_{Au-Au}\right)$$

Formel 1.1.3-1: Formel zur Ermittlung der Bindungsstärke aurophiler Wechselwirkungen: D_e : Wechselwirkungsenergie [kJ/mol]; r_{Au-Au}: Gleichgewichtsabstand in [Å].[64a]

Obgleich aurophile Wechselwirkungen wohl die bekanntesten Vertreter sind, sind auch für Silber die entsprechenden argentophilen Wechselwirkungen in einer ähnlichen Größenordnung (bis zu 40 kJ/mol) bekannt.[65] Das kuprophile Analog ist hingegen als etwa dreimal schwächer einzuordnen (bis *ca.* 15 kJ/mol).[66]

Bereits 1987 veröffentlichte Jansen ein Review mit dem Titel *„Homoatomic d^{10}-d^{10} Interactions: Their Effects on Structure and Chemical and Physical Properties"*.[59c] Er fasst zum ersten Mal die experimentellen Befunde für mögliche attraktive Wechselwirkungen zwischen geschlossenschaligen d^{10}-Metallkationen zusammen.[59c] Während der darauffolgenden Jahre zeigten zahlreiche Publikationen, dass es sich bei dem Phänomen tatsächlich nicht nur um keinen seltenen Effekt handelt, sondern dieser zudem nicht auf Silber/Gold und nicht auf d^{10}-Metalle beschränkt ist. Das von Pyykkö benannte Konzept der „Metallophilie"[67] umfasst mittlerweile zahlreiche Systeme mit geschlossenschaligen oder pseudo geschlossenschaligen Metallzentren, darunter weitere Bespiele für d^{10}-d^{10},[60b,60c,61b,68] sowie d^{10}-d^{8},[69] d^{8}-d^{8},[70] $d^{10}s^2$-$d^{10}s^{2}$[71] oder d^{10}-$d^{10}s^2$.[72] In Abbildung 1.1.3-1 ist ein Ausschnitt des Periodensystems dargestellt. Elemente, für die Verbindungen mit metallophilen Wechselwirkungen bekannt sind, sind in Gelb abgebildet. Solche, für die es nur wenige oder nicht eindeutige Beispiele gibt, sind zweifarbig dargestellt. Aufgrund der unten aufgeführten Schwierigkeiten bezüglich einer Abgrenzung der Metallophilie und der sich ständig ändernden Forschungslage kann allerdings kein Anspruch auf Vollständigkeit erhoben werden.

Abbildung 1.1.3-1: Elemente mit literaturbekannten Beispielen von Komplexen mit metallophilen Wechselwirkungen bzw. kurzen M-M-Abständen. Farbcode: Gelb: bekannt; Blau: unbekannt; Zweifarbig: wenige Beispiele bzw. nicht eindeutig Metallophilie.[73]

Da zu den intermetallischen Wechselwirkungen mehrere Komponenten beitragen können, unter anderem ionische, kovalente, dative und geschlossenschalige Anteile, sei daher an dieser Stelle ergänzt, dass eine klare Abgrenzung der metallophilen Wechselwirkungen nur schwer möglich ist. Insbesondere bei kationischen Metallzentren ist die Coulomb-Abstoßung ein limitierender Faktor, welcher überwunden werden muss. Welch entscheidende Rolle hierbei die Liganden spielen, berichtete beispielsweise Echeverría. Er konstatierte 2018 außergewöhnlich kurze Metallabstände in In(III)-Komplexen, welche bislang unentdeckte metallophile Wechselwirkungen erahnen ließen.[68g] Diese Vermutung liegt nahe, da In(III) mit einer abgeschlossenen d^{10}-Schale dieselbe Elektronenkonfiguration wie Ag(I) aufweist. Dem entgegen steht allerdings die hohe Ladungsdichte, welche zu einer hohen elektrostatischen Abstoßung zwischen den entsprechenden Kationen führt. Um einen Metall-Metall-Kontakt auszubilden, müsste diese Repulsion folglich durch Dispersionskräfte und Orbitalwechselwirkungen überwunden werden.[68g] Tatsächlich zeigt die Molekülstruktur des Trimethylindiums im Festkörper keine kurzen In-In Kontakte (Abbildung 1.1.3-2),[74] dafür aber eine attraktive „π-hole" Wechselwirkung zwischen den Methylgruppen und den elektronenarmen In(III)-Zentren. Die Molekülstruktur (im Festkörper) des verwandten

Trimethyl(triphenylphosphan)indiums hingegen weist die gewünschten kurzen In-In-Abstände von 4.093 Å auf (Abbildung 1.1.3-2).[75] Berechnungen und Analyse der Elektronendichte offenbarten, dass die Koordination des Phosphans als Lewis-Base das „π-hole" am Indium soweit reduziert, dass die Coulomb-Abstoßung zwischen den beiden Metallkationen durch Dispersions- und Orbitalwechselwirkungen überwunden werden kann und zu einer moderaten Stabilisierung (4 kcal/mol) führt.[68g]

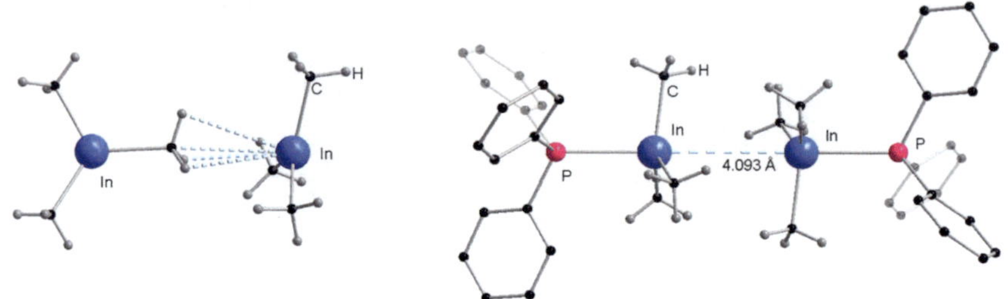

Abbildung 1.1.3-2: Molekülstruktur des Trimethylindiums (links)[74] und des Trimethyl(triphenylphosphan)indiums (rechts)[75] im Festkörper (Darstellung als Dimere). Die Wasserstoffatome der Phenylringe sind aus Gründen der Übersichtlichkeit nicht dargestellt.[68g]

Bei Betrachtung heterometallischer Systeme ist Metallophilie besonders schwer von der Beschreibung als Lewis-Säure-Base-Paare zu trennen und ohne quantenchemische Rechnungen schwer aufzuklären. Durch verschiedene Ladungsdichten an den Metallkationen, induziert beispielsweise durch unterschiedliche Oxidationsstufen oder den elektronischen Einfluss der Liganden, werden Donor-Akzeptor-Paare ausgebildet – elektrostatische Wechselwirkungen haben folglich einen hohen Einfluss. Oeschger und Chen stellten dies auch für ihre 2017 veröffentlichte Pd(0)-Zn(II)-Verbindung fest, in der kristallographisch eine Bindung zwischen den Metallen festgestellt wurde.[69b] Zn(II) stellt allerdings, verglichen mit Pd(0), ein hartes Metallkation und eine stärkere Lewis-Säure dar. Eine Einordnung als Lewis-Säure-Base-Addukt ist daher ebenso nachvollziehbar wie eine mögliche metallophile Wechselwirkung. Chen und andere untersuchten diese und weitere Verbindungen rechnerisch und stellten eine große numerische Abweichung zwischen den berechneten und experimentell festgestellten Bindungsenergien fest. Dispersive Effekte schienen eine eher untergeordnete Rolle spielen, verglichen mit den elektrostatischen- und Orbitalwechselwirkungen.[76] Zur Beschreibung und Analyse metallophiler Wechselwirkungen muss daher immer das gesamte System betrachtet werden, eine Fokussierung auf die Metalle als solche reicht nicht aus.

Als erste verständliche Zusammenfassung dient eventuell die Aussage, dass metallophile Wechselwirkungen eine Attraktion zwischen (pseudo-) geschlossenschaligen Metallzentren beschreiben und dabei den Anteil an Bindungsenergie darstellen, der durch die berechneten Anteile elektrostatischer, dativer und kovalenter Natur nicht abgedeckt wird.

Gold nimmt im Kontext der Metallophilie seit jeher eine Sonderrolle ein, nicht zuletzt, weil es in besonderem Maße mit diesem Phänomen in Verbindung gebracht wird. Zwischen zwei Au(I)-Kationen mit der abgeschlossenen d^{10}-Schale und in identischer chemischer Umgebung sollten keine Polaritätsunterschiede bestehen und elektrostatische Wechselwirkungen minimiert werden – der Anteil, der, wie oben erwähnt, bei heterometallischen Systemen wohl häufig eine Hauptkomponente darstellt. Vermutlich aufgrund der Historie, der guten Datenlage und der besonders starken und häufig strukturgebenden Wechselwirkungen, werden vorwiegend Gold(I)verbindungen für die theoretische Grundlagenforschung zur Herkunft der Metallophilie verwendet. Trotz andauernder Diskussion gibt es im Wesentlichen zwei Erklärungsansätze.

Als Vorreiter der ersten These ist hier Pyykkö zu nennen, der die attraktiven Wechselwirkungen auf den dispersiven Anteil von Elektron-Korrelations-Effekten zurückführte.[57,77] Die Stärke der Attraktion ist umgekehrt proportional zu r^{-6} und folgt damit der London-Dispersion (siehe Formel 1.1.3-1). Werner *et al.* benannten zusätzlich zu den dispersiven Effekten ionische Wechselwirkungen als wichtigen Anteil. Die Summe der Wechselwirkungen würde außerdem durch relativistische Effekte um 28 % verstärkt.[78]

Obgleich das Bild der durch relativistische Effekte verstärkten Dispersionswechselwirkungen gemeinhin akzeptiert wird,[57,64a,79] lieferten Hoffmann *et al.* eine weitere Hypothese, welche sich auf Orbitalwechselwirkungen als Ursache stützt. Die Wechselwirkung der d-Orbitale zweier d^{10}-Metalle ist demnach abstoßend, außer eine s-d- bzw. p-d-Hybridisierung ist erlaubt.[80] In Abbildung 1.1.3-3 sind die Energieniveaus der 3d-Orbitale eines Cu_2^{2+}-Dimers dargestellt, das Konzept lässt sich jedoch auch auf Gold übertragen.[81] Die linke Seite zeigt nur die 3d-Orbitale: Da alle 10 Molekülorbitale voll besetzt sind, ergibt sich keine stabilisierende Interaktion. Auf der rechten Seite sind die voll besetzten 3d-Orbitale mit den leeren 4s- und 4p-Orbitalen entsprechender Symmetrie gemischt.

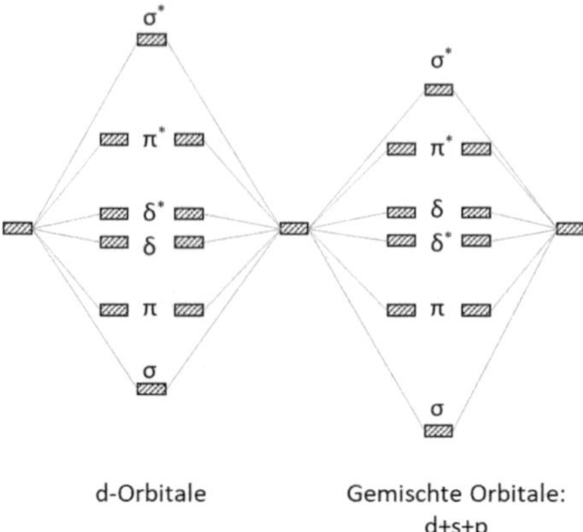

Abbildung 1.1.3-3: Orbitalschema eines hypothetischen Cu_2^{2+}-Dimers. Adapted with permission from P. K. Mehrotra and R. Hoffmann, *Inorg. Chem.* **1978** *17* (8), 2187-2189. DOI: 10.1021/ic50186a032. Copyright (1978) American Chemical Society.[80a]

Das bindende σ-Orbital wird energetisch abgesenkt, wobei gleichzeitig das σ*-Orbital weniger antibindenden Charakter erhält. Daraus ergibt sich dann die insgesamt schwach attraktive Wechselwirkung der beiden Cu^+-Ionen.[80a] Eine kürzlich von Cockroft *et al.* veröffentlichte Studie vereint den experimentellen mit dem theoretischen Ansatz und bekräftigt nochmals die These, dass das Thema nach wie vor nicht abschließend beleuchtet ist.[82] Sie synthetisierten vier Goldkomplexe mit folgenden Anforderungen: 1) Sie sollten neutral sein, zur Minimierung ionischer Wechselwirkungen. 2) Es sollte sich um Gold(I)-Komplexe mit d^{10}-Konfiguration handeln. 3) Sie sollten eine lineare bzw. planare Anordnung der Liganden erlauben, um sterische Effekte zu minimieren. 4) Die Komplexe sollten stabil und gut löslich in üblichen Lösungsmitteln sein. 5) Die Modellverbindungen sollten klein genug sein, um eine große Bandbreite theoretischer Methoden anwenden zu können.[82] Sie konstatierten, die metallophilen Wechselwirkungen seien als eher schwach einzuordnen und würden in Lösung von elektrostatischen und dispersiven Wechselwirkungen der Liganden und des Lösungsmittels in den Schatten gestellt. Sie mahnten zur Vorsicht, metallophile Wechselwirkungen durch ausschließliche Betrachtung der Metallabstände zu überschätzen und dabei die anderen bedeutenden energetischen Anteile außer Acht zu lassen.[82] Diskussionen zu diesem Thema halten an und werden in den nächsten Jahren wahrscheinlich zu neuen Erkenntnissen führen.[64b,83]

Im Anschluss an die möglichen Hintergründe wirft sich die Frage auf, wie gezielt solche kurzen Metall-Metallabstände realisiert werden können. Häufig werden die kurzen Metallabstände durch ein entsprechendes Ligandengerüst unterstützt oder erzwungen. Daher wird zwischen ligandengestützten, ligandenbegünstigten und nicht unterstützten Wechselwirkungen unterschieden (Abbildung 1.1.3-4). Letztgenannte treten bei jeder intermolekularen Wechselwirkung auf, die ersten beiden erfordern ein geeignetes Ligandensystem mit Donorstellen in räumlicher Nähe.[59a,62] Für ligandengestützte Systeme wird aufgrund ihrer Steifheit angenommen, dass die Konformation auch in Lösung erhalten bleibt. Da die Solvatisierungsenergie die nur schwache Stabilisierung durch die aurophilen Wechselwirkungen kompensieren kann, kann für den Fall der ligandenbegünstigten und intermolekularen Wechselwirkungen keine generalisierte Aussage für deren Erhalt in Lösung getroffen werden.[59a,84]

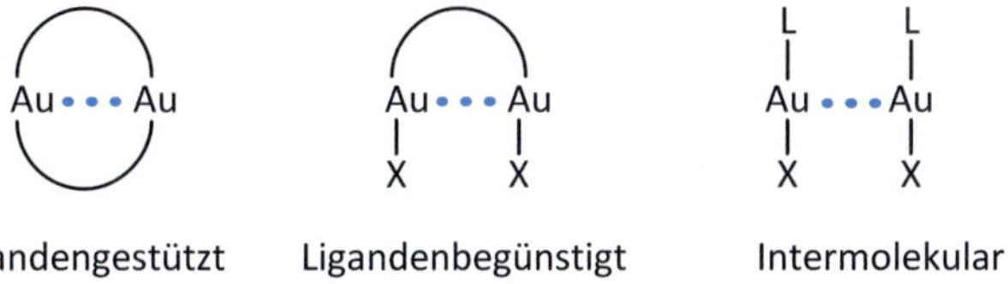

Abbildung 1.1.3-4: Schema zu den unterschiedlichen Klassen aurophiler Wechselwirkungen. L: neutraler Ligand; X: anionischer Ligand.[62]

Neben ihren kurzen Metall-Metall-Abständen, sind Verbindungen mit metallophilen Wechselwirkungen häufig für ihre photolumineszenten Eigenschaften bekannt. Zur Untersuchung der Struktur-Eigenschafts-Beziehung rückten hierzu abermals speziell Gold(I)-Verbindungen in den Fokus der Forschung. Bereits 1970 berichteten Dori *et al.* erstmals von den lumineszenten Eigenschaften der Triphenylphosphanmetallhalogenide [MX(PPh$_3$)] (M = Au, Ag, Cu; X = Halogenid).[85] Als erste Besonderheit im Kontext der Lumineszenz sei hier das gehäufte Vorkommen von Phosphoreszenz genannt. Schwermetalle, wie Gold, erhöhen die Spin-Bahn-Kopplung im System und erleichtern somit den eigentlich spinverbotenen Übergang des angeregten Elektrons von einem Singulett- in einen Triplettzustand (*engl.* intersystem crossing = ISC), von dem es dann phosphoreszent emittierend in den Grundzustand relaxieren kann.[86] Hierdurch werden häufig ein großer Stokes-Shift (Unterschied zwischen Anregungs- und Emissionsenergie) sowie lange Lebensdauern der angeregten Zustände beobachtet, letztere häufig im Mikrosekundenbereich.[86]

Was zudem eine Aneinanderreihung mehrerer Goldkationen für die Molekülorbitale bedeutet, wurde besonders anschaulich von Yam und ihren Mitarbeitern verdeutlicht. In einer Publikation von 2004 stellten sie zum Beispiel mehrere Goldkomplexe, funktionalisiert mit verschiedenen Kronenethern, vor.[87] Für die Interpretation der dargestellten Strukturen sei erwähnt, dass die Experimente in Lösung durchgeführt wurden, die exakte molekulare Konformation ist daher nicht bekannt. Im Festkörper bestehen bereits schwache aurophile Kontakte in der Ausgangsverbindung, es kann aber davon ausgegangen werden, dass diese in Lösung nicht bestehen bleiben (siehe oben). Durch Koordination der Kronenether an Alkalimetallkationen konnten selektiv aurophile Kontakte ausgebildet werden, der entstehende bimetallische Komplex wurde massenspektrometrisch nachgewiesen (Abbildung 1.1.3-5). Daraufhin wurde photolumineszenzspektroskopisch die Ausbildung einer neuen Lumineszenzbande beobachtet, welche einem Liganden-Metall-Metall-Ladungsübertrag (engl. ligand-to-metal-metal charge transfer (LMMCT)) zugeordnet wurde.[87] Durch den ausgebildeten Metallkontakt fand folglich ein Wechsel von einem vorigen Liganden-Metall-Ladungsübertrag (engl. ligand-to-metal charge transfer (LMCT)) zu einem LMMCT statt, aus dem dann aufgrund der kleineren HOMO-LUMO-Lücke ein Emission geringerer Energie zu beobachten war (Abbildung 1.1.3-5).[87] Dies kann durch Reihung von noch mehr Goldkationen fortgeführt werden. Yam *et al.* zeigten 1990, wie sich die δ-Kombination der $d_{x^2-y^2}$ Goldorbitale auf die HOMO-LUMO-Lücke und damit die Anregungsenergie auswirkt.[88] Durch eine Erhöhung von zwei auf drei Goldatome verkleinerte sich der HOMO-LUMO-Abstand, sichtbar in einer veränderten Anregungsenergie. Verglichen mit dem zweikernigen Goldkomplex ist die Absorptionsbande des dreikernigen Goldkomplexes $[Au_3(dmmp)_2]^{3+}$ (dmmp = bis(dimethylphosphinomethyl)methylphosphan) um 46 nm rotverschoben (Au_2: 269 nm; Au_3: 315 nm). Eben jene Struktur-Eigenschafts-Beziehung und deren Erforschung trägt erheblich zum Interesse an Gold(I)-Verbindungen bei.

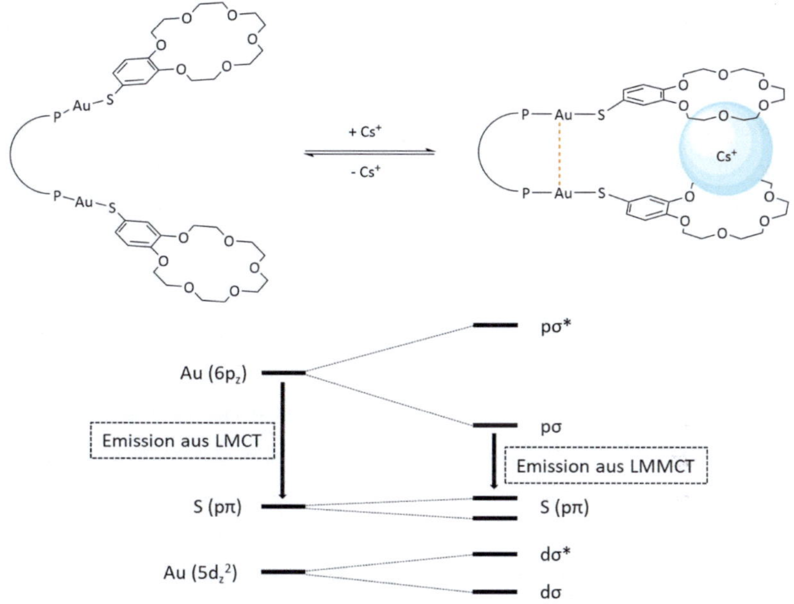

Abbildung 1.1.3-5: Der von Yam *et al.* vorgestellte Goldkomplex mit Kronenether und dessen Komplexierung mit Cäsium resultierend in der postulierten Sandwichstruktur und das zugehörige Orbitalschema. Adapted with permission from C.-K. Li, X.-X. Lu, K. M.-C. Wong, C.-L. Chan, N. Zhu, V. W.-W. Yam, *Inorg. Chem.* **2004** *43* (23), 7421-7430. DOI: 10.1021/ic049094u. Copyright (2004) American Chemical Society.[87]

Zusätzlich zu LMCT-Übergängen sind auch Beispiele für Gold(I)-Komplexe mit einem MLCT (Metall-zu-Ligand-Ladungsübertrag) bekannt. MLCT Banden treten vorwiegend in Komplexen mit π-Akzeptoren wie Cyaniden, Isocyaniden und Phosphinen auf.[89]

Als weitere Besonderheit von Verbindungen mit aurophilen Wechselwirkungen, bzw. potenziell ausbildbaren aurophilen Kontakten, sei abschließend noch die Vielfalt an Reizen zu nennen, mit denen verschiedene optische bzw. photolumineszente Eigenschaften stimuliert werden können. So ist unter anderem das Auftreten von Thermochromie,[90] Mechanochromie,[91] Solvatochromie[92] und Vapochromie[93] bekannt.[94] Aufgrund ihrer verschiedensten potentiellen Anwendungsgebiete und der teilweise noch nicht vollständig aufgeklärten Phänomene stellen die verschiedenen Goldverbindungen, obgleich schon lange bekannt, nach wie vor ein aktives Forschungsgebiet dar.

2   Aufgabenstellung

Münzmetallkomplexe und ihre lumineszenten Eigenschaften sind seit Jahrzehnten Gegenstand der Forschung. Insbesondere für Gold, bekannt für seine kurzen intermetallischen „aurophilen" Kontakte, sind bereits viele Untersuchungen zur Aufklärung der Struktur-Eigenschaftsbeziehung erfolgt. Bisher gibt es allerdings nur wenige Studien in denen das Ligandengerüst beibehalten und der Metallgehalt (Anzahl und Art) systematisch variiert wurde.

Das Hauptziel dieser Arbeit besteht in der Synthese und Charakterisierung mehrkerniger Metallkomplexe auf Basis eines strukturgebenden PNNP-Liganden. Hierbei sollen zunächst verschiedene Münzmetalle in unterschiedlicher Anzahl und Kombination komplexiert werden (Abbildung 2-1). Durch die vorgegebene Anordnung der Koordinationsstellen werden kurze Abstände im Bereich metallophiler Wechselwirkungen erwartet. Da diese für ihren Einfluss auf die photolumineszenten Eigenschaften einer Verbindung bekannt sind, soll ein Analytikschwerpunkt auf der Charakterisierung der Photolumineszenz liegen. Des Weiteren sollen begleitende quantenmechanische Studien (Kooperation) die theoretischen Hintergründe der ermittelten Eigenschaften untersuchen. Das Konzept soll anschließend auf die Kombination aus Münzmetallen und Lanthanoiden erweitert werden.

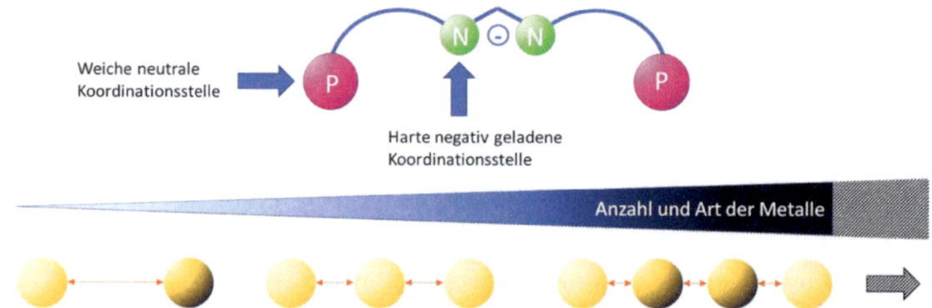

Abbildung 2-1: Schematische Darstellung des PNNP-Liganden und der möglichen Metallkompositionen bzw. metallophilen Wechselwirkungen.

Des Weiteren sollen Münzmetallkomplexe mit Ferrocenylbisamidinatliganden synthetisiert werden. Interessenschwerpunkt liegt auf dem Koordinationsverhalten und der Ausbildung verschiedener Strukturmotive und zudem auf einer eventuellen Redoxschaltbarkeit der Komplexe. Theoretische Untersuchungen (Kooperation) der erhaltenen Verbindungen sollen ergänzend aufklären, welche stabilisierende Wechselwirkungen jeweils zum Erhalt der Strukturmotive beitragen.

3 Ergebnisse und Diskussion

3.1 Münzmetallkomplexe mit dpfam⁻ und deren photolumineszente Eigenschaften

Wie oben erläutert, sind Komplexe mit zwei oder mehr Metallzentren in räumlicher Nähe zueinander seit geraumer Zeit von wissenschaftlichem Interesse – nicht zuletzt, weil die genaue Herkunft dieser sogenannten Metallophilie und deren Auswirkungen auf die Eigenschaften noch nicht vollständig aufgeklärt sind.

In Kapitel 1.1.3 wurde bereits aufgeführt, dass metallophile Wechselwirkungen häufig großen Einfluss auf die photophysikalischen Eigenschaften ausüben. Die Lumineszenz einer Verbindung kann zudem stark durch geeignete Manipulation der chemischen Umgebung, beispielsweise der elektronischen Eigenschaften der Liganden oder der gewählten Metalle, beeinflusst werden.[89a,92b,95] Obgleich die Struktur-Eigenschafts-Beziehung noch Gegenstand aktueller Forschung ist, wurde zum Beispiel von Elder *et al.* eine reziproke Abhängigkeit zwischen Gold-Gold-Abständen und der exprimierten Emissionsenergie festgestellt. Sie untersuchten hierfür eine Reihe verschiedener Goldsalze, die unendliche Ketten mit Au-Au-Kontakten ausbilden.[96] Laguna *et al.* konnten auch den Hammett-Parameter ihrer verwendeten Liganden mit den beobachteten lumineszenten Eigenschaften (Emissionswellenlänge, Lebensdauer und Quantenausbeute) in Verbindung bringen.[97] Weitere Beispiele für einstellbare Lumineszenzeigenschaften durch Veränderungen am Ligandengerüst wurden unter anderem von Laguna und Eisenberg *et al.* vorgestellt.[98] Bisher gibt es allerdings nur wenige Beispiele zur Untersuchung der Struktur-Eigenschafts-Beziehung, bei der das Ligandengerüst beibehalten und lediglich der Metallgehalt systematisch variiert wurde.[95d,99]

Das folgende Kapitel wird sich mit eben jener Aufgabe auseinandersetzen. Es werden verschiedene Münzmetallkomplexe vorgestellt, bei welchen sukzessiv die Anzahl der Metallkationen im System erhöht wird. Hierbei bleibt das umgebende Ligandensystem zunächst bestehen (Kapitel 3.1.1 und 3.1.2). Im ersten Unterkapitel werden die homometallischen zwei- und dreikernigen Verbindungen vorgestellt. Das zweite Unterkapitel beschäftigt sich anschließend mit den entsprechenden vierkernigen, teils heterometallischen Verbindungen und deren photolumineszenten Eigenschaften in den drei verschiedenen Phasen: Festkörper, Lösung und Gasphase. Im dritten Unterkapitel werden schließlich neutrale Verwandte der im vorigen Kapitel vorgestellten Komplexe, sowie ein sechskerniger Gold-Komplex eingeführt.

Zur Synthese heterometallischer Metallkomplexe bedarf es eines geeigneten Ligandengerüsts. Damit die entsprechenden Verbindungen selektiv dargestellt werden können, empfiehlt sich ein mehrzähniges Ligandensystem mit verschiedenen möglichst orthogonalen Koordinationsstellen. Eine attraktive Kombination ist das Zusammenspiel aus (negativ geladenen) Stickstoff- und neutralen Phosphordonoren. Nach Pearsons HSAB Prinzip (Hard and Soft Acids and Bases) stellen erstere harte und letztere weiche Koordinationsstellen dar.[100] Diese Verbindung aus Stickstoff und Phosphordonoren ist in verschiedenen Kombinationen bekannt und wurde auch in unserer Arbeitsgruppe bereits erfolgreich zur Synthese heterometallischer Verbindungen eingesetzt.[99,101] Eine Auswahl an verwendeten Ligandensystemen ist in Abbildung 3.1-1 dargestellt.

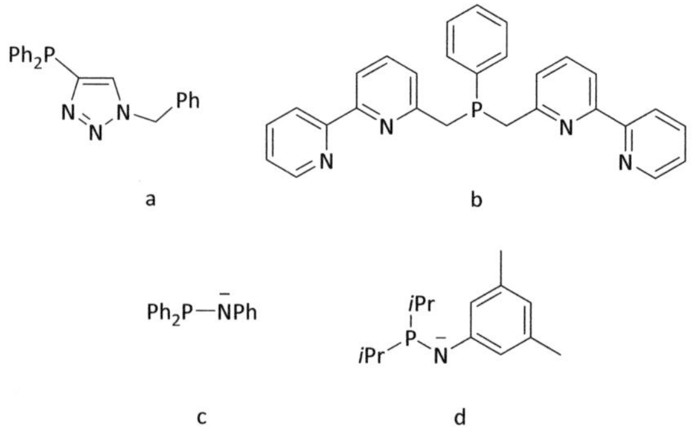

Abbildung 3.1-1: Verschiedene PN-Ligandensysteme, die bereits erfolgreich zur Synthese von heterometallischen Verbindungen eingesetzt wurden: (a-c) Aus unserer Gruppe von Roesky *et al.*[99,101d,101e] und (d) von Thomas *et al.*[101a,101b]

Für den in diesem Kapitel verwendeten Liganden wurde als erster Baustein die vielseitige Ligandenklasse der Amidinate gewählt: Sie können in unterschiedlichen Bindungsmodi sowohl monodentat, verbrückend oder chelatisierend koordinieren und wurden bereits erfolgreich zur Komplexierung verschiedenster Elemente eingesetzt.[102] Sie stellen die oben beschriebenen „harten" Koordinationsstellen bereit und können durch geeignete Wahl der Substituenten sterisch und elektronisch modifiziert werden. Als Gegenpol dazu bieten sich die als „weiche" Donorstellen einzuordnenden neutralen Phosphane an. Sie stellen ebenfalls eine vielseitige Ligandenklasse dar, deren Lewis-Basizität durch Modifikation der Substituenten nach Bedarf angepasst werden kann.[103]

N,N'-Bis[(2-diphenylphosphino)phenyl]formamidin (Hdpfam) stellt ein Ligandensystem dar, welches beides miteinander verbindet und welches daher für diese Arbeit ausgewählt wurde. Es wurde 2002 von Tsukada *et al.* eingeführt und bereits mehrfach von ihnen und anderen erfolgreich zur Komplexierung verschiedener Metalle in homo- und heterometallischen Verbindungen eingesetzt.[104] In der vorangegangenen Masterarbeit konnten mit diesem Liganden bereits ein zweikerniger und ein vierkerniger heteroleptischer Goldkomplex synthetisiert werden.[105] Anstatt der ursprünglich veröffentlichten säurekatalysierten Synthese aus 2-Diphenylphosphinoanillin und Trimethylorthoformiat, welche nach wässriger Aufarbeitung das protonierte Produkt Hdpfam ergibt,[104a] wurde in der Masterarbeit eine alternative Syntheseroute verwendet, welche für diese Arbeit erneut optimiert wurde.[105] Angelehnt an Literaturvorschriften zur Darstellung verwandter PNNP-Ligandensysteme, ergab sich eine Synthese in zwei Schritten.[106] Zunächst wurde aus 2-Fluoroanilin und Triethylorthoformiat nach einer bekannten Vorschrift N,N'-Bis(2-fluorophenyl)formamidin (FFormH) hergestellt.[107] Aus der anschließenden Reaktion mit *in situ* vorbereitetem Kaliumdiphenylphosphid in Toluol wurde in guten Ausbeuten die Ligandenvorstufe Kalium-N,N'-bis[(2-diphenylphosphino)phenyl]formamidinat (im Folgenden genannt Kdpfam) isoliert, welche direkt in Salzeliminierungsreaktionen eingesetzt werden kann (Schema 3.1-1). Das $^{31}P\{^1H\}$-NMR-Spektrum zeigt eine einzelne Resonanz bei δ = -14.3 ppm und das zentrale Proton im Amidinatrückgrat (NC*H*N) erfährt eine chemische Verschiebung von δ = 8.59 ppm. Letztgenannte Resonanz stimmt mit dem von Junk *et al.* für den verwandten Kaliumkomplex [K₂FForm₂]ₙ (Strukturformel FFormH siehe Schema 3.1-1) erhaltenen Wert überein.[108]

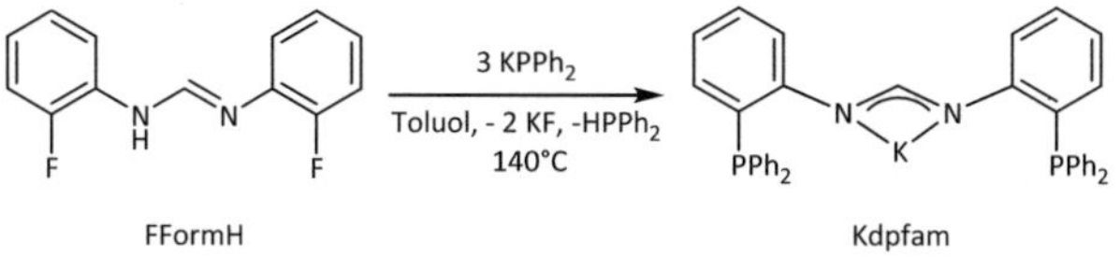

Schema 3.1-1: Reaktionsgleichung zur Darstellung der Ligandenvorstufe Kalium-N,N'-bis[(2-diphenylphosphino)phenyl]formamidinat (im Folgenden genannt Kdpfam).

Kristalle für die Einkristallröntgenstrukturdiffraktometrie wurden aus einer Lösung von Kdpfam in 1:5 Tetrahydrofuran (THF) zu Toluol erhalten, welche mit *n*-Heptan überschichtet wurde. Kdpfam kristallisiert lösungsmittelfrei in der chiralen Raumgruppe *Cc* mit zwei Molekülen in der asymmetrischen Einheit. Die Molekülstruktur im Festkörper zeigt ein 1D-Koordinationspolymer, in der die Stickstoffatome chelatisierend koordinieren.

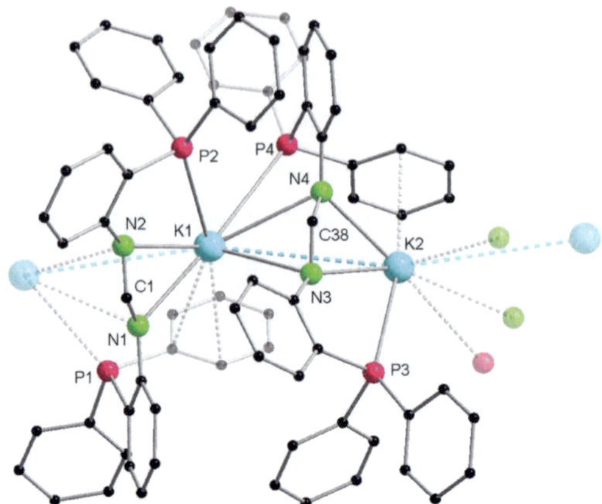

Abbildung 3.1-2: Molekülstruktur der Ligandenvorstufe Kdpfam im Festkörper. Aus Gründen der Übersichtlichkeit sind Wasserstoffatome nicht abgebildet. Ausgewählte Bindungslängen [Å] und Winkel [°]: K1-K2 4.7710(12), K1-K2 4.7962(12), K1-P4 3.8329(12), K1-P2 3.6620(13), K1-N1 2.831(3), K1-N4 3.153(3), K1-N3 2.981(3), K1-N2 2.947(3), K2-P1 3.8314(12), K2-P3 3.6475(12), K2-N1 3.173(3), K2-N4 2.850(3), K2-N3 2.919(3), K2-N2 2.998(3), N1-C1 1.324(4), N2-C1 1.316(4), N3-C38 1.319(4), N4-C38 1.325(4), K2-K1-K2 164.95(3), N2-C1-N1 121.7(3), N3-C38-N4 122.0(3).

Jeweils ein Ligand verbrückt hierbei zu zwei Kaliumatomen, welche eine leicht gewinkelte Kette mit einem Winkel von 164.95(3)° ausbilden (Abbildung 3.1-2). Der gemittelte Abstand zwischen den Kaliumatomen ist etwas länger als Vergleichswerte der Literatur und beträgt 4.78 Å.[108-109] Jeweils annähernd identische Bindungslängen von den Stickstoffatomen zum zentralen Kohlenstoffatom C1 bzw. C38 weisen auf eine Delokalisierung der negativen Ladung zwischen den Stickstoffatomen hin. Die Werte der N-K-Bindungslängen, der C-N-Bindungslängen des Rückgrats (N1-C1-N2 bzw. N3-C38-N4) sowie dessen Winkel liegen im Bereich für bekannte Kaliumamidinatkomplexe.[110] Der Vergleich mit dem von Junk *et al.* veröffentlichten Kaliumkomplex [K₂FForm₂]ₙ zeigt, dass sich trotz der strukturellen Ähnlichkeiten zu Kdpfam jeweils unterschiedliche Bindungsmodi der Amidinateinheiten ausbilden: Für Kdpfam ergibt sich der chelatisierende Bindungsmodus (Abbildung 3.1-2), für [K₂FForm₂]ₙ hingegen eher das verbrückende Bindungsmotiv.[108] Die Molekülstruktur im Festkörper zeigt für [K₂FForm₂]ₙ ebenfalls ein Koordinationspolymer, jedoch mit zwei parallelen und zudem linearen Kaliumketten. Sie weisen innerhalb einer Ligandeneinheit einen etwas kürzeren Kalium-Kalium-Abstand (3.971(2) Å) und zwischen zwei Liganden einen etwas längeren Abstand (3.515(2) Å) auf, als für Kdpfam beobachtet wurde.[108]

3.1.1   Homometallische Münzmetallkomplexe mit dpfam⁻

Die Ergebnisse dieses Kapitels sind veröffentlicht: <u>M. Dahlen</u>, M. Kehry, S. Lebedkin, M. M. Kappes, W. Klopper, P. W. Roesky *Dalton Trans.* **2021**, *50*, 13412-13420. *"Bi- and trinuclear coinage metal complexes of a PNNP ligand featuring metallophilic interactions and an unusual charge separation"* (Ref. [111]). Das Manuskript war zum Zeitpunkt der Abgabe in Bearbeitung. Die Ergebnisse der Theorie sind daher nicht Bestandteil dieses Kapitels. Theoretische Untersuchungen und deren Interpretation wurden von M.Sc. Max Kehry (Arbeitskreis (AK) Prof. Dr. Willem Klopper) durchgeführt. Untersuchungen und Analysen zur Photolumineszenz wurden in Zusammenarbeit mit Dr. Sergei Lebedkin (AK Prof. Dr. Manfred M. Kappes, KIT Campus Nord) unternommen.

Zur Verfolgung des Ziels, immer höher beladene Münzmetallkomplexe unter Beibehaltung eines definierten Ligandensystems zu erhalten, wurde zunächst die Synthese der zweikernigen Verbindungen angestrebt. Da die Ligandenvorstufe Kdpfam unmittelbar in Salzmetathesereaktionen einsetzbar ist, wurde dieser Reaktionstyp ausgewählt. Zur Synthese der zweikernigen Kupfer- und Silberkomplexe wurde Kdpfam mit entsprechenden löslichen Metallsalzen umgesetzt (Schema 3.1.1-1).

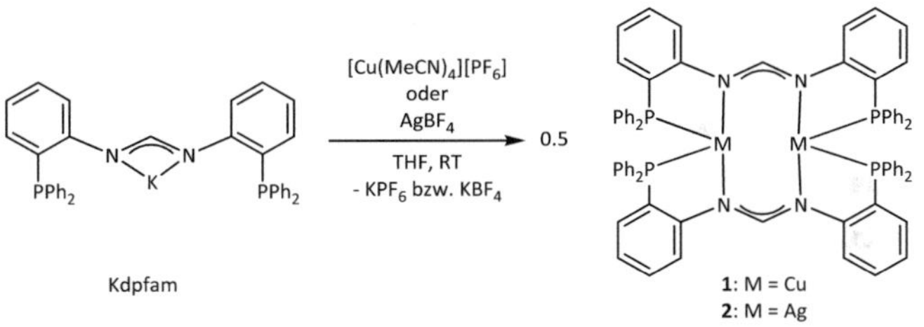

Schema 3.1.1-1: Synthese der zweikernigen Komplexe [dpfam$_2$Cu$_2$] (**1**) und [dpfam$_2$Ag$_2$] (**2**).

Der zweikernige Kupferkomplex [dpfam$_2$Cu$_2$] (**1**) wurde aus der Reaktion von Kdpfam mit [Cu(MeCN)$_4$][PF$_6$] erhalten und konnte durch Gasdiffusion von *n*-Pentan in THF mit einer Ausbeute von 31 % kristallisiert werden (gelbe Kristalle). Bei Anregung mit einer herkömmlichen UV-Lampe (λ_{Exc} = 365 nm) zeigt er eine gelbe Raumtemperaturlumineszenz. Verbindung **1** kristallisiert in der monoklinen Raumgruppe *C2/c* mit einem Molekül **1** und zwei Molekülen Tetrahydrofuran (THF) in der asymmetrischen Einheit. Aus der Molekülstruktur im Festkörper wird eine verbrückende Anordnung der Amidinatliganden ersichtlich (Abbildung 3.1.1-1, links). Beide Kupferatome befinden sich durch Koordination je zweier Stickstoff- und Phosphoratome in einer verzerrt tetraedrischen Koordinationsumgebung.

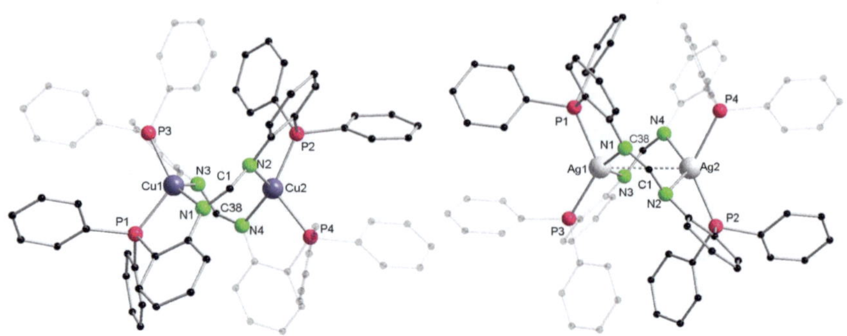

Abbildung 3.1.1-1: Molekülstrukturen der Komplexe **1** (links) und **2** (rechts) im Festkörper. Aus Gründen der Übersichtlichkeit sind Wasserstoffatome und nicht-koordinierende Lösungsmittelmoleküle nicht abgebildet. Ausgewählte Bindungslängen [Å] und Winkel [°]: **1**: Cu1-P1 2.2529(13), Cu1-P3 2.2266(14), Cu1-N1 2.042(4), Cu1-N3 2.095(4), Cu2-P2 2.2289(14), Cu2-P4 2.2648(14), Cu2-N2 2.120(4), Cu2-N4 2.043(4), N1-C1 1.307(6), N2-C1 1.319(6), N3-C38 1.321(6), N4-C38 1.322(6), P3-Cu1-P1 116.41(5), N1-Cu1-P1 86.27(12), N1-Cu1-P3 140.34(12), N1-Cu1-N3 118.8(2), N1-C1-N2 120.8(4), N3-C38-N4 120.6(4). **2**: Ag1-Ag2 3.435(4), Ag1-P1 2.4793(5), Ag1-P3 2.4280(5), Ag1-N1 2.302(2), Ag1-N3 2.377 (2), Ag2-P2 2.4263(5), Ag2-P4 2.4668(5), Ag2-N2 2.453(2), Ag2-N4 2.3223(14), N1-C1 1.315(2), N2-C1 1.315(2), N3-C38 1.319(2), N4-C38 1.314(2), P3-Ag1-P1 125.97(2), N1-Ag1-P1 77.43(4), N1-Ag1-P3 136.50(4), N1-Ag1-N3 131.88(5), N3-Ag1-P1 112.91(4), N3-Ag1-P3 77.12(4), N1-C1-N2 121.9(2), N4-C38-N3 121.0(2). Grafik adaptiert aus Ref. [111] mit Erlaubnis von Royal Society of Chemistry.

Wie bereits für Kdpfam beobachtet, weisen entsprechend ähnliche N-C-N-Bindungslängen im Rückgrat des Liganden auf eine Delokalisierung der negativen Ladung zwischen den beiden Stickstoffatomen hin. Sie stimmen zudem gut mit bekannten Literaturwerten überein.[112] Die Amidinatwinkel hingegen sind etwas kleiner (N-C-N 120.8(4) und 120.6(4)°) als in verwandten, literaturbekannten Komplexen.[112b,113] Sowohl die N-Cu-Abstände (2.042(4) - 2.120(4) Å) als auch die Länge der P-Cu-Bindungen (2.2266(14) - 2.2648(14) Å) entsprechen denen bekannter Verbindungen.[112b,113-114] Obgleich für andere verbrückende Kupferbisamidinatkomplexe kurze Metall-Metall-Abstände bekannt sind, sind in **1** keine metallophilen Wechselwirkungen (Cu1-Cu2 3.6277(8) Å) zu erkennen.[112b,113] Vermutlich stabilisieren die Phosphane die für Kupfer favorisierte tetraedrische Koordinationssphäre und unterbinden dadurch die ohnehin eher schwachen kuprophilen Wechselwirkungen.[66a,66b] Die Resonanz der Phosphoratome wird im $^{31}P\{^{1}H\}$-NMR-Spektrum als breites Singulett bei δ = -18.4 ppm detektiert. Das isolierte Proton im Amidinatrückgrat (NC*H*N) wird im ^{1}H-NMR-Spektrum bei δ = 9.51 ppm beobachtet und ist verglichen mit Kdpfam (δ = 8.59 ppm) um etwa 1 ppm und verglichen mit dem protonierten Liganden (δ = 7.57 ppm) um 2 ppm tieffeldverschoben.[104a]

Der Silberkomplex [dpfam$_2$Ag$_2$] (**2**) wurde durch analoge Reaktion von Kdpfam mit AgBF$_4$ erhalten (Schema 3.1.1-1). Die blassgelben Kristalle zeigen unter UV-Anregung eine bläuliche Lumineszenz. Verbindung **2** kristallisiert in der triklinen Raumgruppe $P\bar{1}$ mit einem Molekül **2** und zwei Molekülen THF in der asymmetrischen Einheit (Ausbeute 73 %). Die Molekülstruktur im Festkörper ähnelt sehr der von **1**, allerdings führen hier zusätzliche Kontakte zwischen den Metallatomen zu einer insgesamt stark verzerrten trigonal bipyramidalen Koordinationsumgebung der Silberatome (Abbildung 3.1.1-1, rechts). Ein Metallabstand von 3.4354(4) Å weist auf einen argentophilen Kontakt hin und stimmt gut mit entsprechenden Literaturwerten überein.[65a] Verglichen mit [Ag$_2$[(2,6-iPr$_2$C$_6$H$_3$N)$_2$C(H)]$_2$] von Walensky *et al.* ist der Silberabstand deutlich länger.[112b] Dies kann jedoch, wie bereits für **1**, mit der zusätzlichen Koordination der Phosphoratome erklärt werden. Die N-Ag (2.302(2) - 2.453(2) Å) und P-Ag-Bindungslängen (2.4263(5) - 2.4793(5) Å) entsprechen den Literaturwerten anderer P/N-koordinierter Silberkomplexe.[115] Aufgrund der NMR aktiven Silberkerne ^{107}Ag und ^{109}Ag ergibt sich ein komplexes Kopplungsmuster im ^{31}P{^{1}H}-Spektrum, welches als in der Mitte überlagertes (pseudo) Triplett vom Triplett beschrieben werden kann (siehe Abbildung S 7-1). Der Mittelpunkt der Resonanz liegt bei δ = -16.6 ppm und die Kopplungskonstanten ergeben Werte von $J_{P,109Ag}$ = 184.2 Hz und $J_{P,107Ag}$ = 160.0 Hz.[116] Die Resonanz des NCHN-Protons, welche aufgrund der ^{1}H-$^{107/109}$Ag-Kopplung ein pseudo-Triplet ergibt, wird im ^{1}H{^{31}P(-16.7 ppm)}-NMR-Spektrum bei δ = 9.73 ppm detektiert.[117]

Zum Abschluss der Reihe zweikerniger Komplexe wurde Kdpfam mit einem Äquivalent [AuCl(tht)] (tht = Tetrahydrothiophen) in THF umgesetzt (Schema 3.1.1-2). Durch anschließende Kristallisation mittels Gasdiffusion von n-Pentan wurden aus Toluol gelbe Kristalle des Goldkomplexes [dpfam$_2$Au$_2$] (**3**) erhalten (Ausbeute 61 %), welche unter UV-Licht eine gelbe Lumineszenz zeigen.

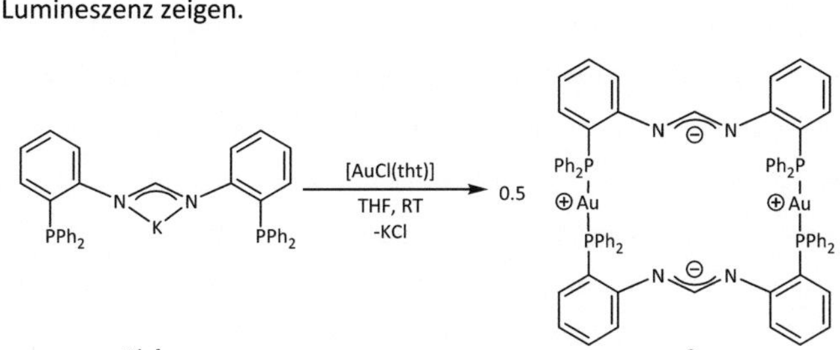

Schema 3.1.1-2: Synthese des Digoldkomplexes [dpfam$_2$Au$_2$] (**3**).

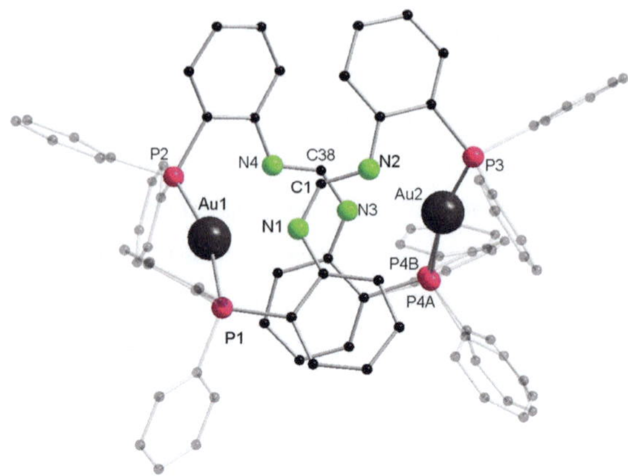

Abbildung 3.1.1-2: Molekülstruktur des Goldkomplexes **3** im Festkörper. Aus Gründen der Übersichtlichkeit sind Wasserstoffatome und nicht-koordinierende Lösungsmittelmoleküle nicht abgebildet. Beide fehlgeordneten Einheiten sind dargestellt. Ausgewählte Bindungslängen [Å] und Winkel [°]: Au1-P1 2.332(2), Au1-P2 2.285(2), Au2-P3 2.277(2), Au2-P4A 2.26(2), Au2-P4B 2.323(10), N1-C1 1.326(8), N2-C1 1.316(8), N3-C38 1.321(8), N4-C38 1.309(8), P2-Au1-P1 163.60(6), P3-Au2-P4B 168.6(3), P4A-Au2-P3 163.5(4), N2-C1-N1 130.5(7), N4-C38-N3 129.6(6). Grafik adaptiert aus Ref. [111] mit Erlaubnis von Royal Society of Chemistry.

Verbindung **3** kristallisiert in der monoklinen Raumgruppe $P2_1/c$ mit einem Molekül **3** und einem Molekül Toluol in der asymmetrischen Einheit. Das mittels Einkristallröntgenstrukturanalyse erhaltene Koordinationsmotiv von **3** unterscheidet sich gänzlich von dem der Kupfer- und Silberanaloga. Anstelle der kombinierten vierfachen Koordination aus Amidinaten und Phosphanen, zeigt die Molekülstruktur im Festkörper eine geknickte Phosphor-Gold-Phosphor-Koordination mit Bindungswinkeln von 163.60(6)° (P2-Au1-P1) und 163.5(4)° (P4A-Au2-P3) bzw. 168.6(3)° (P3-Au2-P4B)) (Abbildung 3.1.1-2). Sowohl die P-Au-P-Winkel als auch die bestimmten P-Au-Abstände (2.26(2) Å bis 2.333(2) Å) liegen im für dieses Bindungsmotiv erwarteten Bereich.[36b,118] Als Resultat dieser Koordination liegt im Festkörper eine bemerkenswerte Ladungstrennung vor. Die negative Ladung ist vermutlich innerhalb der Amidinatfunktion delokalisiert (N2-C1-N1, N4-C38-N3), wobei erneut entsprechend ähnliche C-N-Bindungslängen im Ligandenrückgrats beobachtet werden. Die positive Ladung ist wahrscheinlich auf den Goldatomen lokalisiert und daher von der negativen Ladung räumlich getrennt. Zudem schließt eine Distanz von 6.3938(8) Å einen aurophilen Kontakt aus. Die Amidinatwinkel (N-C-N) sind etwa 9° weiter als in **1** und **2**, was vermutlich auf das andere Bindungsmotiv zurückzuführen ist. Die Untersuchung von **3** mittels NMR-Spektroskopie gelang am besten durch Verwendung von THF-d_8 als Lösungsmittel. Die unterschiedlichen $^{31}P\{^{1}H\}$-Spektren in verschiedenen Lösungsmitteln sind in Abbildung S 7-2 dargestellt. Im Gegensatz zu **1** und **2** (aufgenommen in C_6D_6) liegt bei **3** bei Raumtemperatur in Lösung eine Dynamik vor. Die Aufnahme von ^{1}H-NMR-Spektren bei tiefen Temperaturen (bis 213 K) ergab jedoch ^{1}H-NMR-Spektren (Abbildung 3.1.1-3), deren Resonanzen mittels ^{1}H-COSY-NMR-Spektroskopie zugeordnet werden konnten.

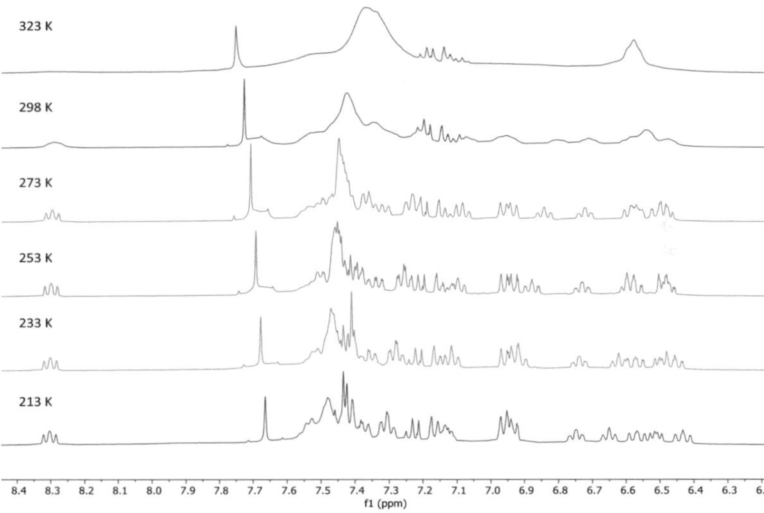

Abbildung 3.1.1-3: ^{1}H-NMR-Spektren (400 MHz, THF-d_8) von **3**, aufgenommen bei den angegebenen Temperaturen.

Nach Abkühlen auf 213 K wird das NC*H*N-Proton als ein Singulett bei δ = 7.65 ppm detektiert. Es ist somit etwa 2 ppm weniger tieffeldverschoben als die entsprechende Resonanz von **1** und **2**. Dies ist vermutlich auf die fehlende Koordination der Stickstoffatome zurückzuführen. Außerdem liegen, im Gegensatz zu **1** und **2**, zwei Sätze an Resonanzen für die Phenylringe im Amidinatrückgrat vor, welche jedoch mittels des ^{1}H-COSY-NMR-Experiments jeweils einem Ring zugeordnet werden können. Die Resonanzen der Phosphoratome werden im $^{31}P\{^{1}H\}$-NMR-Spektrum als Dubletts detektiert (δ = 35.9 ppm ($^{2}J_{P,P}$ = 339.3 Hz) und 27.6 ppm ($^{2}J_{P,P}$ = 338.8 Hz)). Sie weisen zudem einen starken Dacheffekt auf, der auf Effekte höherer Ordnung hindeutet. Neben dem Erhalt der Struktur in Lösung, kann daher von einer leicht unterschiedlichen chemischen Umgebung der Phosphoratome (durch z.B. Wechselwirkungen verschiedener Gruppen in Lösung) und einer starken Kopplung der (nicht äquivalenten) Phosphoratome durch die P-Au-P-Bindung ausgegangen werden.

Zusammenfassend kann für die Verbindungen **1-3** bereits konstatiert werden, dass sich das Konzept der harten und weichen Säuren und Basen von Pearson mit dem Liganden Kdpfam anwenden ließ.[100] Ausgehend von Kupfer(I), dem härtesten Kation der Reihe, über Silber(I), bis hin zu Gold(I), einem weichen Kation, lassen sich klare Tendenzen gemäß des HSAB Prinzips erkennen. Während in **1** und **2** die Kupfer- bzw. Silberkationen von sowohl Stickstoff- als auch Phosphoratomen in annähernd tetraedrischer Umgebung koordiniert werden, zeigen die Goldkationen in **3** eine solch starke Präferenz zu den weichen Phosphordonoren, dass es zur Ausbildung einer Struktur mit formaler Ladungsseparation kommt.

Damit im Ligandengerüst von dpfam$^-$ kuprophile Kontakte ausgebildet werden können, reichen, wie oben gezeigt wurde, zwei Metallatome aufgrund der konkurrierenden Phosphorkoordination nicht aus. Eine Erhöhung der Metallbeladung kann durch Anpassung der Stöchiometrie in der Reaktion erfolgen. Die Ligandenvorstufe Kdpfam wurde daher im 2:3 Verhältnis mit [Cu(MeCN)$_4$][PF$_6$] umgesetzt (Schema 3.1.1-3).

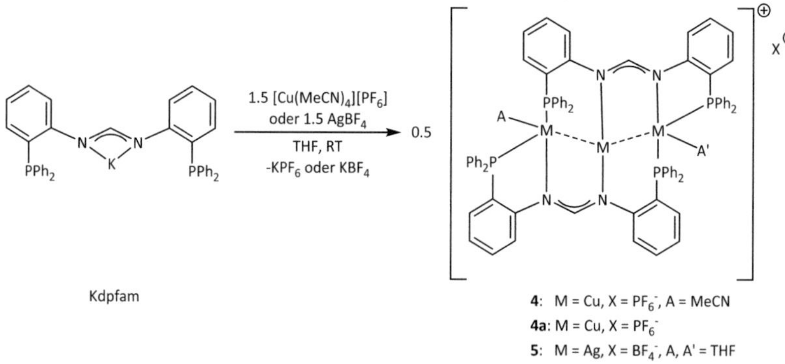

Schema 3.1.1-3: Synthese der trimetallischen Komplexe [dpfam$_2$Cu$_3$(MeCN)][PF$_6$] (**4**), [dpfam$_2$Cu$_3$][PF$_6$] (**4a**) und [dpfam$_2$Ag$_3$(thf)$_2$][BF$_4$] (**5**).

Nach Kristallisation in Anwesenheit von Acetonitril wurde der dreikernige Komplex [dpfam$_2$Cu$_3$(MeCN)][PF$_6$] (**4**) mit einer Ausbeute von 79 % erhalten. Die blassgelben Kristalle zeigen bei Raumtemperatur unter UV-Licht eine blassgelbe Lumineszenz. Verbindung **4** kristallisiert in der triklinen Raumgruppe $P\bar{1}$ mit einem Molekül **4** in der asymmetrischen Einheit sowie zwei weiteren nicht koordinierenden Molekülen THF. Obgleich in der Literatur häufig von Komplexen mit (annähernd) linearen Anordnungen der Kupferatome berichtet wurde,[119] zeigt die Molekülstruktur von **4** im Festkörper eine Cu_3-Kette mit einem Winkel von 117.835(13)° (Abbildung 3.1.1-4, links). Die beiden Liganden liegen hierbei um ein Metallatom „gegeneinander verschoben" vor. Ohne Berücksichtigung der Metall-Metall-Kontakte ist Cu1 von je zwei Phosphaneinheiten und einem Stickstoffatom annähernd trigonal planar koordiniert. Cu2 ist hingegen fast linear von zwei Stickstoffatomen umgeben (N3-Cu2-N2 172.21(8)°). Cu3 wird, analog zu Cu1, ebenso von zwei Phosphoratom und einem Stickstoffatom der Amidinateinheit koordiniert. Es wird jedoch zusätzlich noch von einem Molekül Acetonitril (MeCN) abgesättigt, was in einer verzerrt tetraedrischen Koordinationssphäre resultiert. Ein solches Motiv ist aus Literaturbeispielen bekannt und der ermittelte Cu-MeCN-Abstand stimmt gut mit bekannten Werten überein.[114a,114d,114e] Aufgrund der Koordination des Acetonitrilmoleküls ist die Cu2-Cu3-Bindung (2.7792(4) Å) etwas länger als die Bindung zwischen Cu1 und Cu2 (2.5984(4) Å). Beide intermetallischen Abstände befinden sich jedoch im Bereich kuprophiler Wechselwirkungen.[66a] Die bestimmten Bindungslängen der Phosphor- bzw. Stickstoffatome zu den Kupferatomen (N-Cu: 1.872(2) Å bis 2.098(2) Å, P-Cu: 2.2126(6) Å bis 2.3158(6) Å) liegen alle im Bereich literaturbekannter Werte.[112b,113-114]

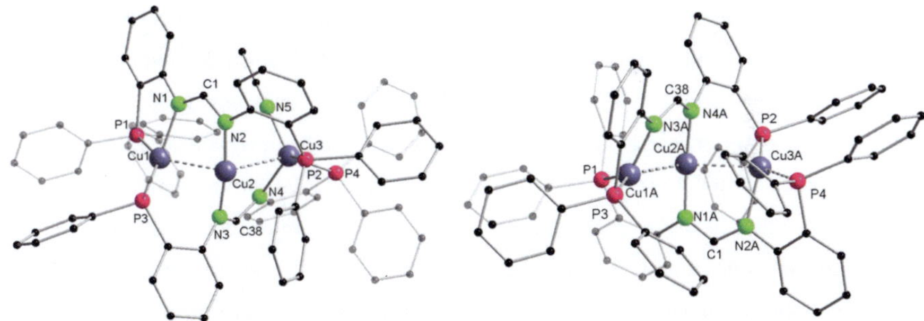

Abbildung 3.1.1-4: Molekülstrukturen der Kationen der dreikernigen Kupferkomplexe **4** (links) und **4a** (rechts) im Festkörper. Aus Gründen der Übersichtlichkeit sind Wasserstoffatome, die Gegenanionen und nicht-koordinierende Lösungsmittelmoleküle nicht abgebildet. Ausgewählte Bindungslängen [Å] und Winkel [°]: **4**: Cu1-Cu2 2.5984(4), Cu2-Cu3 2.7792(4), Cu1-P1 2.2326(6), Cu1-P3 2.2126(6), Cu3-P2 2.2595(6), Cu3-P4 2.3158(6), Cu1-N1 2.042(2), Cu2-N2 1.880(2), Cu2-N3 1.872(2), Cu3-N4 2.098(2), Cu3-N5 2.032(2), N1-C1 1.315(3), N2-C1 1.325(3), N3-C38 1.329(3), N4-C38 1.311(3), Cu1-Cu2-Cu3 117.835(13), N1-C1-N2 122.5(2), N4-C38-N3 123.2(2). **4a**: Cu1A-Cu2A 2.5736(7), Cu2A-Cu3A 2.5577(8), P1-Cu1A 2.1755(11), P3-Cu1A 2.2345(11), P2-Cu3A 2.1978(11), P4-Cu3A 2.2372(11), Cu1A-N3A 2.005(3), Cu2A-N1A 1.874(3), Cu2A-N4A 1.875(3), Cu3A-N2A 2.027(3), N2A-C1A 1.316(3), N1A-C1A 1.318(3), N3A-C38A 1.327(4), N4A-C38A 1.327(4), N3A-C38A 1.327(4), N4A-C38A 1.327(4), Cu3A-Cu2A-Cu1A 122.07(3), N2A-C1A-N1A 121.5(5), N3A-C38A-N4A 121.2(6). Grafik adaptiert aus Ref. [111] mit Erlaubnis von Royal Society of Chemistry.

Die N-C-N Winkel sind mit 122.5(2)° (N1-C1-N2) und 123.2(2)° (N4-C38-N3) *ca.* 2-3° größer als für **1** und liegen im Bereich der Werte die von Cotton *et al.* und Walensky *et al.* in vergleichbaren Molekülen beobachtet wurden.[112b,113]

Im ^{1}H-NMR-Spektrum ist die Resonanz des NC*H*N Protons, verglichen mit dem zweikernigen Komplex **1**, um 0.5 ppm hochfeldverschoben und wird bei δ = 9.03 ppm detektiert. Wie bereits für Verbindung **3** beobachtet, weist das Spektrum zwei Sätze an Resonanzen auf, welche mit Hilfe von ^{1}H-COSY-NMR-Spektroskopie verschiedenen Phenylringen des Ligandenrückgrats zugeordnet werden können. Das entsprechende ^{31}P{^{1}H}-NMR-Spektrum ähnelt ebenfalls dem von **3** und erscheint als zwei Dubletts bei δ = -17.0 ppm ($^2J_{P,P}$ = 109.2 Hz) und -19.5 ppm ($^2J_{P,P}$ = 109.7 Hz). Dies spricht erneut für eine starke Kopplung der Phosphorkerne durch die Kupferatome und zudem für leicht unterschiedliche chemische Umgebungen der Phosphorkerne. Die Resonanz des Gegenanions [PF$_6$]$^-$ wird bei -141.9 ppm als das erwartete Septett erfasst ($^1J_{P,F}$ = 709.6 Hz). Hochaufgelöste Elektronensprayionisations-Massenspektrometrie (ESI-HRMS) bestätigte die Zusammensetzung des lösungsmittelfreien Kations [dpfam$_2$Cu$_3$]$^+$.

Unter Beibehaltung der Reaktionsbedingungen aber einer Kristallisation ohne Acetonitril wird der eng mit **4** verwandte Komplex [dpfam$_2$Cu$_3$][PF$_6$] (**4a**) erhalten (Ausbeute 53 %, Schema 1.1.2-1). Verbindung **4a** kristallisiert in der triklinen Raumgruppe $P\bar{1}$ mit einem Molekül **4a** und 2.5 Molekülen THF in der asymmetrischen Einheit. Die Molekülstruktur ist im Festkörper im Verhältnis 84:16 im Bereich der Cu$_3$-Kette fehlgeordnet (Abbildung 3.1.1-5, rechts). Die beiden Anteile weisen jedoch lediglich geringfügige strukturelle Unterschiede auf, sodass nur der Hauptbestandteil A weiter vorgestellt wird (Abbildung 3.1.1-5). Verbindung **4a** zeigt im Festkörper einen zu **4** sehr ähnlichen Aufbau. Aufgrund des fehlenden Acetonitrilmoleküls befinden sich Cu1 und Cu3 jedoch beide in der gleichen verzerrt trigonal planaren Koordinationsumgebung, welche sich aus der Koordination zweier Phosphane und eines Stickstoffatoms aufbaut. Cu2 ist nach wie vor linear von zwei Stickstoffatomen koordiniert (N4A-Cu2A-N1A 172.5(2)°). Beide Kupfer-Kupfer-Bindungen sind annähernd gleich lang ((2.5736(7) Å und 2.5577(8) Å)) und sind zudem etwas kürzer als in **4**. Der intermetallische Winkel ist im Falle von **4a**, verglichen mit **4**, um etwa 5° geweitet (122.07(3)°). Auch Verbindung **4a** weist bei Anregung mit UV-Licht eine blassgelbe Lumineszenz auf. Die Emissionskurven von **4** und **4a** sind jedoch nicht identisch (siehe Abbildung 3.1.1-7).

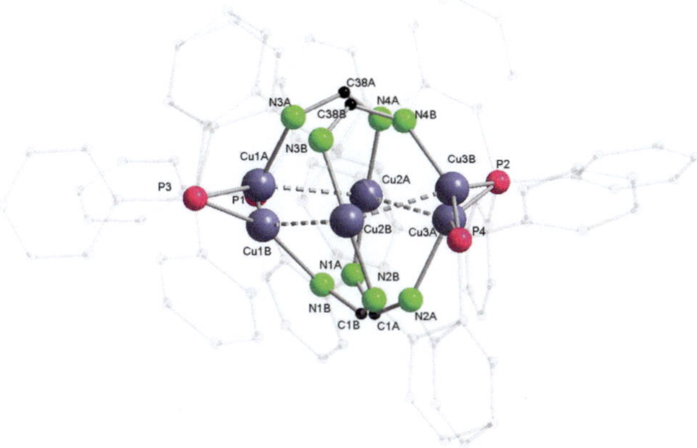

Abbildung 3.1.1-5: Molekülstruktur des Kations von **4a** im Festkörper mit Darstellung des fehlgeordneten Zentralmotivs (Part A 84 % und B 16 %).

Im Gegensatz dazu können NMR-spektroskopisch in Lösung keine signifikanten Unterschiede festgestellt werden. Zugleich indiziert dies für **4**, dass die Koordination des Acetonitrilmoleküls an Cu3 in Lösung wahrscheinlich nicht erhalten bleibt.

Analog zu **4** und **4a** wurde der dreikernige Silberkomplex [dpfam$_2$Ag$_3$(thf)$_2$][BF$_4$] (**5**) durch Reaktion von Kdpfam mit 1.5 Äquivalenten AgBF$_4$ in THF synthetisiert (Schema 3.1.1-3). Einkristalle für die Röntgenstrukturanalyse konnten durch Gasdiffusion von *n*-Pentan in eine THF-Lösung von **5** erhalten werden (Ausbeute 14 %). Das Produkt ist insbesondere während der Kristallisation ausgesprochen lichtempfindlich. Die orange-bräunlichen Kristalle zeigen bei Anregung mit UV-Licht bei Raumtemperatur eine kaum erkennbare (schwach orange) Lumineszenz. Verbindung **5** kristallisiert in der triklinen Raumgruppe $P\bar{1}$ mit einem Molekül **5** und zusätzlich 2.5 Molekülen THF in der asymmetrischen Einheit. Die Molekülstruktur von **5** im Festkörper (Abbildung 3.1.1-6) zeigt eine große Ähnlichkeit zu ihren leichteren Verwandten **4** und **4a**. Beide äußeren Silberatome weisen jedoch eine zusätzliche Koordination zu je einem Molekül THF auf. Daraus resultiert für Ag1 und Ag3 eine insgesamt trigonal bipyramidale Koordinationsgeometrie (unter Einbeziehung der Metallkontakte). Der Vergleich der Sauerstoff-Silber-Bindungen (Ag1-O2 2.674(2) Å und Ag3-O1 2.552(2) Å) mit Literaturwerten zeigt auf, dass sie im Bereich bekannter Ag-O-Abstände liegen. Die Koordination der THF Moleküle ist als eher schwach einzuordnen und an der Grenze zwischen dativer Bindung und van-der-Waals-Wechselwirkung.[120]

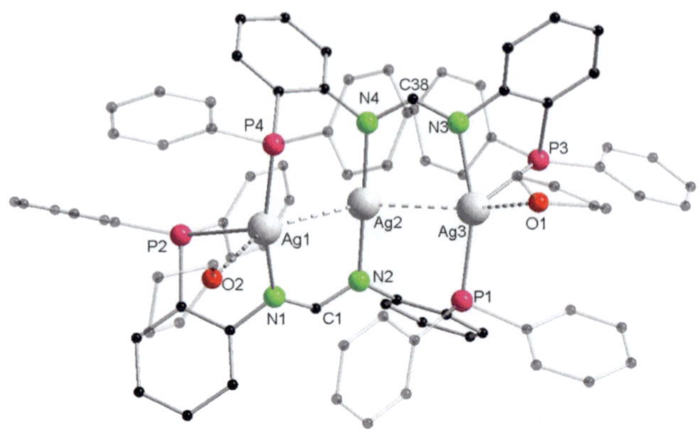

Abbildung 3.1.1-6: Molekülstruktur des Kations des dreikernigen Silberkomplexes **5** im Festkörper. Aus Gründen der Übersichtlichkeit sind Wasserstoffatome, das Gegenanion und nicht-koordinierende Lösungsmittelmoleküle nicht abgebildet. Ein THF-Molekül (mit O2) liegt leicht fehlgeordnet vor. Nur Part A ist dargestellt. Ausgewählte Bindungslängen [Å] und Winkel [°]: Ag1-Ag2 2.8987(3), Ag2-Ag3 2.8893(3), Ag1-P2 2.8457(8), Ag1-P4 2.3645(7), Ag3-P1 2.3539(7), Ag3-P3 2.6320(8), Ag1-N1 2.174(2), Ag2-N2 2.126(2), Ag2-N4 2.129(2), Ag3-N3 2.215(2), Ag3-O1 2.552(2), N1-C1 1.309(4), N2-C1 1.319(4), N3-C38 1.303(4), N4-C38 1.317(4), Ag3-Ag2-Ag1 133.861(10), N2-Ag2-N4 173.66(9), C1-N1-C2 125.6(3) N3-C38-N4 125.5(3). Grafik adaptiert aus Ref. [111] mit Erlaubnis von Royal Society of Chemistry.

Das mittlere Silberatom Ag2 ist durch die beiden Stickstoffatome annähernd linear (N2-Ag2-N4 173.66(9)°), bzw. unter Berücksichtigung der argentophilen Kontakte verzerrt quadratisch planar koordiniert. Abgesehen von der Ag1-P2-Bindung, die leicht länger ist, passen alle N-Ag- und P-Ag-Bindungslängen zu entsprechenden Vergleichswerten.[112b,115a,121] Der Winkel der Ag$_3$-Kette ist mit 133.861(10)° deutlich weiter als für **4** und **4a**. Vermutlich kann dies mit dem größeren Ionenradius von Ag$^+$ begründet werden. Verglichen mit **2** sind die intermetallischen Abstände in **5** deutlich kürzer und nun im Bereich starker argentophiler Kontakte.[65a] Da **5** nach der Kristallisation in THF nur schwer löslich ist, wurde für die NMR-Spektroskopie DMSO-d_6 als Lösungsmittel verwendet. Für die Phosphoratome wird im ^{31}P{^{1}H}-NMR-Spektrum eine breite Resonanz mit Peaks bei δ = -10.8 ppm und δ = -13.2 ppm beobachtet. Die Form der Resonanz deutet auf Effekte höherer Ordnung hin und konnte nicht weiter interpretiert werden. Im ^{1}H-NMR-Spektrum zeigt sich, wie bereits für **2**, eine ^{1}H-Ag$^{107/109}$-Kopplung. Das NC*H*N-Proton ist als Multiplettresonanz mit einer chemischen Verschiebung von δ = 7.61 – 7.52 ppm zu erkennen. Aufgrund der starken Donoreigenschaften von DMSO ist an dieser Stelle unbekannt, ob die Struktur von Verbindung **5** in Lösung erhalten bleibt. Mittels ESI-HRMS wurde die elementare Zusammensetzung von **5** zusätzlich bestätigt. (m/z = 1447.079 [**5**-2THF]$^+$; calc. [C$_{37}$H$_{58}$M$_4$P$_4$Ag$_3$]$^+$ m/z = 1447.076).

Die Synthese des analogen dreikernigen Goldkomplexes wurde unter verschiedenen Bedingungen versucht. Massenspektrometrisch konnte das Kation $[dpfam_2Au_3]^+$ nachgewiesen werden (m/z = 1717.266 (calc. $[C_{74}H_{58}N_4P_4Au_3]^+$ 1717.260). Es konnten jedoch keine für die Einkristallröntgenstrukturdiffraktometrie geeigneten Kristalle erhalten werden. Möglicherweise ist die Stabilität des vierkernigen Goldkomplexes mit starken aurophilen Kontakten eine entscheidende Triebkraft (siehe nächstes Kapitel).

Durch systematisches Einfügen einer höheren Anzahl an Metallzentren konnten im Ligandengerüst von dpfam⁻ kurze Metallabstände im Bereich metallophiler Wechselwirkungen realisiert werden. Während es bei den zweikernigen Komplexen unter anderem durch die konkurrierende Koordination der Phosphane noch nicht (**1**) oder nur schwach möglich war (**2**), finden sich in **4**, **4a** und **5** ausgeprägte metallophile Kontakte. Der Ligand ermöglicht dies aufgrund seiner intrinsischen Flexibilität: durch das unsubstituierte Amidinatrückgrat kann sich das Gerüst verdrehen und sich so den Bedingungen anpassen.

Zudem werden auch die photolumineszenten Eigenschaften von der Art und der Anzahl der Metalle beeinflusst. Die gold- und kupferhaltigen Komplexe (**1**, **3**, **4** and **4a**) sind bei Tageslicht (blass)gelbe Feststoffe. Die Silberkomplexe **2** und **5** erscheinen hingegen annähernd farblos. In Abbildung 3.1.1-7 und Abbildung 3.1.1-8 sind die Emissions- (PL) und Anregungsspektren (PLE) sowie Fotos der entsprechenden Proben dargestellt. Informationen zur Durchführung der PL-Spektroskopie sind in Kapitel 4.1.2 aufgeführt. Alle Komplexe zeigen eine ausgeprägte sichtbare Photolumineszenz (PL) bei Temperaturen < 100 K. Alle Hauptemissionsbanden sind aufgrund ihrer langen Abklingzeiten als Phosphoreszenz einzuordnen (siehe Tabelle 3.1.1-1). Ausnahme ist die Emission für Verbindung **2** bei Temperaturen > 100 K. Die zweikernigen Komplexe **1**-**3** zeigen einander ähnliche PLE Spektren mit einem Einsetzen der Absorption bei *ca.* 450 nm. Die Emissionsmaxima befinden sich bei 20 K bei etwa 520 nm (**1**, **2**) und 500 nm (**3**). Bei tiefen Temperaturen wird zudem eine vibronische Strukturierung der Emissionsbanden sichtbar. Die Bandenstruktur von **1** und **2** ähneln sich im Bereich von 500 nm bis 600 nm sehr. Die von **3** unterscheidet sich, analog zu den strukturellen Unterschieden der drei Komplexe, hiervon jedoch deutlich. Anders als **1** und **3**, zeigt **2** zusätzlich eine Fluoreszenzbande mit typisch kleiner Stokesverschiebung bei etwa 460 nm (τ < 5 ns), welche bei Raumtemperatur das Emissionsspektrum dominiert. Da sich die Intensität der Emission für alle zweikernigen Verbindungen bei Erwärmen auf Raumtemperatur drastisch verringert, wird deren Quantenausbeute auf kleiner 1 % geschätzt.

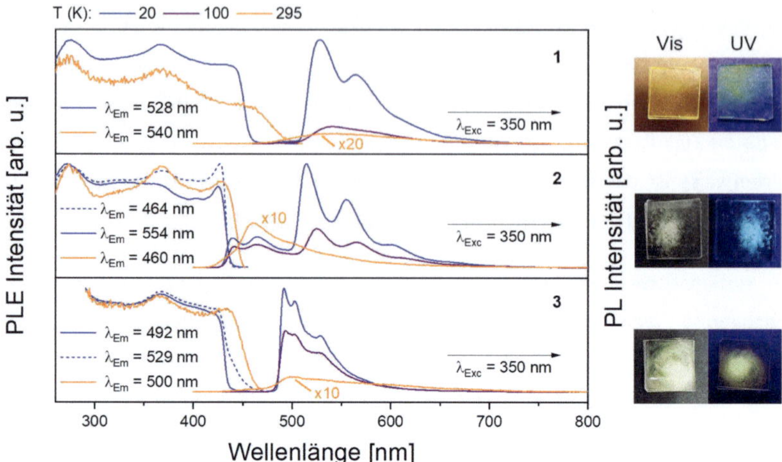

Abbildung 3.1.1-7: Emissions- (PL) und Anregungsspektren (PLE) der bimetallischen Komplexe **1-3** bei verschiedenen Temperaturen. PL-Spektren wurden mit λ_{Exc} = 350 nm angeregt, die PLE Spektren wurden bei der angegebenen Wellenlänge aufgenommen (λ_{Em}). Die nebenstehenden Fotografien zeigen die PL Proben bei Tageslicht (links) und unter UV Licht (rechts). Grafik adaptiert aus Ref. [111] mit Erlaubnis von Royal Society of Chemistry.

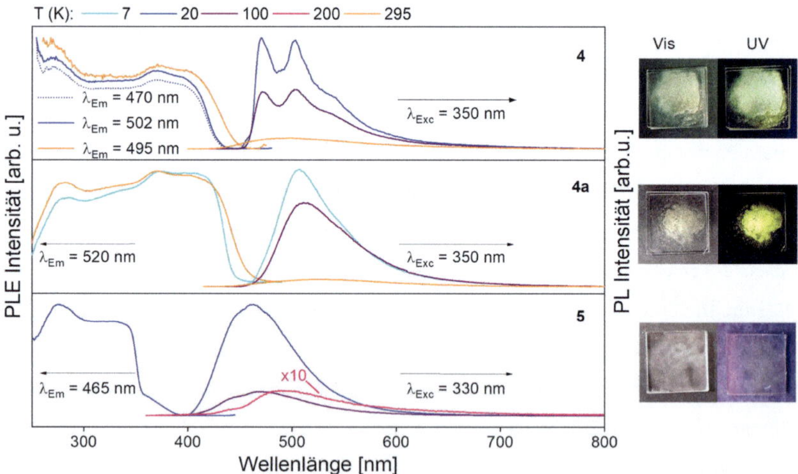

Abbildung 3.1.1-8: Emissions- (PL) und Anregungsspektren (PLE) der trimetallischen Komplexe **4, 4a** und **5** bei verschiedenen Temperaturen im Festkörper. PL/PLE-Spektren wurden bei den angegebenen Wellenlängen angeregt (λ_{Exc})/aufgenommen (λ_{Em}). Aufgrund des schwachen Signals ist die PL/PLE von **5** nicht für 295 K dargestellt. Die nebenstehenden Fotografien zeigen die PL Proben bei Tageslicht (links) und unter UV Licht (rechts). Grafik adaptiert aus Ref. [111] mit Erlaubnis von Royal Society of Chemistry.

Der dreikernige Kupferkomplex **4** zeigt eine Absorptionsbande ab etwa 450 nm und Phosphoreszenz bei *ca.* 500 nm (Abbildung 3.1.1-8). Da sich der verwandte Komplex **4a** maßgeblich nur in der Koordination des Acetonitrilmoleküls unterscheidet, zeigt dieser ein zu **4** ähnliches Emissions- und Anregungsverhalten. Sie stimmen hinsichtlich ihrer Form (PLE) und spektralen Position (PLE und PL-Maximum) gut überein. Allerdings fehlt für **4a** die für **4** bei tiefen Temperaturen ausgeprägte vibronische Strukturierung der Emissionsbande und das erste Maximum bei 470 nm. Diese Strukturierung für **4** könnte daher möglicherweise mit der Koordination des Acetonitrilmoleküls begründet werden. Im Vergleich zu den leichteren homologen Komplexen **4** und **4a** sind sowohl die Anregungsbande als auch die Emission für **5** blauverschoben (PLE-Bande ab *ca.* 360 nm und PL-Maximum *ca.* 460 nm (bei 20 K)). Die Gründe hierfür sind noch unbekannt. Möglicherweise hängt es jedoch mit den unterschiedlichen Metallen zusammen. Analog zu den bimetallischen Komplexen **1-3** sinkt die Intensität der Emission für **4**, **4a** und **5** deutlich bei Erwärmen auf Raumtemperatur. Daher wird auch hier die Quantenausbeute auf < 1 % geschätzt. Für **5** kann bei Raumtemperatur keine Lumineszenz mehr detektiert werden. Der Abfall der Emissionsintensität bei Erwärmung ist grob mit der Verkürzung der Lebensdauern korreliert. Zusammenfassend kann gesagt werden, dass **4**, **4a** und **5** zwar Komplexe mit metallophilen Wechselwirkungen repräsentieren, sie allerdings aufgrund vermutlich effektiver strahlungsloser Relaxation bei Raumtemperatur nur schwache Emitter darstellen. Weitere Einblicke in die Hintergründe der Emissions- und Anregungsprozesse sollen derzeit noch andauernde quantenmechanische Berechnungen liefern.

Tabelle 3.1.1-1: Lebensdauern τ der Komplexe **1-5** bei tiefen Temperaturen (T), detektiert bei der angegebenen Wellenlänge λ_{Em}. Die Anregung erfolgte mit λ_{Exc} = 337 nm.

Komplex	T [K]	λ_{Em}	τ
1	20	530	610 µs
2	20	554	11.9 ms
3	20	504	1.20 ms
4	20	500	68 µs (67 %); 840 µs (33 %)
4a	20	500	45 µs (67 %); 140 µs (33 %)
5	28	450	690 µs

3.1.2   Phasenabhängige Photolumineszenzuntersuchungen an [dpfam$_2$Au$_2$M$_2$][X]$_2$

Die Ergebnisse in diesem Kapitel sind veröffentlicht: M. Dahlen, E. H. Hollesen, M. Kehry, M. T. Gamer, S. Lebedkin, D. Schooss, M. M. Kappes, W. Klopper, P. W. Roesky, *Angew. Chem., Int. Ed.* **2021**, *60*, 23365-23372 *„Bright luminescence in three phases – A combined synthetic, spectroscopic and theoretical approach"* (Ref. [122]). Das Manuskript war zum Zeitpunkt der Abgabe im Revisionsprozess, es sind daher nicht alle Ergebnisse aus dem Paper enthalten. Die Zusammenarbeit erfolgte mit M.Sc. Eike Hollesen (Durchführung und Auswertung der Gasphasenspektroskopie, AK Prof. Dr. Manfred M. Kappes), Dr. Sergei Lebedkin (Aufnahme und Auswertung der Festkörper- und Lösungsphotolumineszenzspektroskopie, AK Prof. Dr. Manfred M. Kappes), Dr. Michael T. Gamer (Lösen und Verfeinern der Kristallstrukturen, AK Roesky) sowie M.Sc. Max Kehry (Theoretische Untersuchungen und deren Interpretation, AK Prof. Dr. Willem Klopper).

Auf Basis der Ergebnisse aus Kapitel 3.1.1 soll entsprechend des in Abbildung 3.1.2-1 vorgestellten Baukastenprinzips, das bestehende System auf vier Metallzentren erweitert werden. Aufgrund des begrenzten Platzangebots innerhalb des Ligandengerüsts, werden noch kürzere Metallabstände und zudem interessante Photolumineszenzeigenschaften erwartet.

Wie oben erwähnt wurde, sind systematische Untersuchungen zur Photolumineszenz mit einem fixierten Ligandenfeld und permuttierendem Metallgehalt rar.[95d,99] Experimentell werden die photolumineszenzenten Eigenschaften häufig entweder im Festkörper oder in Lösung bestimmt.[87] Quantenchemische Berechnungen beziehen sich jedoch häufig auf die störungsfreie Gasphase. Diese kann allerdings experimentell über die Festkörper- und Lösungsspektroskopie nur schwer abgebildet werden, da der Einfluss von Packungseffekten (z.B. π-Stacking), Gegenanionen oder Lösungsmitteln signifikant sein kann.[89a,92b,95a-c,123] Ein direkter Vergleich erscheint daher nur zulässig, wenn entweder aufwendige Modellierungen zum Einfluss der chemischen Umgebung erfolgen oder die Photolumineszenz in der Gasphase bestimmt wird. Werden theoretische Analysen mit spektroskopischen Untersuchungen in verschiedenen Phasen (darunter die Gasphase) kombiniert, könnte dies zum Verständnis des Einflusses der Phase auf die Photolumineszenz beitragen. Durch das Ändern nur eines Parameters, d.h. der Art der Metalle, kann zudem untersucht werden, welchen Einfluss die unterschiedlichen Metalle auf die Emissionseigenschaften nehmen. Nach vollständiger Charakterisierung sollen daher die erhaltenen Komplexe in den drei Phasen – Festkörper, Lösung und Gasphase – lumineszenzspektroskopisch untersucht werden. Beigleitend dazu sollen diverse quantenchemische Berechnungen erfolgen.

Für den Aufbau der tetrametallischen Komplexe soll das oben erwähnte HSAB Prinzip weiter ausgenutzt werden. Im ersten Schritt sollen die Phosphoratome des dpfam⁻ Liganden gebunden werden (Abbildung 3.1.2-1). Dies wurde bereits mit der Synthese von Komplex **3** erreicht. Die Koordination der Phosphane an die Goldkationen in **3** ist so selektiv, dass sich die oben beschriebene Ladungsseparation ausbildet und eine freie Koordinationstasche zwischen den beiden Amidinateinheiten entsteht (Abbildung 3.1.2-1). Verbindung **3** soll daher in einem zweiten Schritt als Metalloligand eingesetzt werden, wobei die Koordinationstasche mit weiteren Metallkationen besetzt wird (Abbildung 3.1.2-1).

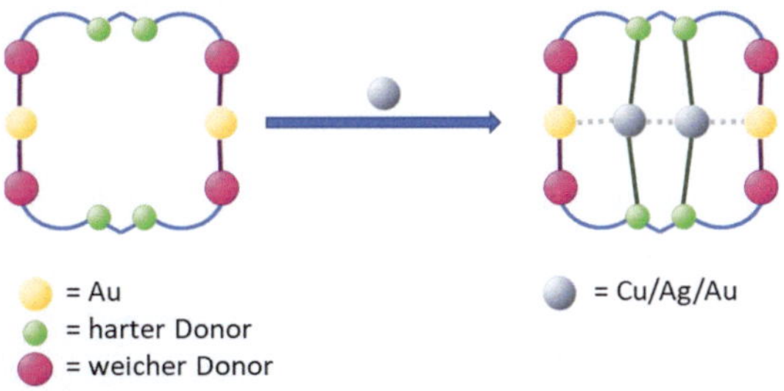

Abbildung 3.1.2-1: Schematische Darstellung des Baukastenprinzips für die Synthese der vierkernigen Komplexe unter Ausnutzung des HSAB Prinzips.[100]

Für die Darstellung der tetrametallischen Verbindungen wurde **3** zunächst in größerem Maßstab synthetisiert (500 mg Kdpfam). Nach dem Rühren in THF über Nacht und Entfernen des Lösungsmittels im Vakuum, wurde der Rückstand mit Toluol extrahiert und die entstehende Suspension filtriert. Nach Entfernen des Lösungsmittels unter vermindertem Druck wurde **3** als gelbes Pulver in 78 % Ausbeute erhalten. Anschließend wurde der Metalloligand **3** mit zwei Äquivalenten der entsprechenden Metallvorstufe umgesetzt (Schema 3.1.2-1). Nach Lösen der Edukte in THF und Rühren über Nacht bei Raumtemperatur ergab sich jeweils eine Suspension. Das jeweilige Produkt ist in THF nur schwer löslich. Durch Zugabe von Acetonitril und Erwärmen konnte eine Lösung erhalten werden, aus der die Produkte nach Abkühlen und Lagerung bei Raumtemperatur, bzw. im Kühlschrank, kristallin erhalten wurden. Abweichend ist lediglich die Synthese des Au$_4$-Komplexes **8**, da das eingesetzte [Au(tht)$_2$][BF$_4$] *in situ* hergestellt werden muss.

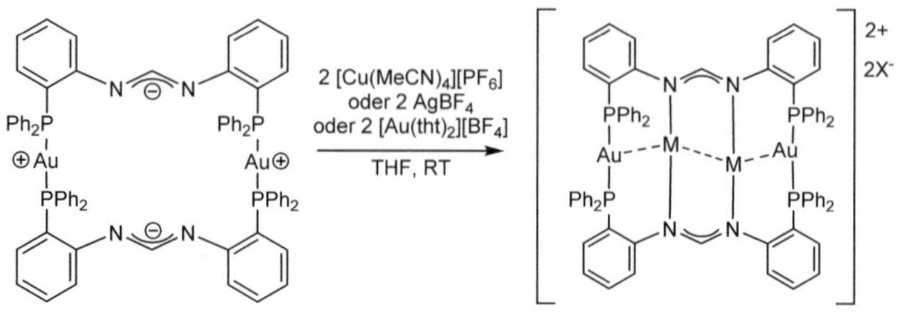

Schema 3.1.2-1: Synthese der vierkernigen Komplexe [dpfam$_2$Au$_2$Cu$_2$][PF$_6$]$_2$ (**6**), [dpfam$_2$Au$_2$Ag$_2$][BF$_4$]$_2$ (**7**) und [dpfam$_2$Au$_4$][BF$_4$]$_2$ (**8**).

Aus der Reaktion von **3** mit zwei Äquivalenten [Cu(MeCN)$_4$][PF$_6$] (Schema 3.1.2-1) wurde der vierkernige Komplex [dpfam$_2$Au$_2$Cu$_2$][PF$_6$]$_2$ (**6**) erhalten (Ausbeute 58 %). Die gelben Kristalle zeigen bei Anregung mit UV-Licht eine intensive gelbe Lumineszenz. Die Quantenausbeute beträgt bei Raumtemperatur im Festkörper ungefähr 55 %. Verbindung **6** kristallisiert in der orthorhombischen Raumgruppe *Cmc*2$_1$ mit einem halben Molekül **6**, zwei Molekülen THF und einem halben Molekül Acetonitril in der asymmetrischen Einheit. Die Molekülstruktur im Festkörper offenbart eine Au-Cu-Cu-Au Zickzackkette mit intermetallischen Winkeln von 119.75(10)° und 124.08(10)° (Abbildung 3.1.2-2). Kurze Metall-Metall-Abstände (Cu1-Cu2 2.594(3) Å, Au1-Cu1 2.832(2) Å und Au2-Cu2 2.806(2) Å) implizieren starke metallophile Wechselwirkungen.[63,119,124] Die Kupferatome sind von jeweils einem Stickstoffatom der beiden Amidinate und einem halb besetzten fehlgeordneten Molekül THF umgeben. An dieser Stelle sei anzumerken, dass die Modellierung der koordinierenden Lösungsmittelmoleküle nur schwer möglich war. Auf eine detaillierte Diskussion der Cu-THF-Abstände wird daher verzichtet. Mit den zusätzlichen metallophilen Kontakten zum nächsten Gold- bzw. Kupferatom ergibt sich für Cu1 und Cu2 jeweils eine verzerrt trigonal bipyramidale Koordinationssphäre. Ohne den Kontakt zu den zentralen Kupferatomen sind die Goldatome durch je ein Phosphoratom der beiden Liganden annähernd linear koordiniert (P5-Au1-P5′ 174.95(13)° und P6-Au2-P6′ 169.2(2)°). Die beiden N-Cu-N Winkel sind ebenfalls fast linear (172.1(6)° und 171.5(6)°). Wie bereits bei den Verbindungen **1-5** beobachtet, indizieren ähnliche N-C Bindungslängen im Amidinatrückgrat eine Delokalisierung der negativen Ladung zwischen den Stickstoffatomen.

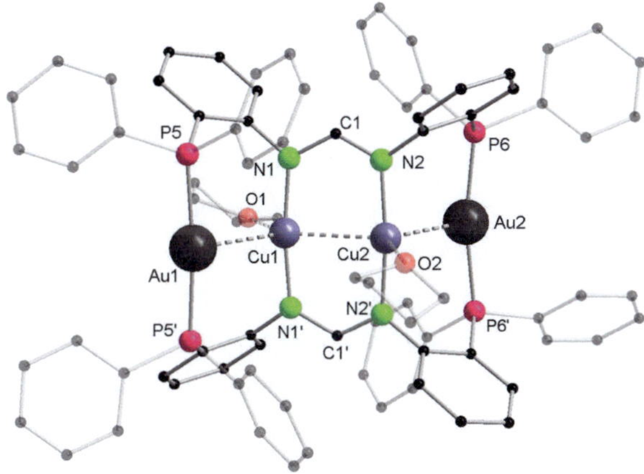

Abbildung 3.1.2-2: Molekülstruktur des Kations des vierkernigen Au_2Cu_2-Komplexes **6** im Festkörper. Aus Gründen der Übersichtlichkeit sind Wasserstoffatome, die Gegenanionen und nicht-koordinierende Lösungsmittelmoleküle nicht abgebildet. Die abgebildeten THF-Moleküle sind auf zwei Positionen (jeweils besetzt mit 0.25) fehlgeordnet, nur ein Part ist dargestellt. Ausgewählte Bindungslängen [Å] und Winkel [°]: Au1-Cu1 2.832(2), Au2-Cu2 2.806(2), Cu2-Cu1 2.594(3), Au1-P5 2.312(3), Au2-P6 2.294(3), Cu1-N1 1.888(11), Cu2-N2 1.935(12), N1-C1 1.36(2), N2-C1 1.30(2), Cu1-Cu2-Au2 119.75(10), Cu2-Cu1-Au1 124.08(10), P5-Au1-P5 174.95(13), P6-Au2-P6 169.2(2), N1-Cu1-N1 172.1(6), N2-Cu2-N2 171.5(6), N2-C1-N1 123.6(11). Grafik adaptiert aus Ref. [122] mit Erlaubnis von John Wiley and Sons (Lizenznummer 5166390801357).

Der Wert des Amidinatwinkels (N2-C1-N1 123.6(11)°) ist nahe dem Durchschnittswert aus den entsprechenden Winkeln der verwandten zweikernigen Komplexe **1** und **3**. Aufgrund der schlechten Löslichkeit in THF wurden die NMR-Spektren in deuteriertem Acetonitril aufgenommen. Die Resonanzen der Phosphoratome aus den PPh$_2$-Einheiten werden im ^{31}P{^{1}H}-NMR-Spektrum als breites Signal bei δ = 33.8 ppm detektiert. Für das Anion [PF$_6$]$^-$ ergibt sich das charakteristische Septett bei δ = -144.6 ppm. Die chemische Verschiebung der Ph$_2$P-Phosphoratome liegt damit im gleichen Bereich wie in Verbindung **3**. Da sich die in **1** und **4/4a** ermittelten chemischen Verschiebungen der entsprechend Cu-koordinierten Phosphoratome (δ ≈ -18 ppm) deutlich davon unterscheidet, kann von einer Aufrechterhaltung der Phosphor-Gold-Koordination in Lösung ausgegangen werden. Im ^{1}H-NMR-Spektrum wird das NC*H*N Proton aus Verbindung **6** bei δ = 6.25 ppm erfasst. Dieser Wert ist etwas kleiner als er für **3** bestimmt wurde. Er unterscheidet sich jedoch deutlich von den chemischen Verschiebungen, die für die Kupferkomplexe **1** oder **4/4a** ermittelt wurden. Ob dies nun auf die andere Metallkomposition, das andere Lösungsmittel oder andere Gründe zurückzuführen ist, kann zu diesem Zeitpunkt nicht geklärt werden. Aus der Literatur sind gemischte Au-Cu-Verbindungen mit ausgeprägten und teils strukturgebenden metallophilen Wechselwirkungen bekannt. Das Thema wurde beispielsweise 2019 von Stollenz in *Chemistry A European Journal* übersichtlich zusammengefasst.[119] Viele Systeme mit Liganden-gestützten heterometallischen Kontakten beschränken sich auf drei Metallzentren.[95d,125] Ein Beispiel ist der Cu_2Au-Komplex mit dem Bis(6-methylene-2,2′-bipyridin)phenylphosphan-Liganden, der 2017 von unserer Gruppe veröffentlicht wurde.[99] Lagunas *et al.* berichteten 2006 von einer gezackten Au-Cu-Cu-Au-Kette innerhalb eines 6-kernigen Komplexes. Sie konstatierten, verglichen mit **6**, deutlich kleinere Winkel (Au1-Cu1-Cu1′ (73.98(6)°) und eine leicht verlängerte Cu-Cu-Distanz von 2.898(3) Å. Die Au-Cu-Bindung hingegen hat annähernd dieselbe Länge wie sie in **6** beobachtet wurde.[124]

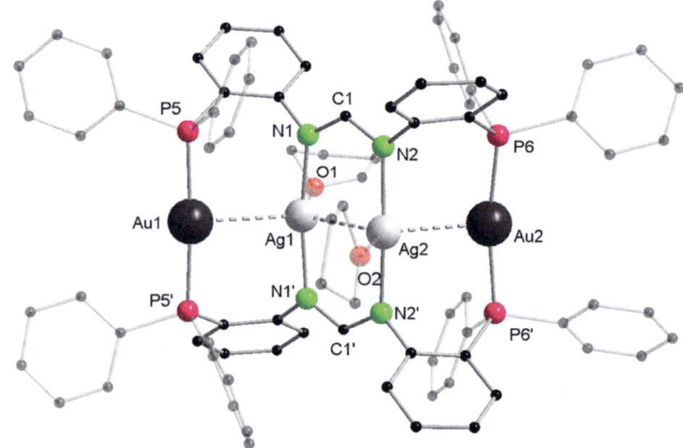

Abbildung 3.1.2-3: Molekülstruktur des Kations des vierkernigen Au_2Ag_2-Komplexes **7** im Festkörper. Aus Gründen der Übersichtlichkeit sind Wasserstoffatome, die Gegenanionen und nicht-koordinierende Lösungsmittelmoleküle nicht abgebildet. Die abgebildeten THF-Moleküle sind auf zwei Positionen (jeweils besetzt mit 0.25) fehlgeordnet, nur ein Part ist dargestellt. Ausgewählte Bindungslängen [Å] und Winkel [°]: Au1-Ag1 2.900(2), Au2-Ag2 2.876(2), Ag1-Ag2 2.734(2), Au1-P5 2.320(3), Au2-P6 2.299(4), Ag1-N1 2.137(13), Ag2-N2 2.148(13), N1-C1 1.32(2), N2-C1 1.33(2), Ag2-Ag1-Au1 121.93(7), Ag1-Ag2-Au2 116.91(7), N1-C1-N2 123.9(13). Grafik adaptiert aus Ref. [122] mit Erlaubnis von John Wiley and Sons (Lizenznummer 5166390801357).

Der Au_2Ag_2-Komplex **7** wurde analog zu **6** synthetisiert und in 49 % Ausbeute isoliert (Schema 3.1.2-1). Die farblosen Kristalle emittieren unter UV-Licht eine bläuliche Lumineszenz. Verbindung **7** kristallisiert in der orthorhombischen Raumgruppe *Cmc2₁* mit einem halben Molekül **7**, 1.5 Molekülen THF und einem halben Molekül Acetonitril in der asymmetrischen Einheit. Die Einkristallröntgenstrukturanalyse zeigt ein zu **6** analoges Au-Ag-Ag-Au Kettenmotiv (Abbildung 3.1.2-3) mit intermetallischen Winkeln von 121.93(7)° (Ag2-Ag1-Au1) und 116.91(7)° (Ag1-Ag2-Au2). Die kurzen Abstände zwischen den Metallatomen (2.900(2) Å (Au1-Ag1); 2.876(2) Å (Ag1-Ag2)) liegen erneut im Bereich metallophiler Wechselwirkungen.[63,126] Die Koordinationsumgebung der Metallatome ist identisch zur **6**: die Silberkationen sind trigonal bipyramidal koordiniert (je zwei Stickstoffatome, ein teilbesetztes fehlgeordnetes Molekül THF und je einen Kontakt zu Ag und Au) und die Goldatome befinden sich durch die beiden Phosphoratome und den metallophilen Kontakt in einer T-förmigen planaren Koordination. Die P-Au-P-Winkel sind annähernd linear (176.2(2) ° und 170.3(2) °), unterscheiden sich jedoch um etwa 6° voneinander. Da die koordinierenden Lösungsmittelmoleküle, wie bereits in **6**, nur schwer zu modellieren waren, sollen diese nicht im Detail diskutiert werden. Im ^{1}H{^{31}P(35.5)}-NMR-Spektrum wird das NC*H*N Proton aufgrund der Kopplung mit den Silberkernen als pseudo Triplett vom Triplett detektiert (δ = 6.63 ppm (pseudo tt, $^3J_{H,109Ag}$ = 15.5 Hz, $^3J_{H,107Ag}$ = 13.4 Hz)). Vermutlich aufgrund der anderen Metallkombination ist die chemische Verschiebung, im Vergleich zu **6**, geringfügig größer. Die Resonanzen der Phosphoratome des Liganden werden als breites Signal bei dem annähernd gleichen Wert wie für **6**, bei einer chemischen Verschiebung von δ = 35.5 ppm erfasst. Eine angedeutete Strukturierung der Resonanz signalisiert Kopplungen der ^{31}P-Kerne, die jedoch nicht näher bestimmt werden konnte.

Als Vergleich wurde ein Komplex mit ähnlichem Au-Ag-Ag-Au Zickzackmotiv gewählt, der 2010 von Hector *et al.* vorgestellt wurde.[127] Der intermetallische Winkel ihrer Verbindung ist nur wenig kleiner (Ag-Ag-Au 112.71(4)°) als in **7**. Jedoch sind trotz des sehr ähnlichen Strukturmotivs die intermetallischen Abstände deutlich länger (Ag-Ag (3.0129(14) Å und Ag-Au (3.2113(9) Å).[127] Gimeno und López-de-Luzuriaga *et al.* stellten 2017 ebenfalls Verbindungen mit gewinkelten Au-Ag-Ketten vor, wobei die heterometallischen Kontakte allerdings intermolekular, also nicht unterstützt, sind.[126] Obgleich in **7** durch den tetradentaten Liganden ein deutlich starreres Gerüst vorliegt, stimmen die ermittelten Metallabstände gut mit denen von Gimeno und López-de-Luzuriaga *et al.* berichteten Abständen überein.[126]

Zur Vervollständigung der Reihe wurde abschließend der Tetragold-Komplex [dpfam$_2$Au$_4$][BF$_4$]$_2$ (**8**) synthetisiert (Schema 3.1.2-1). Das hierfür benötigte [Au(tht)$_2$][BF$_4$] erwies sich als nicht isolierbar, sehr lichtempfindlich und bei Raumtemperatur als instabil in Lösung, weshalb es nur *in situ* verwendet wurde. Es wurde daher für jeden Ansatz erneut aus [AuCl(tht)], AgBF$_4$ und Tetrahydrothiophen in Dichlormethan hergestellt. Analog zur Synthese von **6** und **7**, wurde nach Rühren der Reaktionsmischung über Nacht etwas Acetonitril zugegeben und die Suspension erwärmt, bis sich alles löste. Das Erwärmen sollte nicht zu intensiv erfolgen, ansonsten zersetzt sich das Produkt unter Rosafärbung der Lösung. Nach Abkühlen und Lagerung für einige Tage wurde **8** als farblose lichtempfindliche Kristalle in 19 % Ausbeute isoliert. Unter UV-Anregung exprimiert **8** bei Raumtemperatur eine intensive grüne Lumineszenz mit einer Quantenausbeute von *ca.* 32 %. Komplex **8** kristallisiert in der orthorhombischen Raumgruppe *Cmc*2_1 mit einem halben Molekül **8** und drei Molekülen THF in der asymmetrischen Einheit. Die Kristallstrukturanalyse zeigt einen zu **6** und **7** eng verwandten Aufbau (Abbildung 3.1.2-4). Gemäß der für Gold bevorzugten zweifachen Koordination sind die Goldatome jeweils fast linear koordiniert (P1-Au1-P1 175.9(2)°, P2-Au2-P2 175.9(2)°, N2-Au4-N2 169.3(6)° und N1-Au3-N1 171.8(5)°). Die Molekülstruktur im Festkörper lässt kein koordinierendes Lösungsmittel erkennen. Innerhalb der Au_4-Kette indizieren kurze Abstände von 2.8850(9) Å, 2.8577(10) Å und 2.6998(8) Å zwischen den Goldatomen ausgeprägte aurophile Wechselwirkungen.[62,68d,128] Verglichen mit **6** und **7** ist der Winkel zwischen den Metallatomen mit 132.38(3)° bzw. 130.88(3)°) deutlich größer (*ca.* 10°). Der NCN-Winkel ist hingegen nur wenig vergrößert (N2-C1-N1 125.5(12)°).

In CD_3CN konnten für **8** keine NMR-Spektren interpretiert werden. Die in DMSO-d_6 aufgenommenen ^{1}H-NMR-Spektren zeigen die Resonanz des NC*H*N Protons bei δ = 7.18 ppm.

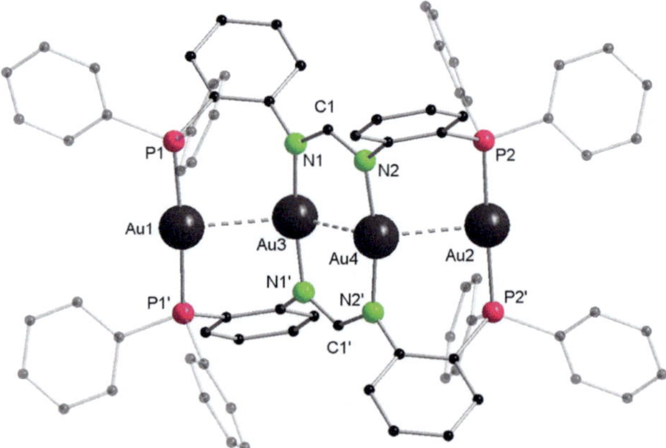

Abbildung 3.1.2-4: Molekülstruktur des Kations des vierkernigen Au_4-Komplexes **8** im Festkörper. Aus Gründen der Übersichtlichkeit sind Wasserstoffatome, die Gegenanionen und nicht-koordinierende Lösungsmittelmoleküle nicht abgebildet. Ausgewählte Bindungslängen [Å] und Winkel [°]: Au1-Au3 2.8850(9), Au2-Au4 2.8577(10), Au3-Au4 2.6998(8), Au1-P1 2.320(4), Au2-P2 2.312(4), Au3-N1 2.009(11), Au4-N2 2.053(11), N1-C1 1.347(9), N2-C1 1.340(9), Au4-Au3-Au1 132.38(3), Au3-Au4-Au2 130.88(3), P1-Au1-P1 175.9(2), P2-Au2-P2 175.9(2), N1-Au3-N1 171.8(5), N2-Au4-N2 169.3(6), N2-C1-N1 125.5(12). Grafik adaptiert aus Ref. [122] mit Erlaubnis von John Wiley and Sons (Lizenznummer 5166390801357).

Dieser Wert ist im Vergleich zu **6** und **7** etwas ins Tieffeld verschoben. Im $^{31}P\{^1H\}$-Spektrum ist, neben wenigen weiteren Signalen (< 1 %), die Resonanz der Phosphoratome als Singulett bei δ = 29.6 ppm sichtbar. Diese etwas geringere chemische Verschiebung als in **6** und **7**, könnte sowohl mit dem anderen Lösungsmittel als auch der unterschiedlichen Metallzusammensetzung begründet werden.

Die beobachtete lineare, leicht gewinkelte Anordnung der Goldatome stimmt gut mit bereits veröffentlichten Ergebnissen überein.[36b,129] Vergleichbare kettenartige phosphankoordinierte Goldkomplexe wurden beispielsweise 1993 von Che *et al.* und 2014 von Tanase *et al.* vorgestellt.[129] In beiden Fällen handelt es sich um ein multidentates, über Methylengruppen verknüpftes Gerüst von Phenylphosphaneinheiten. Diese koordinieren mehrere Goldatome in einer Reihe und induzieren dabei ligandengestützte aurophile Wechselwirkungen. Die ermittelten Metallabstände sind mit Werten von *ca.* 2.9 Å bis 3.1 Å etwas länger als in **8**.[129] In beiden Publikationen werden zudem weniger gewinkelte Anordnungen der Goldatome zueinander beobachtet.

Die Hauptmotive der drei vorgestellten vierkernigen Komplexe sind annähernd isostrukturell und zeigen kurze Metallabstände im Bereich metallophiler Wechselwirkungen.[124,126-127,129a] Die ermittelten Metallabstände sind häufig kürzer als in anderen stützenden Ligandensystemen.[124,129] Allerdings ist der sterische Bedarf des Liganden zu hoch oder der Abstand der Koordinationsstellen innerhalb des Liganden zu kurz für die Ausbildung (annähernd) linearer Ketten, wie sie in weniger sterisch anspruchsvollen Systemen oder bei intermolekularen metallophilen Kontakten beobachtet werden.[126,129a]

Da sich die Verbindungen **6-8** trotz ihrer strukturellen Ähnlichkeit dramatisch in ihren photooptischen Eigenschaften unterscheiden, wurden sie diesbezüglich intensiv untersucht. Wie oben erwähnt, zeigen die drei Komplexe **6-8** bereits im Festkörper bei Raumtemperatur sichtbare Lumineszenz. In Abbildung 3.1.2-5 sind die Anregungs- (PLE) und Emissionsspektren (PL) im Temperaturbereich 20 K - 295 K dargestellt. Alle Verbindungen zeigen eine breite, für **6** sehr breite, nicht strukturierte Emissionsbande mit Maxima (bei 20 K) bei 530 nm (**6**), 430 nm (**7**) und 490 nm (**8**) und eine moderate Rotverschiebung bei Erwärmung auf Raumtemperatur. Die Energie der Anregungsbande folgt demselben Trend und wird gut durch die durchgeführten Rechnungen unterstützt (siehe Abbildung 3.1.2-8). Da die Komplexe weitestgehend isostrukturell sind, können die unterschiedlichen Anregungs- und Emissionsenergien vermutlich auf die unterschiedlichen Metalle zurückgeführt werden. Eine äquivalente Reihenfolge der Emissionsenergien wurde 2014 von Koshevoy *et al.*

beobachtet.[95d] In ihren vierkernigen Komplexen ergab sich für die AuAg-Verbindung ebenfalls die höchste Emissionsenergie, gefolgt von der homometallischen Goldverbindung. Auch in ihrem Fall zeigte die AuCu-Verbindung eine breitere und deutlich rotverschobenere Emissionsbande als die beiden anderen Verbindungen.[95d] Die Quantenausbeuten der vierkernigen Komplexe **6-8** wurden mittels einer Ulbrichtkugel (siehe 4.1.2) bestimmt und ergaben 55 % für **6**, 7 % für **7** und 32 % für **8**. Aus der Entwicklung der PL-Intensität bei den verschiedenen Temperaturen werden die Quantenausbeuten von **6** und **8** unterhalb von 100 K auf annähernd 100 % geschätzt, die von **7** auf 70 %. Die Lebensdauern der Emissionszustände wurden im zweistelligen Mikrosekundenbereich ermittelt und können der Phosphoreszenz zugeordnet werden. Bei Raumtemperatur ist die Photolumineszenz von **6** und **8** in Lösung (MeCN) nur schwach ausgeprägt (Abbildung S 7-4). Für **7** kann in MeCN kaum Lumineszenz detektiert werden, was vermutlich auf lösungsmittelinduzierte strahlungslose Relaxation zurückzuführen ist.

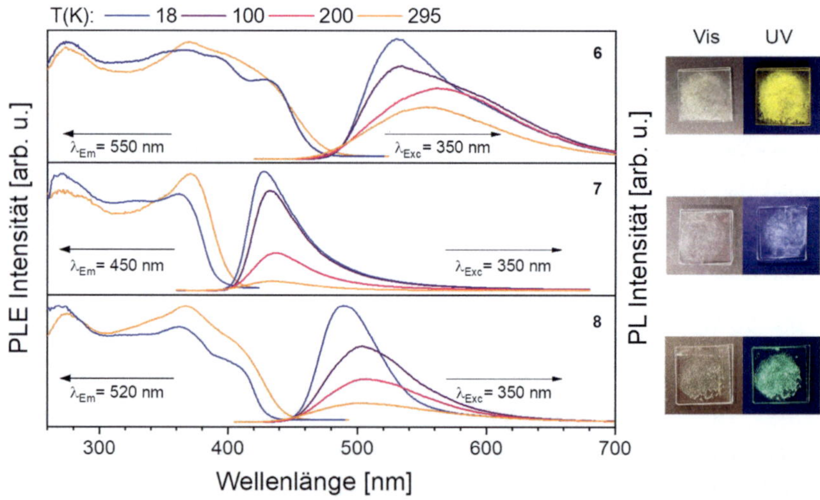

Abbildung 3.1.2-5: Emissions- (PL) und Anregungsspektren (PLE) der vierkernigen Komplexe **6-8** bei verschiedenen Temperaturen im Festkörper. PL-Spektren wurden mit λ_{Exc} = 350 nm angeregt, PLE-Spektren wurden bei den angegebenen Wellenlängen aufgenommen (λ_{Em}). Die eingefügten Fotos zeigen die entsprechenden PL-Proben links bei Tageslicht, rechts unter UV-Licht. Grafik adaptiert aus Ref. [122] mit Erlaubnis von John Wiley and Sons (Lizenznummer 5166390801357).

Für die intensiv lumineszierenden Verbindungen **6** und **8** konnten zudem Photolumineszenzspektren in der Gasphase, also unter annähernd störungsfreien Bedingungen, aufgenommen werden. Aufgrund eines Zerfalls nach/während der Anregung, war dies für **7** nicht erfolgreich. Zur Untersuchung in der Gasphase wurde das im Arbeitskreis Kappes aufgebaute TLIF-Experiment (Trapped Ion Laser Induced Fluorescence *engl.* Laserinduzierte Fluoreszenz an eingefangenen Ionen) verwendet.[130]

Wie für **6** auf Grundlage der Photolumineszenzeigenschaften im Festkörper erwartet, ergibt sich auch in Gasphase mit τ = 158 µs eine Lebensdauer im Bereich von Phosphoreszenz. Die Emission konnte zudem durch Zugabe von 1 % Sauerstoff zum Stoßgas vollständig gelöscht werden. Phosphoreszenz ist üblicherweise stark von der molekularen Umgebung beeinflusst, was in theoretisch störungsfreier Gasphase in typischerweise deutlich längeren Lebensdauern resultiert.[130b] Tatsächlich sind die Abklingzeiten im Festkörper mit durchschnittlich $\tau \approx$ 29 µs bereits deutlich kürzer als in Gasphase. In Lösung beträgt die Lebensdauer schließlich nur noch $\tau \approx$ 2 µs. In Abbildung 3.1.2-6 sind die Emissionsspektren von **6** in verschiedenen Phasen zusammengefasst. Das Emissionsmaximum zeigt eine deutliche bathochrome Verschiebung über einen Großteil des sichtbaren Spektrums vom Ion in der Gasphase (λ_{Max} = 480 nm) über die Festphase (λ_{Max} = 530 nm) zur Lösung (λ_{Max} = 590 nm).

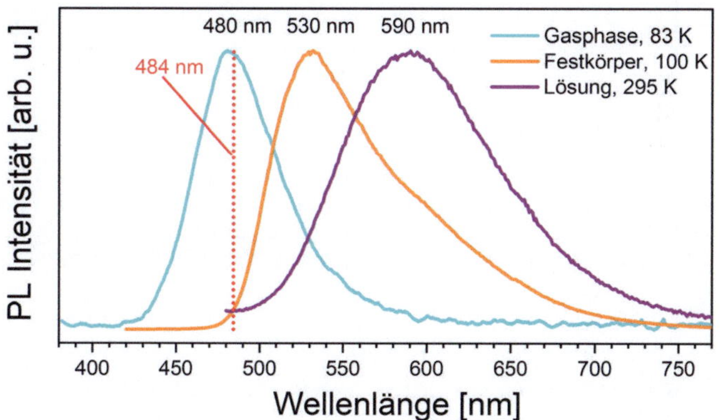

Abbildung 3.1.2-6: PL-Emissionsspektren von **6** im Festköper, Acetonitrillösung und Gasphase (als Kation [dpfam$_2$Au$_2$Cu$_2$]$^{2+}$). Die Anregung erfolgte mit λ_{Exc} = 350 nm (Festkörper), 329 nm (Lösung) bzw. 364 nm (Gasphase). Die rote gestrichelte Linie markiert den berechneten $S_0{\leftarrow}T_1$ Übergang. Grafik adaptiert aus Ref. [122] mit Erlaubnis von John Wiley and Sons (Lizenznummer 5166390801357).

Im Vergleich zur Gasphase (83 K), ist die Emission des Festkörpers (100 K) damit um 0.24 eV verschoben, die in Lösung (MeCN, 295 K) um 0.48 eV. In verschiedenen Umgebungen werden der Grundzustand und die emittierenden Zustände unterschiedlich stabilisiert, was zu dieser typischen Verschiebung führt.[130b]

Für die vierkernige Verbindung **8** ergibt sich keine derart deutliche Phasenabhängigkeit. Abbildung 3.1.2-7 zeigt, dass die Maxima aller drei Phasen um weniger als 0.1 eV voneinander abweichen. Die Emissionsbanden des Festkörpers und der Lösung liegen bei etwa 500 nm, die der Gasphase bei *ca.* 490 nm. Die Lebensdauern hingegen bilden wieder den erwarteten Trend ab: In der Gasphase wird sie zu 68 µs bestimmt, im Festkörper zu durchschnittlich 32 µs und in MeCN-Lösung zu *ca.* 2 µs.

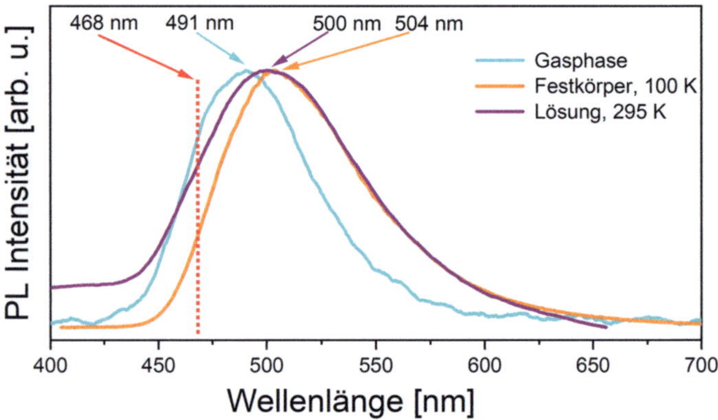

Abbildung 3.1.2-7: PL-Emissionsspektren von **8** im Festköper, Acetonitrillösung und Gasphase (als Kation [dpfam$_2$Au$_4$]$^{2+}$). Die Anregung erfolgte mit λ_{Exc} = 350 nm (Festkörper), 340 nm (Lösung) bzw. 364 nm (Gasphase). Die rote gestrichelte Linie markiert den berechneten S$_0 \leftarrow$T$_1$ Übergang. Grafik adaptiert aus Ref. [122] mit Erlaubnis von John Wiley and Sons (Lizenznummer 5166390801357).

Zur Erörterung der elektronischen Übergänge innerhalb der vierkernigen Komplexe **6-8** wurden quantenchemische Berechnungen mittels Dichtefunktionaltheorie (DFT) unter Verwendung des PBE0 Funktionals sowie des dhf-TZVPP Basissatzes für Kupfer, Silber und Gold und des dhf-SVP Basissatzes für die übrigen Atome mit dem Programmpaket TURBOMOLE[131] durchgeführt.[132] Geometrien und Energien der angeregten Zustände wurden mittels TDDFT[133] bestimmt. Die Berechnungen beschränken sich auf die Kationen von **6-8**. Die Ergebnisse können daher direkt mit den experimentellen Befunden der Gasphasen-PL-Spektroskopie verglichen werden. Da die Molekülstrukturen im Festkörper sehr nah an einer idealen C_{2h}-Symmetrie vorliegen, wurden die Übergänge sowohl für die C_1- als auch für die C_{2h}-Symmetrie berechnet. Abbildung 3.1.2-8 zeigt die simulierten Anregungsspektren der Kationen **6-8** sowie die unrelaxierten Differenzdichten in den eingebetteten Grafiken. Ein Elektronendichteverlust ist in Rot dargestellt, der Elektronendichtezugewinn in Blau. Da das TLIF-Experiment nur mit diskreten Anregungsenergien arbeitet, kann in der Gasphase experimentell kein Anregungsspektrum erhalten werden. Durch den Vergleich mit den experimentellen Daten aus der Festkörper-PL-Spektroskopie kann jedoch eine rudimentäre Abschätzung über die zugrundeliegenden Übergänge erhalten werden. Die Anregungsbanden scheinen vorwiegend auf einem Elektronendichteverlust aus den 3d-, 4d- bzw. 5d-Orbitalen der jeweiligen innenliegenden Metallatome zu beruhen. Die 5d-Orbitale der äußeren Goldatome tragen ebenfalls dazu bei. Die Hauptbanden entsprechen einem Elektronendichtetransfer aus besagten d-Orbitalen in die π^*-Molekülorbitale des verbrückenden R-N^N-R Fragments und in die π^*-Molekülorbitale der benachbarten Phenylgruppen. Bestätigt wurde dies mit einer Mulliken-Populationsanlyse. Zu Vergleichszwecken mit den experimentellen Daten wurden für die Kationen **6** bis **8** die niedrigsten Übergangsenergien aus dem Grundzustand (in der Geometrie des jeweils ersten angeregten Zustands) in den ersten angeregten Singulett- ($S_0 \leftarrow S_1$) und Triplettzustand ($S_0 \leftarrow T_1$) ermittelt. Eine Zusammenfassung der experimentell und theoretisch erhaltenen Übergangsenergien ist in Tabelle 3.1.2-1 zusammengefasst. Tatsächlich ergibt sich für **8** eine gute Übereinstimmung des experimentellen Emissionsmaximums bei 2.54 eV und dem berechneten Triplettübergang, der sowohl in C_1- als auch in C_{2h}-Symmetrie (A_g) bei 2.65 eV errechnet wird. Diese Unabhängigkeit der Übergänge von ihrer Symmetrie deutet auf eine Erhaltung der Symmetrie auch im angeregten Zustand hin und auf einen HOMO-LUMO-Charakter des Übergangs. Im Gegensatz dazu ergibt sich für **6** eine große Diskrepanz zwischen dem experimentellen Maximum (2.58 eV) und der errechneten niedrigsten Triplettemission in C_{2h}-Symmetrie (2.83 eV). Werden die Randbedingungen gelockert (Molekül muss nicht C_{2h}-Symmetrie aufweisen), wird eine asymmetrische Verzerrung der Au-Cu-Bindungen beobachtet: von 270 pm zu 258 pm und 285 pm. Die Cu-Cu-Bindung bleibt in beiden Fällen gleich (253 pm), die beiden Kupferatome verschieben sich in der C_1-Symmetrie folglich gemeinsam (siehe Abbildung 3.1.2-9). Dies deutet auf eine erhöhte Lokalisierung des Triplettübergangs hin. Die Energie dieses Übergangs wird zu 2.55 eV bestimmt, um 0.28 eV kleiner als für C_{2h} Symmetrie (A_g), und ist annähernd identisch mit dem experimentell bestimmten Maximum. Die Übergänge scheinen erneut vorwiegend aus HOMO-LUMO-Anteilen zu bestehen. Dass diese

Bindungsdeformation in **6**, aber nicht in **8** präsent ist, könnte an den unterschiedlichen Atomradien der inneren Metallzentren (Kupfer vs. Gold) liegen, d.h. die Goldatome haben „weniger Platz" im Ligandengerüst. Eine graphische Darstellung der Natürlichen Übergangsorbitale (NTOs) für den Tripletübergang $S_0 \leftarrow T_1$ ist in Abbildung 3.1.2-9 zu finden. Für die Gold-Silber-Verbindung **7** konnte, wie oben bereits erwähnt, keine Gasphasenphotolumineszenz aufgenommen werden. Die theoretische Untersuchung besagter Verbindung stellte sich als anspruchsvoll heraus und lieferte nur wenig belastbare Ergebnisse. Zwischen den jeweiligen $S_0 \leftarrow T_1$ Übergängen der beiden verwendeten Symmetrien ergab sich eine große Energiedifferenz von ~0.5 eV (2.51 eV für C_1 und 2.97 eV für C_{2h}). Während sich der Übergang in C_{2h}-Symmetrie (B_g) dem entsprechenden Bild in C_{2h}-Symmetire aus **6** und **8** anschließt (Abbildung 3.1.2-9), ergeben sich für C_1-Symmetrie viele signifikante Beiträge aus verschiedenen Molekülorbitalen. Zudem scheinen insbesondere die Phenylgruppen vermehrt involviert zu sein, wobei der Beitrag der zentralen Metallatome deutlich abnimmt (Abbildung 3.1.2-9). Weiterführende Rechnungen weisen zudem Diskrepanzen auf und zeigen Anzeichen einer Instabilität. Da die Berechnungen keine eindeutigen Ergebnisse liefern und für **7** zudem keine unterstützenden experimentellen Daten in der Gasphase vorliegen, kann diese nicht zur vergleichenden Diskussion zwischen Theorie und Experiment beitragen.

Tabelle 3.1.2-1: Übersicht über die experimentell (exp.) und theoretisch (PBE0) bestimmten Emissionsmaxima (in eV) für die Komplex **6-8**. Zusätzlich ist die niedrigste Triplettanregungsenergie angegeben. Tabelle adaptiert aus Ref. [122] mit Erlaubnis von John Wiley and Sons (Lizenznummer 5166390801357).

	Experimentell			Theorie – TDDFT			
	Festkörper	Lösung	Gasphase	$S_0 \rightarrow S_1$	$S_0 \leftarrow S_1$	$S_0 \leftarrow T_1$	$S_0 \leftarrow T_1$
Geometrie				S_0 (C_1)	S_1 (C_1)	T_1 (C_1)	T_1 (C_{2h})
6	2.34 (20 K)	2.10 (295 K)	2.58 (83 K)	3.36	3.14	2.55	2.83 (A_g)
7	2.90 (18 K)	--	--	3.74	2.90	2.51[a]	2.97 (B_g)[b]
8	2.53 (20 K)	2.46 (295 K)	2.54 (83 K)	3.31	2.86	2.65	2.65 (A_g)

S_0, S_1 und T_1 beziehen sich auf die geometrieoptimierten Strukturen. [a]Mit einer anderen Methode wurde die Anregungsenergie zu 2.82 eV bestimmt. [b]Die Reihenfolge von HOMO und HOMO-1 ist für **7** umgekehrt.

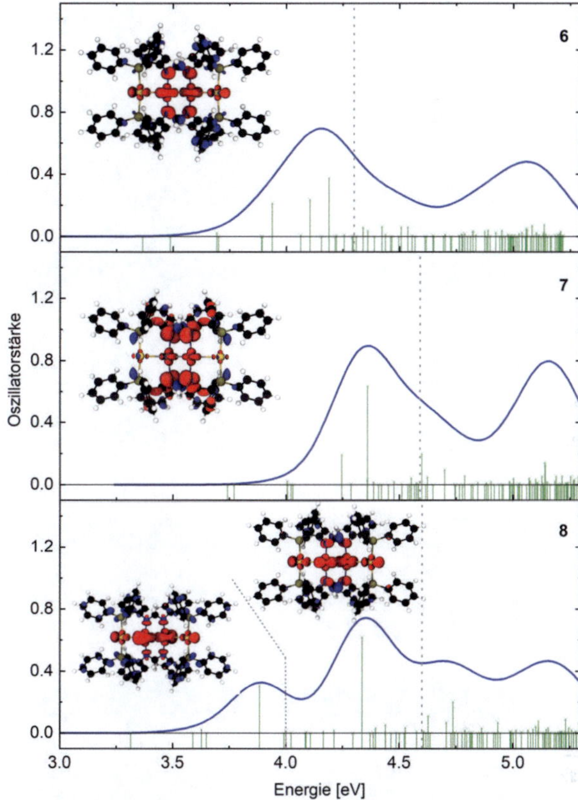

Abbildung 3.1.2-8: Berechnete Singulett-Anregungsenergien von **6**, **7** und **8**. Die entsprechende Oszillatorstärke ist in grün abgebildet. Das simulierte Spektrum, das durch die Überlagerung verschiedener Gaussfunktionen (Halbwertsbreite 0.3 eV) bei jeder Anregung erhalten wurde, ist als blaue Linie dargestellt. Die Darstellungen innerhalb der Abbildung zeigen nicht-relaxierte Differenzdichten mit den Übergängen in den entsprechenden Energiebereichen (gestrichelte graue Linie). Der Verlust an Elektronendichte ist in Rot abgebildet, der Gewinn in Blau. Grafik adaptiert aus Ref. [122] mit Erlaubnis von John Wiley and Sons (Lizenznummer 5166390801357).

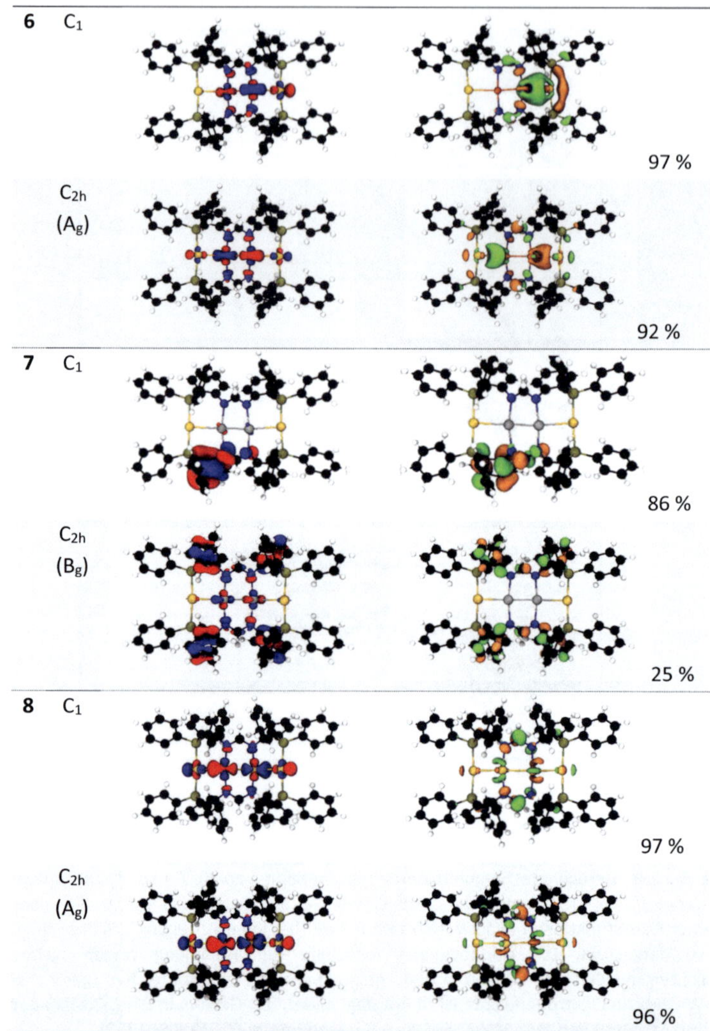

Abbildung 3.1.2-9: Natürliche Übergangsorbitale (NTOs) für den Triplettübergang $S_0 \leftarrow T_1$ der Verbindungen **6**-**8**. Links: Loch-NTO und Rechts: Elektron-NTO. Es sind jeweils die optimierten Geometrien des Triplettzustands dargestellt mit angenommener C_1 oder C_{2h} Symmetrie. Die Gewichte der Orbitale sind am rechten Rand eingetragen. Grafik adaptiert aus Ref. [122] mit Erlaubnis von John Wiley and Sons (Lizenznummer 5166390801357).

3.1.3 Neutrale Münzmetallkomplexe mit bis zu sechs Metallzentren

Die in diesem Kapitel vorgestellten Untersuchungen und Analysen zur Photolumineszenz wurden in Zusammenarbeit mit Dr. Sergei Lebedkin (AK Prof. Dr. Manfred M. Kappes) erstellt.

So genannte "Metal-String-Komplexe" mit mehreren Metallzentren in annähernd linearer Anordnung finden seit einiger Zeit Anwendung zum Aufbau von Molekulardrähten.[66b,134] Zur Stabilisierung solcher Systeme werden geeignete Liganden benötigt. Diese müssen in der Lage sein, die für Münzmetallverbindungen ausgeprägte Tendenz zur Clusterbildung zu unterbinden, welche vermutlich teilweise auf metallophile Wechselwirkungen zurückzuführen ist.[97,101e,135] Die entsprechende Eignung des Liganden dpfam⁻ wurde in den vorangegangenen beiden Kapiteln bereits aufgezeigt. Bislang wurde nur dpfam⁻ als anionischer Ligand eingesetzt, wodurch die Anzahl der koordinierten Metallatome auf vier limitiert war und sich zudem geladene Komplexe ergaben. Ein Einbringen zusätzlicher Liganden sollte daher den Zugang zu Komplexen mit noch höherer Anzahl an Metallzentren sowie zu neutralen Verbindungen ermöglichen.

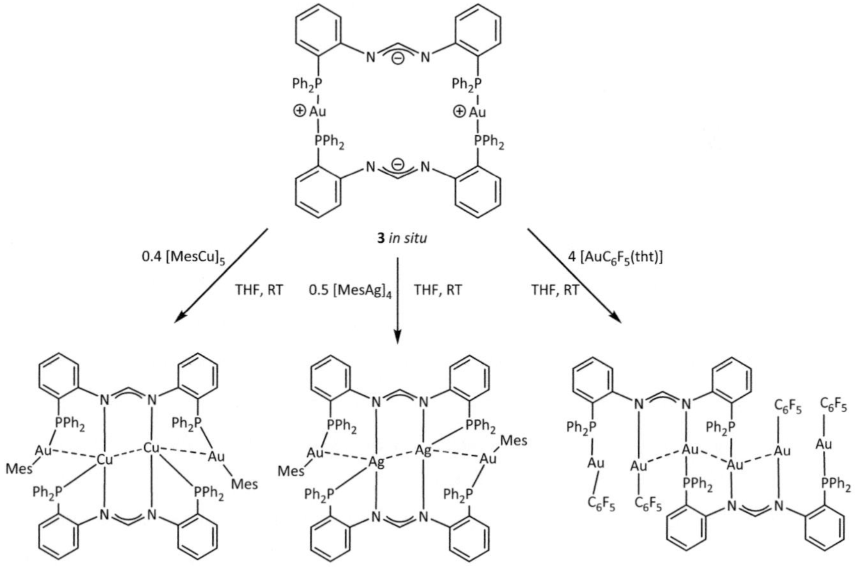

Schema 3.1.3-1: Synthese der heterometallischen Komplexe **9**, **10** und des homometallischen Komplexes **11** (Mes = Mesityl, C₆F₅ = Pentafluorophenyl).

Die Wahl fiel zunächst auf den Mesitylliganden: Er ist sterisch weniger anspruchsvoll als beispielsweise der 2,6-Diisopropylphenylligand und ist außerdem in Form der Metallvorstufen Mesitylkupfer [CuMes]$_5$ oder Mesitylsilber [MesAg]$_4$ synthetisch gut zugänglich. Metalloligand **3** wurde *in situ* hergestellt und anschließend mit [CuMes]$_5$ oder [MesAg]$_4$ umgesetzt (Schema 3.1.3-1). Die Reaktion mit Mesitylkupfer kann mit dem bloßen Auge oder unter UV-Licht verfolgt werden: Während der Zugabe färbt sich die Suspension orange und luminesziert unter UV-Licht zunehmend intensiver orange (Abbildung 3.1.3-1).

Abbildung 3.1.3-1: Fotos der Synthese von **9** während des Transfers von *in situ* generiertem **3** (linker Kolben) zu Mesitylkupfer (rechter Kolben), bestrahlt mit einer UV-Lampe (λ_{Exc} = 365 nm). Reaktion in THF; Zeitspanne der Zugabe *ca.* 5 min.

Nach Gasdiffusion von n-Pentan in die produkthaltige THF-Lösung, wird [dpfam$_2$Cu$_2$(AuMes)$_2$] **9** als orange Kristalle erhalten (36 % Ausbeute). Sie zeigen unter UV-Licht eine intensive orange Lumineszenz mit einer Quantenausbeute von etwa 25 %. Komplex **9** kristallisiert in der trigonalen Raumgruppe R$\bar{3}$c mit einem halben Molekül **9** und je 0.25 Molekülen THF und *n*-Pentan in der asymmetrischen Einheit. Die Kristallstrukturanalyse offenbart einen ungewöhnlichen Ligandenaustausch: die Mesityleinheit befindet sich nicht mehr am Kupfer-, sondern vielmehr am Goldatom (Abbildung 3.1.3-2). Die resultierenden leicht gewinkelten P-Au-Mesityleinheiten (C39-Au-P1 167.67(10)°) bilden die äußeren Enden, einer gewinkelten Au-Cu$_2$-Au-Kette. Hierbei befinden sich die P-Au-Mes-Einheiten an derselben Ligandeneinheit und sind in dieselbe Richtung orientiert (Abbildung 3.1.3-2). Durch den zusätzlichen Mesitylliganden sind die beiden dpfam⁻-Einheiten um eine Donorstelle gegeneinander verschoben. Die Kupferatome befinden sich, wie bereits in **6**, in der Amidinattasche. Sie werden in **9** allerdings durch ein weiteres Phosphoratom koordiniert, woraus sich eine annähernd T-förmige planare Koordination ergibt (ohne die Metallkontakte). Möglicherweise in Folge dieser zusätzlichen Koordination ist kein koordinierendes Lösungsmittel vorhanden. Unter Berücksichtigung der metallophilen Kontakte ergibt sich für das Kupferatom eine nur leicht verzerrte quadratisch pyramidale Umgebung mit den Atomen P2, N1, N2 und Cu' in der

Grundfläche und dem Goldatom in der Spitze des Koordinationspolyeders. Die Winkel der Grundfläche variieren von 82.93(8)° (N1-Cu-Cu) bis 109.73(9)° (N1-Cu-P2), ergeben in der Summe allerdings annähernd 360°. Die intermetallischen Abstände liegen mit Cu-Cu 2.7939(9) Å und Au-Cu 2.9960(4) Å im Bereich metallophiler Wechselwirkungen und sind gegenüber **6** leicht verlängert.[119]

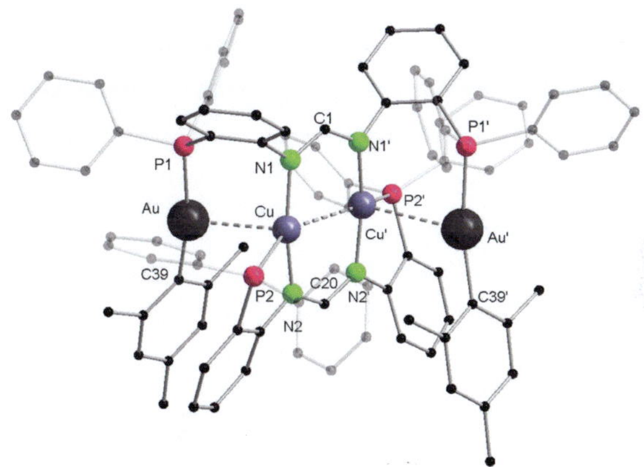

Abbildung 3.1.3-2: Molekülstruktur des vierkernigen heteroleptischen Au_2Cu_2-Komplexes **9** im Festkörper. Aus Gründen der Übersichtlichkeit sind Wasserstoffatome und nicht-koordinierende Lösungsmittelmoleküle nicht abgebildet. Ausgewählte Bindungslängen [Å] und Winkel [°]: Au-Cu 2.9960(4), Cu-Cu 2.7939(9), Au-P1 2.2951(9), Au-C39 2.062(4), Cu-P2 2.4106(10), Cu-N1 1.929(3), Cu-N2 1.948(3), N1-C1 1.320(4), N2-C20 1.317(4), Cu-Cu-Au 111.62(2), C39-Au-P1 167.67(10), N1-C1-N1 123.9(5), N2-C20-N2 124.7(5).

Die Kette der Metallatome zeigt einen deutlich kleineren Winkel (Cu-Cu-Au 111.62(2)°) als in **6** (119.75(10)° und 124.08(10)°). In ihrer Länge (gemessen Au⋯Au) ist sie allerdings nur unmerklich länger als in **6** (**9**: 7.4725(9) Å vs. **6**: 7.3433(10) Å). Dies wird eventuell durch zwei Faktoren verursacht: (1) Durch die fehlende Koordination von P2 an ein Goldatom ergibt sich eine im Vergleich zu **6-8** erhöhte Flexibilität im System, sodass die Metalle vermehrt der Tendenz zur Clusterbildung folgen können. Das kleine planare clusterartige Rautenmotiv M<M'$_2$>M ist für Münzmetalle bekannt.[124,135c] (2) Im die Metalle umgebenden Ligandengerüst sind π-Stapelwechselwirkungen zu erkennen (Abbildung 3.1.3-3),[136] welche die Metallkette ebenfalls vermehrt falten könnten. Bei den intramolekularen π-Stapelwechselwirkungen sind die Phenylringe in **9** mit Abständen < 4 Å parallel versetzt angeordnet (Abbildung 3.1.3-3, links; gemessen von Zentroid zu Zentroid). Vergleichbare Abstände sind in der Molekülstruktur auch intermolekular zu beobachten, allerdings bei weniger paralleler Ausrichtung der aromatischen Einheiten zueinander. Die bei Einführung eines weiteren Liganden auftretende Verschiebung der Donorstellen gegeneinander wurde zum Beispiel bereits von Che *et al.* beobachtet, auch wenn sich in ihrem Fall der resultierende vierkernige Komplex nur als bedingt stabil erwies.[129b] Von einem ähnlichen Ligandenaustausch zwischen verschiedenen Metallatomen wurde ebenfalls bereits berichtet.[137] Da **9**, sobald es im Festkörper vorliegt, in herkömmlichen organischen Lösungsmitteln annähernd unlöslich ist, sich zersetzt oder dynamisches Verhalten zeigt, war die NMR-spektroskopische Untersuchung der Verbindung schwierig. Vermutlich bleibt die Struktur von **9** in Lösung nicht erhalten. Für einige Lösungsmittel sind die aufgenommenen $^{31}P\{^1H\}$-NMR-Spektren in Abbildung S 7-5 abgebildet. Eine Reaktion im NMR-Röhrchen lieferte ebenfalls keine eindeutigen Ergebnisse.

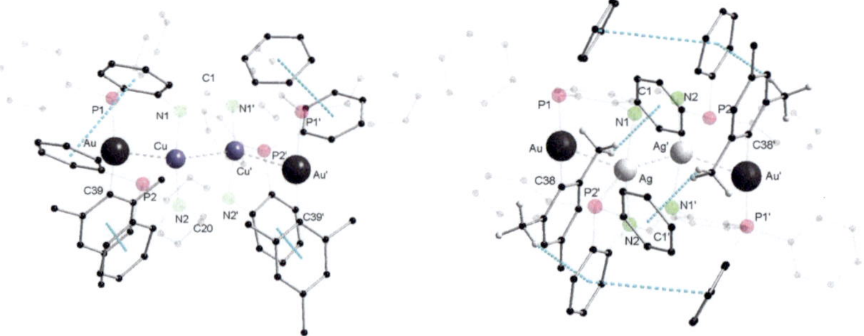

Abbildung 3.1.3-3: Darstellungen der Molekülstrukturen von **9** und **10** im Festkörper mit hervorgehobenen intramolekularen π-π- bzw. *CH*-π-Wechselwirkungen (gestrichelt blau). Wasserstoffatome sind nur teilweise dargestellt.

Der neutrale hetereometallische Komplex [dpfam$_2$Ag$_2$(AuMes)$_2$] (**10**) wurde analog zu **9** synthetisiert (Schema 3.1.3-1). Aus der Gasdiffusion von *n*-Pentan in THF wurden goldfarbene Kristalle mit einer Ausbeute von 33 % erhalten. Nach Trocknen im Vakuum ergibt sich ein farbloses Pulver mit intensiver blauer Lumineszenz unter UV-Licht. Verbindung **10** kristallisiert in der triklinen Raumgruppe P$\bar{1}$ mit einem halben Molekül **10** und einem Molekül THF in der asymmetrischen Einheit. In der Molekülstruktur im Festkörper zeigt sich ein zu **9** sehr verwandtes Strukturmotiv mit einer Au-Ag-Ag-Au-Kette und ähnlichem Ligandenaustausch (Abbildung 3.1.3-4).

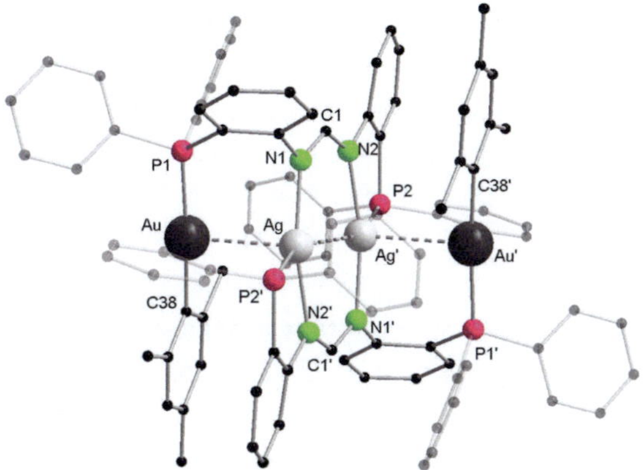

Abbildung 3.1.3-4: Molekülstruktur des vierkernigen heteroleptischen Au_2Ag_2-Komplexes **10** im Festkörper. Aus Gründen der Übersichtlichkeit sind Wasserstoffatome und nicht-koordinierende Lösungsmittelmoleküle nicht abgebildet. Ausgewählte Bindungslängen [Å] und Winkel [°]: Au-Ag 2.9756(3), Ag-Ag 2.9009(5), Au-P1 2.3110(9), Au-C38 2.057(4), Ag-P2 2.5934(9), Ag-N1 2.171(3), Ag-N2 2.186(3), N1-C1 1.315(4), N2-C1 1.313(5), Ag-Ag-Au 102.197(13), C38-Au-P1 173.80(10), N2-C1-N1 123.7(3).

Im Gegensatz zur vorigen Verbindung sind die Mesitylgoldeinheiten hier jedoch an gegenüberliegenden Liganden positioniert und daher einander entgegengesetzt orientiert. Grund hierfür könnte der für Silber größere Ionenradius sein. Auch in **10** sind die Metallatome einander so nah angeordnet, dass von attraktiven Wechselwirkungen ausgegangen werden kann (Au-Ag: 2.9756(3) Å und Ag-Ag 2.9009(5) Å). Die zentralen Silberkationen sind von je zwei Stickstoffatomen zweier Liganden und einem Phosphoratom annähernd T-förmig planar koordiniert. Zusätzliche metallophile Kontakte zu benachbarten Gold- und Silberatomen komplettieren die nahezu quadratisch pyramidale Koordinationsumgebung (P1-Au-Ag 89.15(2)°; N2-Ag-P2 78.86(8)°; N2-Ag-Ag 86.46(8)°; N1-Ag-P2 114.56(8)°; N2-Ag-P2 78.86(8)°). Ohne Berücksichtigung des Kontakts zum Silberatom ist das Goldatom annähernd linear koordiniert (C38-Au-P1 173.80(10)°). Der Winkel innerhalb der Kette ist mit 102.197(13)° erneut deutlich kleiner als in **7** und **9**. Die $AuAg_2Au$-Kette ist hingegen mit 7.1502(5) Å nur wenig kürzer ist als in **7** (7.5010(11) Å gemessen von Au zu Au). Sie ist auch etwas kürzer als für **9**, was vermutlich mit der unterschiedlichen Orientierung der Mesitylliganden begründet werden kann. Der P-Au-Mesitylwinkel nimmt in **10** einen etwas größeren Wert (C38-Au-P1 173.80(10)°) an als in **9** und liegt damit näher an der für Gold bevorzugten linearen Koordination. Für Verbindung **10** sind im Festkörper ebenfalls einige Phenylringe in kurzem

Abstand parallel zueinander oder in 90° zu einem Methylproton angeordnet, was abermals π-Wechselwirkungen vermuten lässt (Abbildung 3.1.3-3, rechts).[136] Die Löslichkeit von **10** war ebenfalls zu gering, um aussagekräftige NMR-Spektren zu erhalten.

Zur Vervollständigung der Reihe, wurde die Synthese des entsprechend verwandten Goldkomplexes angestrebt. Hierfür wurden [MesAg]$_4$ und [AuCl(tht)] reagiert, um *in situ* Mesitylgold zu generieren, welches dann mit Metalloligand **3** umgesetzt wurde. Trotz mehrerer Versuche wurden keine zur Einkristallröntgenstrukturanalyse geeigneten Kristalle erhalten. Ebenso erfolglos war die Synthese homometallischer Analoga zu **9** und **10**. Die Reaktionsansätze für [dpfam$_2$Ag$_2$(AgMes)$_2$] zersetzten sich und aus den entsprechenden Versuchen zur Synthese von [dpfam$_2$Cu$_2$(CuMes)$_2$] konnten bislang keine Kristalle zur Röntgenstrukturanalyse erhalten werden.

Da die Verwendung des Mesitylliganden zur Synthese eines vierkernigen Goldkomplexes nicht erfolgreich war, wurde stattdessen [AuC$_6$F$_5$(tht)] als Goldvorstufe ausgewählt. Trotz anfänglichen Einsatzes der Äquivalente zur Synthese des vierkernigen Komplexes (Kdpfam/[AuCl(tht)]/[AuC$_6$F$_5$(tht)] 1:1:1), wurde die sechskernige Verbindung **11** erhalten. Da schlussendlich eine Struktur mit mehr als vier Metallzentren angestrebt wurde, wurden die Reaktionsbedingungen entsprechend angepasst (Schema 3.1.3-1). Aus der Umsetzung des *in situ* generierten Metalloliganden (**3**) mit vier Äquivalenten [AuC$_6$F$_5$(tht)] konnte gezielt der neutrale sechskernige Komplex [dpfam$_2$Au$_2$(AuC$_6$F$_5$)$_4$] **11** mit 26 % Ausbeute isoliert werden (Schema 3.1.3-1). Er kristallisiert aus Diethylether in der monoklinen Raumgruppe $P2_1/c$ mit je einem halben Molekül **11** und Diethylether in der asymmetrischen Einheit. Die farblosen Kristalle exprimieren eine intensive grünliche Lumineszenz unter UV-Licht. Die Einkristallröntgenstrukturanalyse ergab eine noch weitere Verschiebung der dpfam⁻-Liganden gegeneinander, um nun zwei Donorstellen (Abbildung 3.1.3-5). Nur zwei Goldatome verknüpfen die beiden Liganden über eine N-Au-P Koordination. An die dadurch unbesetzten Stickstoff- und Phosphoratome sind nun insgesamt vier Pentafluorophenylgold-Einheiten koordiniert.

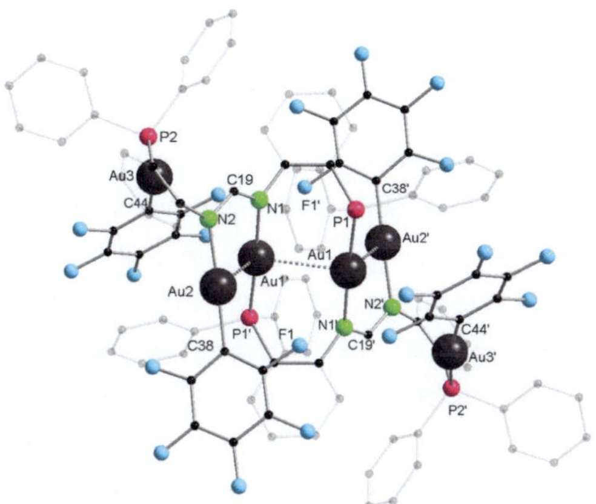

Abbildung 3.1.3-5: Molekülstruktur des sechskernigen heteroleptischen Komplexes **11** im Festkörper. Aus Gründen der Übersichtlichkeit sind Wasserstoffatome und nicht-koordinierende Lösungsmittelmoleküle nicht abgebildet. Ausgewählte Bindungslängen [Å] und Winkel [°]: Au1-Au1 2.9221(6), Au1-Au2 3.0017(4), Au1-N1 2.076(5), Au1-P1 2.246(2), Au2-N2 2.095(6), Au2-C38 2.013(8), P2-Au3 2.283(2), Au3-C44 2.041(8), N1-C19 1.305(9), N2-C19 1.328(9), Au1-Au1-Au2 103.118(14), N1-Au1-P1 176.7(2), C38-Au2-N2 170.9(3), C44-Au3-P2 170.5(2), N1-C19-N2 127.4(6).

Die vier inneren Goldatome bilden eine durch aurophile Kontakte verbundene Kette (Au1-Au1 2.9221(6) Å und Au1-Au2 3.0017(4) Å) mit einem Winkel von 103.118(14)°. Die Werte dieser Abstände und Winkel sind sehr ähnlich zu **10** und passen zu denen literaturbekannter Verbindungen mit ebenfalls kettenartiger Anordnung der Goldatome.[62,68d,128] Die äußeren AuC_6F_5-Einheiten sind von der Kette weggedreht und außerhalb der Reichweite aurophiler Wechselwirkungen (4.7038(6) Å). Ohne Berücksichtigung intermetallischer Kontakte sind die Goldatome jeweils annähernd linear koordiniert, durch entweder N1-Au1-P1 (176.7(2)°), C38-Au2-N2 (170.9(3)°) oder C44-Au3-P2 (170.5(2)°). Auch in **11** sind an einigen Stellen der Molekülstruktur im Festkörper π-π-Wechselwirkungen zu beobachten (*ca.* 3.65 Å, gemessen von Zentroid zu Zentroid). Lippolis und Lópes-de-Luzuriaga *et al.* und Roesky *et al.* beobachteten ähnliche Abstände zwischen den Pentafluorophenyleinheiten ihrer Verbindungen.[36b,138] Verbindung **11** ist zwar in Benzol, DMSO und THF löslich, zeigte aber keine interpretierbaren NMR-Spektren. Aufgrund der hohen Anzahl an Resonanzen sowohl im $^{31}P\{^1H\}$-NMR- als auch im $^{19}F\{^1H\}$-NMR-Spektrum ist anzunehmen, dass die Struktur in Lösung nicht bestehen bleibt bzw. die Koordination der Goldatome dynamisch ist (siehe Abbildung S 7-6 und Abbildung S 7-7).

Versuche zur Synthese der entsprechenden Verbindungen mit CuC_6F_5- oder AgC_6F_5-Einheiten wurden unternommen, blieben allerdings erfolglos.

Da die Verbindungen **9-11** bereits bei Raumtemperatur intensive Lumineszenz aufweisen, wurden sie bezüglich ihrer photolumineszenten Eigenschaften untersucht. Sie weisen alle eine breite Emissionsbande ohne vibronische Struktur auf (Abbildung 3.1.3-6). Lediglich **9** exprimiert zusätzlich eine flache Schulter bei 655 nm (20 K). Verbindung **9** zeigt, verglichen mit **10** (λ_{Max} = 482 nm), eine deutliche Rotverschiebung um 0.58 eV (λ_{Max} = 618 nm). Diese Entwicklung stimmt mit den Beobachtungen aus dem vorigen Kapitel 0 überein und ist vermutlich auf die unterschiedlichen Metalle zurückzuführen. Die Emission von Verbindung **11** ist am meisten blauverschoben (0.67 eV verglichen mit **9**). Sie zeigt ein Maximum bei 465 nm und zeigt bis 100 K kaum temperaturabhängiges Verhalten. Diese Abweichungen vom Verhalten von **9** und **10** könnte auf die deutlich elektronenziehenderen C_6F_5-Liganden zurückzuführen sein. Der beobachtete Trend der Emissionsmaxima für verschiedene Metallzusammensetzungen, deckt sich erneut grob mit den Ergebnissen von Koshevoy und Tunik *et al.*[95d] Wie oben erwähnt sind in ihren Ergebnissen ebenfalls die AuCu-Komplexe am weitesten und deutlich rotverschoben, verglichen mit den analogen AuAg- bzw. Au-Verbindungen, welche sich bezüglich ihrer Emissionsmaxima kaum voneinander unterscheiden. Deutliche Unterschiede werden in den Anregungsspektren sichtbar. Für **9** erstreckt sich die Anregungsbande zunehmend abflachend bis weit in den sichtbaren Bereich hinein (bis *ca.* 540 nm). Für **10** und **11** hingegen sind klare Kanten erkennbar (**10**: *ca.* 425 nm; **11**: *ca.* 390 nm). Die Frage nach der Herkunft dieser unterschiedlichen Anregungsbanden, insbesondere der Unterschied zwischen **9** und **10** ist bislang unbekannt und wird ohne theoretische Untersuchungen wohl nicht beantwortet werden können. Eine Möglichkeit wäre jedoch, neben der unterschiedlichen Metallkomposition, die strukturellen Unterschiede der Komplexe. Die bei 20 K bestimmten Lebensdauern können der Phosphoreszenz zugeordnet werden (**9**: *ca.* 310 µs; **10**: *ca.* 26 µs und *ca.* 840 µs; **11**: *ca.* 4 µs und *ca.* 93 µs). Bei Raumtemperatur verkürzt sich die Lebensdauer für alle drei Verbindungen auf *ca.* 10 µs. Während für **9** bei Raumtemperatur noch ein deutliches Signal detektiert wird, reduziert sich die Photolumineszenz von **10** und **11** drastisch mit steigender Temperatur. Die Quantenausbeuten wurden bei Raumtemperatur zu 23 % für **9**, 7 % für **10** und 8 % für **11** bestimmt. Die erhaltenen Werte stimmen gut mit der extrapolierten Quantenausbeute überein, die durch Intensitätsvergleich der Emissionsintensitäten bei tiefer und Raumtemperatur erhalten wird.

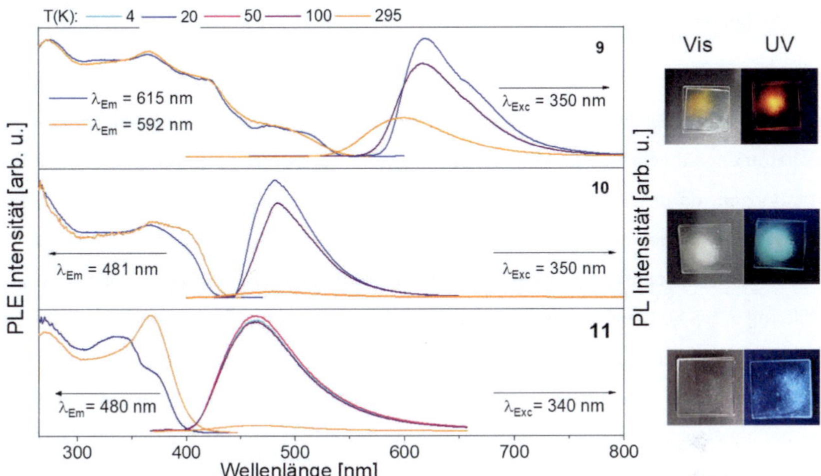

Abbildung 3.1.3-6: Emissions- (PL) und Anregungsspektren (PLE) der vierkernigen Komplexe **9** und **10** sowie des sechskernigen Komplexes **11** bei verschiedenen Temperaturen im Festkörper. PLE- und PL-Spektren und wurden bei den angegebenen Wellenlängen aufgenommen/angeregt (λ_{Em}/λ_{Exc}). Die eingefügten Fotos zeigen die entsprechenden PL-Proben links bei Tageslicht, rechts unter UV.

In diesem Kapitel wurden erfolgreich stabile neutrale Verwandte der im vorigen Kapitel vorgestellten vierkernigen Komplexe synthetisiert. Verbindungen **9** und **10** präsentieren zudem einen außergewöhnlichen Ligandenaustausch. Mit Verbindung **11** wurde außerdem ein sechskerniger Goldkomplex vorgestellt. Alle Komplexe zeigen intensive Photolumineszenz bei Raumtemperatur. Hervorzuheben ist an dieser Stelle Komplex **9**, der eine Quantenausbeute von *ca.* 23 % aufweist.

3.1.4 Zusammenfassung

Im Zuge des Kapitels 3.1 wurden unter Verwendung des PNNP-Liganden dpfam⁻ Komplexe der Elemente Kupfer, Silber und Gold synthetisiert, die eine sukzessiv höhere Anzahl an Metallatomen aufweisen. Mit den Verbindungen **9-11** wurden außerdem drei neutrale Verbindungen, darunter der sechskernige Goldkomplex **11**, vorgestellt, die zusätzlich die Mesityl-/C_6F_5-Ligandeinheit enthalten. Alle Verbindungen, mit Ausnahme von **1** und **3**, exprimieren metallophile Kontakte und zeigen ausgeprägte lumineszente Eigenschaften (Abbildung 3.1.4-1). Diese wurden im Festkörper in einem Temperaturbereich von 20 K bis 295 K untersucht (Emissionsfarben Überblick Abbildung 3.1.4-3). Die vierkernigen zweifach positiv geladenen Komplexe **6-8** waren zudem Gegenstand der Betrachtung phasenabhängiger Lumineszenz. **6** und **8** konnten hierbei in Festphase, Lösung und Gasphase (als Kation) analysiert werden. Die experimentelle Analytik wurden zudem von intensiven Rechnungen begleitet, welche sowohl für **6** als auch für **8** eine große Übereinstimmung zwischen Theorie und Experiment ergaben. Die Anregung erfolgt demnach aus den 3d/5d-Orbitalen der jeweiligen Metallkette in verschiedene π*-Molekülorbitale des Liganden.

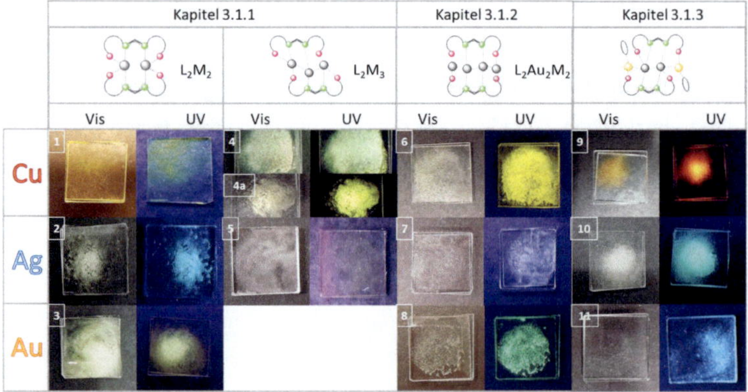

Abbildung 3.1.4-1: Fotos der Proben **1-11** für die PL-Untersuchungen bei Tageslicht (Vis) und bei Anregung mit einer UV-Lampe (λ_{exc} = 365 nm), aufgenommen bei Raumtemperatur. (Bemerkung: Die Abbildung in der Kopfzeile ist schematisch und stark vereinfacht.

Bei vergleichender Betrachtung scheinen insbesondere die heterometallischen, vor allem die AuCu-Komplexe, intensiv zu lumineszieren. Für die Emissionswellenlänge scheint außerdem allgemein die Metallzusammensetzung eine Rolle zu spielen.

Um diese vermuteten Zusammenhänge abzubilden, wurde auf Basis der erhaltenen Ergebnisse eine Korrelationsmatrix erstellt. Sie soll verschiedene strukturelle Parameter der Verbindungen **1-11** mit einigen ihrer experimentell bestimmten PL-Eigenschaften korrelieren (Abbildung 3.1.4-2). Als strukturelle Parameter wurden die Art der Metalle (Cu/Ag/Au: ja (1) oder nein (0)), der durchschnittliche intermetallische Winkel (α(M-M)), ob es ein heterometallischer Komplex ist (MM': ja (1) oder nein (0)), die Kombination der Metalle (AuCu/AuAg jeweils ja (1) oder nein (0)), die Anzahl an Metallatomen (n) und der gemittelte Metallabstand (d(M-M)) gewählt. Als experimentelle Eigenschaften wurde die Quantenausbeute (QY), die maximale Emissionswellenlänge (λEm(max)) und die maximale Lebensdauer (τ(max)) verwendet (Rohdaten und Matrix siehe Tabelle S 7-1).

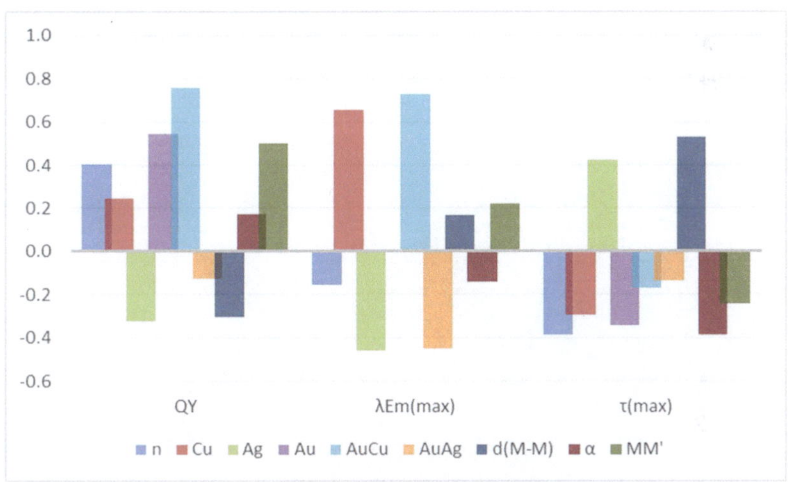

Abbildung 3.1.4-2: Graphische Darstellung eines Ausschnitts der Korrelationsmatrix aus verschiedenen strukturellen Parametern mit ausgewählten experimentell bestimmten Eigenschaften der Komplexe **1-11**.

Für eine verlässliche statistische Auswertung dieser Art würden deutlich mehr Datenpunkte benötigt. Aufgrund der begrenzten Datenmenge sollen daher nur die größten Faktoren diskutiert werden. Auf Basis der Korrelationsmatrix lassen sich für Verbindungen **1-11** folgende Trends erahnen:

1) Bezüglich der Quantenausbeute ergibt sich eine positive Korrelation für die Anzahl an Metallatomen und für heterometallische Verbindungen. Für die heterometallischen und die mehrkernigen Komplexe ergaben sich folglich vergleichsweise hohe

Quantenausbeuten. Außerdem scheint das Element Gold und insbesondere die spezielle Kombination aus Gold und Kupfer vorteilhaft zu sein.

2) Für die Emissionswellenlänge kann die generalisierte Aussage getroffen werden, dass die kupferhaltigen Verbindungen bei eher höheren Wellenlängen bzw. niedrigeren Energien emittieren als die silberhaltigen Komplexe. Sichtbar wird dies auch in untenstehendem Diagramm (Abbildung 3.1.4-3). Derselbe Trend kann in den Ergebnissen von Koshevoy und Tunik *et al.* beobachtet werden.[95d]

3) Für die Lebensdauer ergeben sich mehrere Korrelationen mit mittleren Werten. Sie scheint jedoch positiv mit dem Element Silber verbunden zu sein. Außerdem scheinen größere Metallabstände mit einer längeren Lebensdauer in Zusammenhang zu stehen.

Obgleich nur wenige Werte zur Verfügung stehen, können folglich die vorher beobachteten Trends auch über die Korrelationsmatrix abgebildet werden.

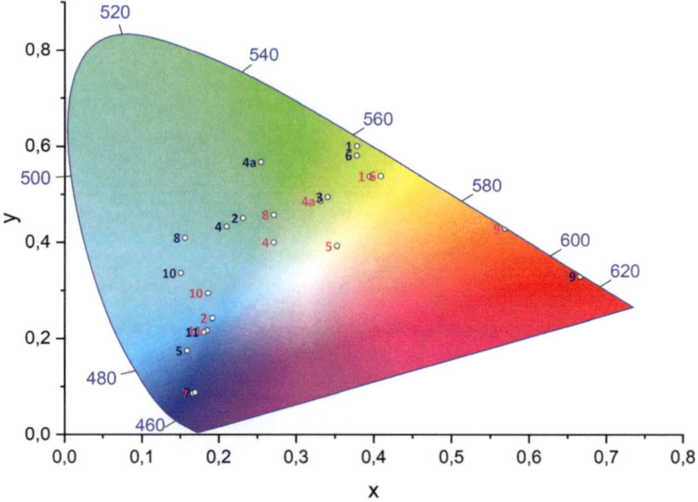

Abbildung 3.1.4-3: Übersicht der exprimierten Emissionsfarbe der Verbindungen **1-11** in Form des CIE 1931 Diagramms. Pink: Raumtemperatur; Blau: 20 K.

3.2 Heterometallische Lanthanoid-Münzmetallkomplexe

Die Synthese und Charakterisierung der in diesem Kapitel vorgestellten Verbindungen erfolgten in Zusammenarbeit mit M.Sc. Niklas Reinfandt. Theoretische Untersuchungen wurden von M.Sc. Chengyu Jin unter Betreuung von Prof. Dr. Karin Fink durchgeführt und waren zum Zeitpunkt der Abgabe noch nicht abgeschlossen. Die Ergebnisse sind veröffentlicht unter: M. Dahlen, N. Reinfandt, C. Jin, M. T. Gamer, K. Fink, P. W. Roesky, *Chem. Eur. J.* **2021**, DOI: 10.1002/chem.202102430. "Heterobimetallic Lanthanide-coinage Metal Compounds Featuring Possible Metal-metal Interactions in the Excited State" Ref. [139].

In den vergangenen Jahrzehnten rückten heterometallische Verbindungen mit kleinen intermetallischen Abständen immer mehr in den Fokus der Forschung. Potenzielles Auftreten kooperativer Effekte und deren Erforschung für mögliche Anwendungen sind hierbei Interessenschwerpunkte. Besonders vielversprechend in diesem Kontext sind sogenannte Early-Late-Heterobimetallics (ELHBs), auf Deutsch frühe-späte-heterobimetallische Komplexe. Das Einbringen eines zweiten Metallzentrums vermag unter Umständen die Reaktivität, Substratspezifität und den Reaktionsmechanismus von Katalysatoren zu ändern.[140]

Aufgrund der Unterschiedlichkeit der Metallzentren ergeben sich spezifische Schwierigkeiten in der Synthese gemischtmetallischer Verbindungen mit kurzem Metallabstand: (1) Die Metallzentren stoßen sich aufgrund gleicher Ladungspolarität ab. (2) Es kann zu eventuell unerwünschten Redoxreaktionen zwischen den Metallionen kommen. (3) Die Metallzentren konkurrieren möglicherweise um die Donorstellen, was zur Dissoziation der Komplexe führen kann. Als besonders geeignet zur Bewältigung dieser Herausforderungen haben sich Phosphinoamidliganden erwiesen. Mit ihnen sind eine große Bandbreite unterschiedlicher Metallkombinationen, unter anderem Sc/Ni,Pd,Pt[141], Ti/Co,[101a,101b] Zr/Co[142] und Zr/Pt[101c,143] bekannt. Beispiele mit Lanthanoiden wurden unter anderem von unserer Arbeitsgruppe veröffentlicht (Ln-M mit Ln = Y, Lu; M = Pd, Pt).[101d,144]

Auch für die maßgeschneiderte Konstruktion von Leuchtmaterialien in verschiedenen Anwendungen werden ELHBs erforscht.[145] Viele Elemente aus der Gruppe der Lanthanoide sind seit langem für ihre lumineszenten Eigenschaften bekannt und sind häufig Bestandteil in OLEDs und gedopten Materialien.[146] Da der Ursprung ihrer Emission gut untersucht ist, drängt sich diese Gruppe als Bestandteil eines neuen zu untersuchenden Systems auf.[146e,147]Als zweiter Bestandteil offerieren sich die Metalle der Gruppe 11. Sie sind, wie oben ausgeführt, seit Jahrzehnten für ihre Tendenz zur Ausbildung metallophiler Wechselwirkungen und deren Auswirkungen auf die lumineszenten Eigenschaften bekannt.[86a]

Die Verbindung von Lathanoiden und Gruppe 11 Metallen birgt neben den für die unterschiedlich harten Metallzentren benötigen verschiedenen Donorstellen zusätzlich die Herausforderung, dass sie unterschiedliche Koordinationszahlen bevorzugen. Während die einwertigen Münzmetalle niedrige Koordinationszahlen präferieren (für Ag und Au meist 2), werden für Lanthanoidkationen häufig hohe Zahlen (6 bis 9) beobachtet.[9] Für die spezielle Kombination aus Lathanoiden und Münzmetallen sind möglicherweise aus den oben genannten Gründen bisher nur wenige Beispiele molekularer Komplexe publiziert worden.[148] Da insbesondere die räumliche Nähe der Metallzentren eine synthetische Herausforderung darstellt, sind in diesem Kontext noch weniger Beispiele (mit Metallabständen $\leq 4\,\text{Å}$) bekannt.[148a,148b,148d] Aus Sicht der Grundlagenforschung ist zudem die Kombination der Extreme reizvoll: ein Metallzentrum mit leeren und eines mit vollen Valenzorbitalen, z.B. Lanthan(III) mit $[\text{Xe}]\mathbf{5d^0 6s^0}$ und Au(I) mit $[\text{Xe}]4f^{14}\mathbf{5d^{10}}6s^0$.

Ziel war es daher, einen Komplex mit sowohl einem Lanthanoid- als auch einem Kupfer-/Silber-/Goldkation in räumlicher Nähe zueinander darzustellen. Die Wahl des Liganden fiel hierfür wiederum auf dpfam⁻. Anschließend sollte untersucht werden, ob und in welchem Umfang die beiden Metallzentren miteinander wechselwirken. Experimentell sollte sich dieser Fragestellung mittels Photolumineszenzspektroskopie genähert werden. Die im vorigen Kapitel vorgestellten Münzmetallderivate können hierbei zu Vergleichszwecken herangezogen werden. Außerdem zeigt der Ligand selbst bereits ausgeprägte Lumineszenz (siehe Abbildung 3.2-10) und könnte daher als Antenne zur Anregung des Lanthanoidkations dienen.[146e] Quantenmechanische Rechnungen sollen die experimentellen Untersuchungen ergänzen und ermitteln, ob es rechnerisch eine Wechselwirkung zwischen den Metallen gibt.

Zu Beginn des Aufbaus der gewünschten Komplexe stellt sich die Frage, wie viele Liganden sich aus sterischer Sicht maximal um die Metallzentren anordnen lassen. Da das Lanthanoidkation bereits eine Ladung von +3 aufweist, bietet sich ein Aufbau mit drei Liganden an. Zudem würden hierdurch eine große Anzahl möglicher Donorstellen angeboten, die das Metallzentrum stabilisieren können. Aus einem nicht weiter verfolgten Reaktionsansatz wurde in Abbildung 3.2-1 abgebildete Au_2K-Verbindung (**12**) erhalten. Aus der Molekülstruktur im Festkörper wird ersichtlich, dass zumindest bei ausreichend großem Ionenradius, die Koordination dreier Liganden an entsprechende Metallzentren möglich ist.

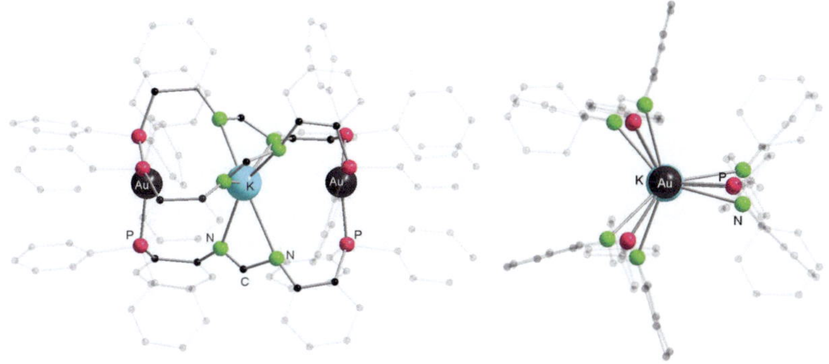

Abbildung 3.2-1: Molekülstruktur von [dpfam$_3$Au$_2$K] **(12)** im Festkörper (nicht reproduzierte Struktur). Darstellung aus zwei verschiedenen Perspektiven. Links: Seitenansicht; Rechts: Sicht durch die Au-K-Au-Achse.

Zudem zeigt sich bereits, dass Gold(I) mit dem Liganden dpfam⁻ auch von drei Phosphanen in einer trigonal planaren Koordination stabilisiert werden kann. Ermutigt von diesem Ergebnis wurde in Abbildung 3.2-2 dargestellte Synthesestrategie entwickelt: Zunächst sollen aus der Umsetzung von Kdpfam mit Lanthanoidvorstufen die entsprechenden Lanthanoidverbindungen dargestellt werden. Anschließend soll die Umsetzung mit einem leicht löslichen einwertigen Metallsalz der Gruppe 11 erfolgen.

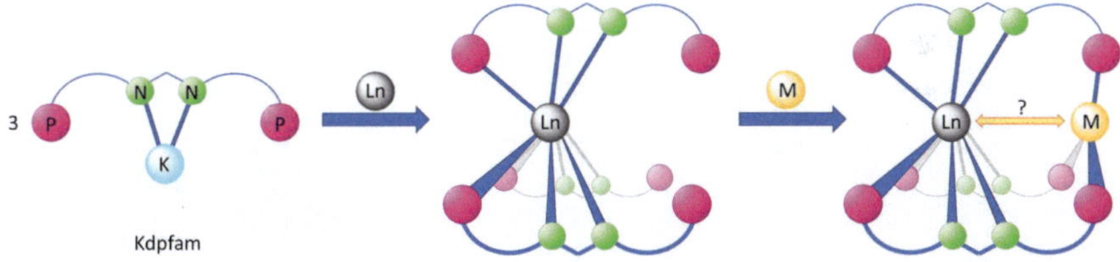

Abbildung 3.2-2: Schematische Darstellung der Synthesestrategie für heterometallische Lanthanoid-Münzmetallkomlexe. Ln = Lanthanoid(III); M = Kupfer(I), Silber() oder Gold(I). Grafik adaptiert aus Ref. [139] mit Erlaubnis von John Wiley and Sons (Lizenznummer 5173650095498).

Aufgrund seiner bekannten und gut untersuchten Lumineszenz, wurde zunächst Terbium ausgewählt.[149] Die Ligandenvorstufe Kdpfam wurde in einer Salzeliminierung mit Terbium(III)chlorid umgesetzt. Nach mehreren Tagen Reaktionszeit bei 70 °C wurde nach Aufarbeitung und Kristallisation [dpfam$_3$Tb] **(13)** als fast farblose Kristalle in einer Ausbeute von 61 % erhalten (Schema 3.2-1).

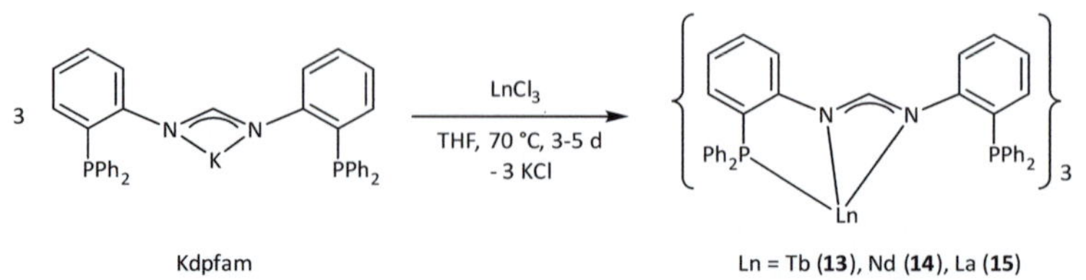

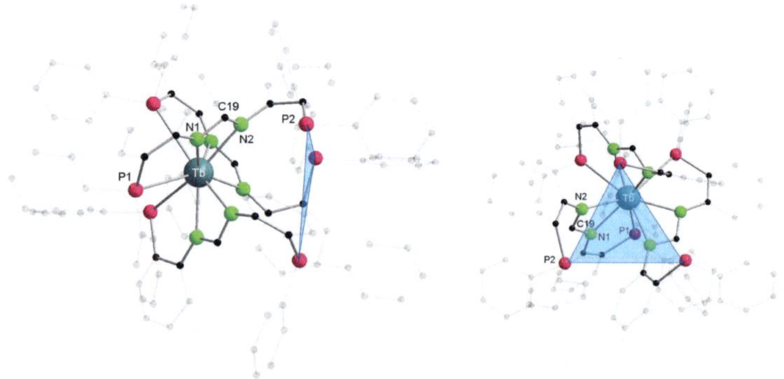

Schema 3.2-1: Synthese der Lanthanoidvorstufen [dpfam$_3$Ln] (Ln = Tb (**13**), Nd (**14**), La (**15**)). Die geschweiften Klammern mit der Zahl 3 sollen die drei Liganden pro Metallzentrum anzeigen.

Verbindung **13** kristallisiert in der hexagonalen Raumgruppe $P6_3$ mit einem Drittel Molekül **13** und 1.33 Molekülen THF in der asymmetrischen Einheit. Das Terbiumatom wird im Festkörper von je einem Phosphoratom und beiden Stickstoffatomen der drei Liganden insgesamt neunfach koordiniert (Abbildung 3.2-3). Die Anordnung der Koordinationsstellen innerhalb des Komplexes kann in verschiedene Ebenen gegliedert werden: Je drei Donoratome (P1$_3$, N1$_3$, N2$_3$, P2$_3$) spannen insgesamt vier Ebenen auf, die jeweils parallel zueinander liegen (siehe Anhang Abbildung S 7-8). Die beiden N-Tb Bindungen sind annähernd gleich lang und nur geringfügig (~0.1 Å) länger als Vergleichswerte in der Literatur.[150] Verglichen mit Verbindungen aus den vorigen Kapiteln ist der NCN-Winkel deutlich kleiner, was möglicherweise dem anderen Koordinationsmodus geschuldet ist.

Abbildung 3.2-3: Molekülstruktur von [dpfam$_3$Tb] (**13**) im Festkörper, abgebildet aus zwei verschiedenen Perspektiven. Die freie Koordinationstasche, aufgespannt durch die nicht koordinierenden Phosphane, ist in blau eingezeichnet. Protonen und nicht koordinierende Lösungsmittel sind aus Gründen der Übersichtlichkeit nicht abgebildet. Die nicht beschrifteten Ligandeneinheiten sind symmetriegeneriert. Ausgewählte Bindungslängen [Å] und Winkel [°]: Tb-P1 3.213 (2), Tb-N1 2.450(6), Tb-N2 2.512(7), N1-C19 1.345(10), N2-C19 1.295(10), N2-C19-N1 115.7(7). Grafik adaptiert aus Ref. [139] mit Erlaubnis von John Wiley and Sons (Lizenznummer 5173650095498).

Die drei nicht koordinierenden Phosphoratome (P2) spannen in **13** eine freie Koordinationstasche auf, welche in Abbildung 3.2-3 als blaue Ebene eingezeichnet ist. Trotz verschiedener Versuche konnte diese Position nicht mit einem weiteren Metallion besetzt werden. Für die Elemente Silber und Gold lag dies möglicherweise an mangelnder Kompatibilität der Ionenradien im System. Für Versuche mit Kupfervorstufen wurde sowohl bei Einsatz von **13** auch mit den nachfolgend vorgestellten Lanthanoidvorstufen mehrfach die zweikernige Kupferverbindung **1** isoliert: Cu^+ scheint das Lanthanoid aus der Amidinattasche zu verdrängen. Die eingangs erwähnte Konkurrenz um Koordinationsstellen wird an dieser Stelle deutlich. Kupfer(I), als das härteste Metallkationen der Gruppe 11, kann nicht ausreichend stabil in der weichen P_3-Tasche koordiniert werden. Die Darstellung eines heterometallischen Ln-Cu-Komplexes war daher nicht möglich.

Da die Umsetzung von **13** mit Silber- und Goldvorstufen nicht erfolgreich war, wurden zwei weitere Lanthanoidverbindungen synthetisiert (Schema 3.2-1). Die Wahl fiel zunächst auf Neodym, welches für seine distinkte Emission im NIR-Bereich bekannt ist.[146e,151] Als zweites Metall wurde Lanthan gewählt, welches dank seines diamagnetischen Kerns NMR-spektroskopische Untersuchungen erleichtert. Ihre Ionen weisen zudem einen größeren Ionenradius als Terbium(III) auf. Beide Verbindungen wurden analog zu **13** erhalten (Schema 3.2-1) und konnten in (poly)kristallinen Ausbeuten von 63 % für [dpfam₃Nd] (**14**) und 56 % für [dpfam₃La] (**15**) isoliert werden. Die Neodymverbindung **14** kristallisiert in der monoklinen Raumgruppe $P2_1/n$ mit einem Molekül **14** und 2.5 Molekülen THF in der asymmetrischen Einheit. Die isostrukturelle Lanthanverbindung **15** kristallisiert in der monoklinen Raumgruppe $P2_1/n$ mit einem Molekül **15** und vier Molekülen THF in der asymmetrischen Einheit. Verglichen mit **13**, zeigen die Molekülstrukturen beider Verbindungen im Festkörper, eine zentrale Positionierung des Metallkations im $P_3{\wedge}N_6{\wedge}P_3$-Käfig. Neben den Stickstoffatomen koordinieren von einer Seite zwei und von der anderen Seite je ein Phosphan an das Lanthanoidkation (Abbildung 3.2-4). Es ergibt sich erneut eine neunfache Koordination. Die N-Nd-Bindungen mitteln sich zu 2.55 Å, die N-La-Bindungen entsprechend zu 2.61 Å. Beide sind damit etwas länger als bereits veröffentlichte Bindungslängen.[152] Die Abnahme der N-Ln-Bindungslängen von **15** > **14** > **13** folgt damit dem erwarteten Trend für die Lanthanoidenkontraktion entsprechend der Entwicklung der Ionenradien von $La^{3+} > Nd^{3+} > Tb^{3+}$.[9] Die freie P_3-Koordinationstasche ist für **14** und **15** nicht so sichtbar wie in **13**, jedoch sind auch hier drei der sechs Phosphoratome nichtkoordinierend.

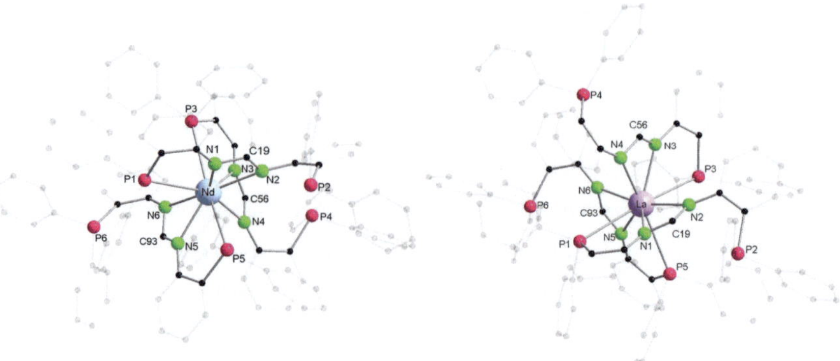

Abbildung 3.2-4: Molekülstrukturen der Neodym- und Lanthanverbindungen [dpfam₃Nd] (**14**, links) und [dpfam₃La] (**15**, rechts) im Festkörper. Protonen und nicht koordinierende Lösungsmittel sind aus Gründen der Übersichtlichkeit nicht abgebildet. Ausgewählte Bindungslängen [Å] und Winkel [°]: **14:** Nd-N1 2.499(5), Nd-P1 3.290(2), Nd-N2 2.604(6), Nd-N3 2.548(5), Nd-P3 3.298(2), Nd-N4 2.563(6), Nd-N5 2.501(5), Nd-P5 3.189(2), Nd-N6 2.575(5), N1-C19 1.338(9), N2-C19 1.314(8), N3-C56 1.327(8), N4-C56 1.318(9), N5-C93 1.335(8), N6-C93 1.314(8), N2-C19-N1 117.9(6), N4-C56-N3 119.1(6), N6-C93-N5 117.1(6). **15:** La-N1 2.567(3), La-P1 3.2473(10), La-N2 2.630(3), La-N3 2.608(3), La-P3 3.3267(10), La-N4 2.610(3), La-N5 2.570(3), La-P5 3.3192(10), La-N6 2.650(3), N1-C19 1.333(4), N2-C19 1.324(4), N3-C56 1.323(4), N4-C56 1.309(4), N5-C93 1.329(4), N6-C93 1.314(4), N2-C19-N1 117.8(3), N4-C56-N3 118.9(3), N6-C93-N5 118.4(3). Grafik adaptiert aus Ref. [139] mit Erlaubnis von John Wiley and Sons (Lizenznummer 5173650095498).

Die N-C-N Bindungslängen sind für **14** und **15** annähernd gleich lang und indizieren die Delokalisierung der negativen Ladung zwischen den entsprechenden Stickstoffatomen der N-C-N-Einheit. ^{31}P{^{1}H}-NMR-Spektroskopie in THF-d_8 ergibt bei Raumtemperatur für beide Verbindungen aufgrund schlechter Löslichkeit und vermutlich dynamischer Koordination der Phosphane an das jeweilige Metallatom keine interpretierbaren Spektren (Abbildung S 7-12). Für die Lanthanverbindung **15** wurden Spektren bei erhöhter Temperatur aufgenommen. Bei 323 K reduziert sich das ^{31}P{^{1}H}-NMR-Spektrum auf eine breite Hauptresonanz bei δ = -14.0 ppm (neben weiteren schmalen Resonanzen). Die ^{1}H-NMR-Spektren von **15** zeigen mehrere breite Multiplettresonanzen im Bereich von δ = 8.33 ppm bis δ = 6.30 ppm, die nicht näher zugeordnet werden können. Die ^{1}H- und ^{31}P{^{1}H}-NMR-Spektren von **15** bei verschiedenen Temperaturen sind in Abbildung S 7-9 und Abbildung S 7-10 dargestellt.

Gemäß der oben vorgestellten Synthesestrategie (Abbildung 3.2-2) wurden anschließend beide Verbindungen mit den Münzmetallvorstufen AgOTf und [Au(tht)₂][OTf] umgesetzt (Schema 3.2-2). Dreikernige Verbindungen, gemäß Abbildung 3.2-1, konnten nicht isoliert werden. Die Einsatz der Edukte im Verhältnis 1:1 war jedoch erfolgreich.

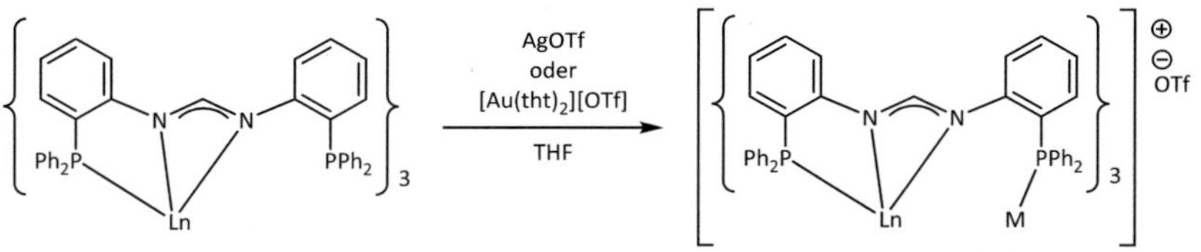

Schema 3.2-2: Darstellung der heterometallischen Lanthanoid-Münzmetallkomplexe [dpfam₃LnM][OTf] **16-19**.

Nach vorsichtigem Auflösen von **14** und AgOTf in leicht erwärmtem THF wurde nach einigen Tagen Lagerung bei Raumtemperatur (ohne Rühren) die heterometallische Verbindung [dpfam₃NdAg][OTf] (**16**) als farblose Kristalle erhalten (Ausbeute 35 %). Sie kristallisiert in der trigonalen Raumgruppe $P\overline{3}c1$ mit einem Drittel Molekül **16** sowie $2^2/_3$ Molekülen THF in der asymmetrischen Einheit. Analog dazu wurde die entsprechende Lanthan-Silber-Verbindung [dpfam₃LaAg][OTf] (**18**) synthetisiert. Die Reaktion in THF ergab **18** als farbloses mikrokristallines Produkt mit einer Ausbeute von 18 %. Einkristalle für die Röntgenstrukturanalyse wurden in diesem Fall aus Fluorbenzol erhalten. Komplex **18** kristallisiert in der triklinen Raumgruppe $P\overline{1}$ mit einem Molekül **18** und 7.5 Molekülen Fluorbenzol in der asymmetrischen Einheit. Da in der Molekülstruktur von **16** das Gegenanion über eine kristallographische Achse gemeinsam mit Lösungsmittelmolekülen fehlgeordnet vorliegt, konnte es nicht modelliert werden und musste herausgerechnet („gesqueezt") werden. Die Werte aus der Röntgenstrukturanalyse sind folglich nur bedingt belastbar. Die Konnektivität und das Strukturmotiv können jedoch bestimmt werden. Die elementare Zusammensetzung von **16** wurde zusätzlich mittels Elementaranalyse und ESI HRMS bestätigt. Das Triflatanion konnte zusätzlich per ^{19}F{^{1}H}-NMR-Spektroskopie bei einer typischen chemischen Verschiebung von δ = -78.8 ppm nachgewiesen werden.[153]

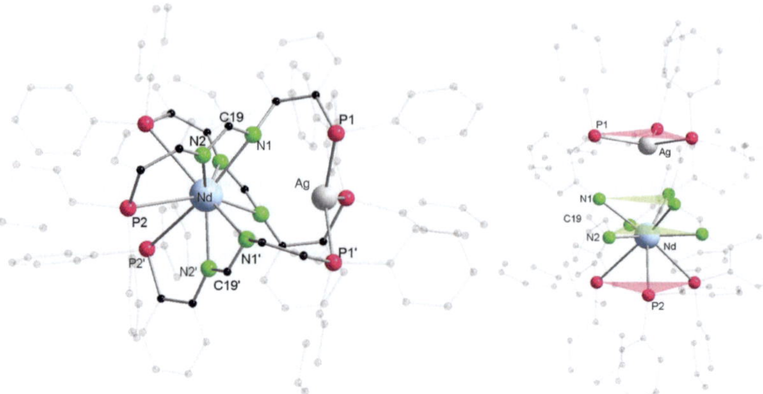

Abbildung 3.2-5: Molekülstruktur des Kations der bimetallischen NdAg-Verbindung **16** im Festkörper. Protonen, das Gegenanion und nicht koordinierende Lösungsmittel sind aus Gründen der Übersichtlichkeit nicht abgebildet. Die Atome der Phenylringe sind teilweise auf zwei Positionen fehlgeordnet, nur ein Part ist dargestellt. Die mit Apostroph beschrifteten Atome sind symmetriegeneriert. Links: Ansicht von der Seite. Rechts. Ansicht der im Text beschriebenen Ebenen. Ausgewählte Bindungslängen [Å] und Winkel [°]: Ag-P1 2.4926(14), Nd-N1 2.639(3), Nd-N2 2.450(3), Nd-P2 3.3361(13), N1-C19 1.315(6), N2-C19 1.341(6), P1-Ag-P1 116.60(2), N1-C19-N2 118.2(4).

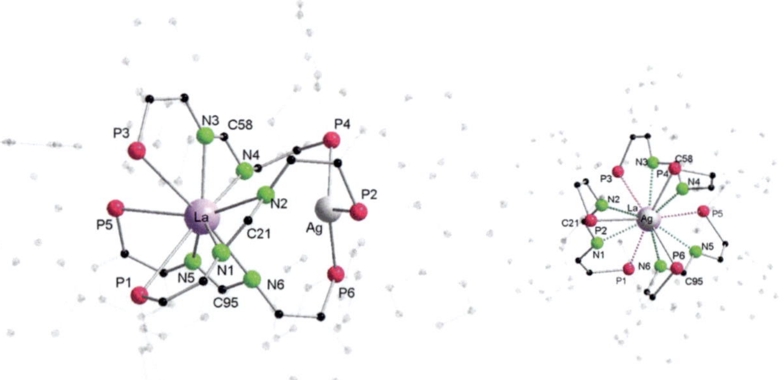

Abbildung 3.2-6: Molekülstruktur des Kations der bimetallischen LaAg-Verbindung **18** im Festkörper. Protonen, das Gegenanion und nicht koordinierende Lösungsmittel sind aus Gründen der Übersichtlichkeit nicht abgebildet. Links: Ansicht von der Seite. Rechts. Ansicht durch die Ag-La-Achse (das Silberatom ist in dieser Darstellung etwas verkleinert). Ausgewählte Bindungslängen [Å] und Winkel [°]: Ag-P2 2.4864(8), Ag-P4 2.4934(9), Ag-P6 2.4829(9), La-N1 2.549(3), La-N2 2.698(3), La-N3 2.539(3), La-N4 2.663(3), La-N5 2.558(3), La-N6 2.664(3), La-P1 3.3675(9), La-P3 3.4326(10), La-P5 3.4088(9), N1-C21 1.338(4), N2-C21 1.320(4), N3-C58 1.337(4), N4-C58 1.326(4), N5-C95 1.332(4), N6-C95 1.312(4), N2-C21-N1 119.7(3), N4-C58-N3 120.1(3), N6-C95-N5 120.1(3). Grafik adaptiert aus Ref. [139] mit Erlaubnis von John Wiley and Sons (Lizenznummer 5173650095498).

Die Molekülstrukturen im Festkörper zeigen, dass die Lanthanoidkationen in beiden Komplexen die gleiche Position wie das Terbiumkation in **13** einnehmen (**16**: Abbildung 3.2-5 und **18**: Abbildung 3.2-6). Sie werden von einer P_3-Einheit und den sechs Stickstoffatomen der Liganden 9-fach koordiniert. Aufgrund der Symmetrie liegen in **16** die P_3- und N_3-Ebenen parallel zueinander vor. In **18** sind sie nur schwach zueinander gekippt (1.10° bis 2.53°). Verglichen mit den jeweiligen Eduktverbindungen verändern sich die N-Nd/N-La Bindungslängen kaum (Ø(N-Nd) = 2.54 Å, Ø(N-La) = 2.61 Å). Vermutlich durch die einseitige Positionierung ergeben sich jeweils geringfügig unterschiedliche N-Ln-Abstände innerhalb einer Amidinateinheit. Beim Übergang von den einkernigen Vorstufen **14** und **15** zu den bimetallischen Verbindungen **16** und **18** kann das Lanthanoid folglich in die gleiche Koordinationsumgebung verschoben werden, wie sie bereits für das Terbiumkation in **13** beobachtet wurde. Die hierdurch freie und in **13** bereits sichtbare P_3-Koordinationstasche kann hierdurch besetzt werden. In dieser wird in **16** und **18** das Silberkation von drei Phosphanen annähernd trigonal planar koordiniert (P-Ag-P: **16**: 116.60(2)°; **18**: 117.09(3)°, 116.57(3)°, 117.95(3)°). Dies ist ein für Silberphosphane bisher eher seltes Strukturmotiv.[36a,44b] Der Abstand des Silberatoms zur von den Phosphoratomen aufgespannten Ebene entspricht *ca.* 0.4 Å. Die entsprechenden P-Ag-Bindungen haben in beiden Komplexen annähernd dieselbe Länge (**16**: P-Ag 2.4926(14) Å, **18**: (Ø(P-Ag) = 2.49 Å) und sind außerdem nur unwesentlich länger als im bimetallischen Silberkomplex **2** ((Ø(P-Ag) = 2.45 Å). Sowohl die Ag-P-Bindungslängen als auch der genannte Ebenenabstand passen gut zu Beobachtungen von Hey-Hawkins *et al.* und Fackler Jr. *et al.* für dieses Strukturmotiv.[36a,44b] Der Abstand zwischen den beiden Metallzentren ist jeweils vergleichsweise kurz (La-Ag 4.0461(7) Å und Nd-Ag 3.980(2) Å) und ist etwas länger (~0.7 Å) als die von Iki *et al.* gefundenen vermutlich kürzesten Abstände.[148a,148d] Nach Alvarez liegt dieser Abstand unterhalb der Summe der entsprechenden van-der-Waals Radien, die sich für Nd-Ag zu 5.48 Å und für La-Ag zu 5.51 Å ergeben.[63] Es handelt sich dennoch um Distanzen, für die zunächst keine unmittelbare Wechselwirkung zwischen den Metallzentren erwartet wird. Beide Verbindungen, **16** und **18**, sind bei Raumtemperatur in THF nur schwer löslich und zeigen komplexe, nicht aussagekräftige $^{31}P\{^1H\}$-NMR-Spektren. Für **18** wurden zusätzlich entsprechende Spektren bei erhöhter Temperatur (323 K) aufgenommen. Durch Erwärmung verringern sich die Resonanzen im $^{31}P\{^1H\}$-NMR-Spektrum auf eine komplexe Resonanzgruppe. Sie besteht aus zwei äußeren breiten Resonanzen (δ = -12.4 und δ = -21.0 ppm), die unter Vorbehalt den Phosphoratomen P1, P3 und P5 (an Lanthan koordinierend) zugeordnet werden. Dazwischen ergibt sich eine zentrale Resonanz bei

δ = -16.8 ppm die als vermeintliches Triplett vom Triplett erscheint. Dieses wird den Silber-koordinierenden Phosphoratomen zugeordnet und es ergeben sich Kopplungskonstanten von $J_{P,109Ag}$ = 182.9 Hz und $J_{P,107Ag}$ = 158.5 Hz.[116] Da diese zentrale Resonanz in chemischer Verschiebung und Kopplungsmuster stark dem Spektrum von Komplex **2** ähnelt, kann nicht ausgeschlossen werden, dass dieser in Lösung vorliegt und es kann keine Aussage über den Erhalt der Verbindungen in Lösung getroffen werden.

Die zu **16** und **18** analogen heterometallischen Goldkomplexe wurden aus der Reaktion der Edukte **13** und **14** mit Bistetrahydrothiophengoldtriflat [Au(tht)$_2$][OTf] erhalten (Schema 3.2-2). Durch vorsichtiges Erwärmen (bei zu starkem Erwärmen bildet sich Verbindung **3**) wurden die Edukte in THF gelöst und nach anschließender Lagerung bei Raumtemperatur die Verbindungen [dpfam$_3$NdAu][OTf] (**17**) und [dpfam$_3$LaAu][OTf] (**19**) als farblose Kristalle erhalten (Ausbeuten: **17**: 21 % und **19**: 48 %). Die heterometallische Nd/Au-Verbindung **17** kristallisiert in der monoklinen Raumgruppe $P2_1/c$ mit einem Molekül **17** und vier Molekülen THF in der asymmetrischen Einheit. Die entsprechende Gold-Lanthanverbindung **19** kristallisiert in der triklinen Raumgruppe $P\bar{1}$ mit einem Molekül **19** und 3.5 Molekülen THF in der asymmetrischen Einheit. Die Röntgenstrukturanalyse offenbart große Ähnlichkeiten zu ihren verwandten Silberverbindungen **16** und **18** (Abbildung 3.2-7 und Abbildung 3.2-8). Die Lanthanoidkationen befinden sich wieder in entsprechender P$_3$N$_6$-Koordinationsumgebung und die Abweichung der P$_3$- bzw. N$_3$-Ebenen von einer parallelen Orientierung belaufen sich auf maximal 1.53° für **17** und 2.27° für **19**. Nahezu unverändert zu **14** und **15** sowie zu **16** und **18** bleiben zudem die N-Ln-Bindungslängen ($\varnothing$(N-Nd) = 2.54 Å, $\varnothing$(N-La) = 2.60 Å). Da das Lanthanoidatom nicht mittig zwischen den Stickstoffatomen liegt, ist innerhalb einer Amidinateinheit jeweils die dem Goldatom nähere N-Ln-Bindung geringfügig länger. Die N-C-N-Bindungen sind annähernd gleich lang und indizieren die Delokalisierung der negativen Ladung zwischen den Stickstoffatomen einer Amidinateinheit. Das Goldkation befindet sich in der für Goldphosphane eher selten beobachteten trigonal planaren Koordinationsumgebung und die beobachteten P-Au-P Winkel liegen nah an den idealen 120° (**17**: 118.99(4)°, 119.66(4)°, 118.82(4)°; **19**: 120.43(4)°, 120.60(5)°, 115.74(6)°). Der P$_3$-Au-Ebenen-Abstand ist klein und beträgt nur 0.22 Å (**17**) bzw. 0.25 Å (**19**). Die ermittelten P-Au-Abstände und der P$_3$-Au-Abstand stimmen gut mit Vergleichswerten aus der Literatur überein.[36a,44]

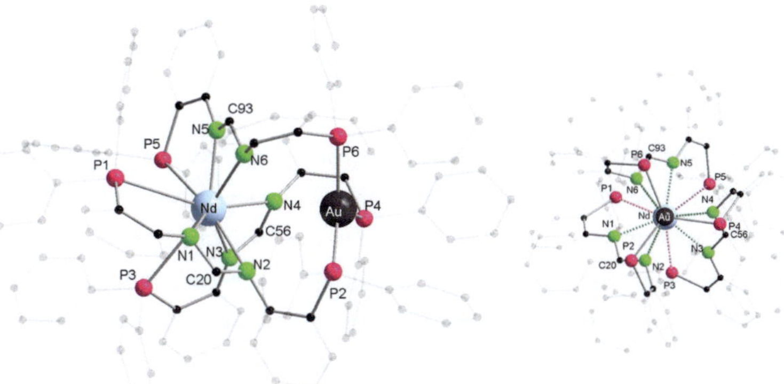

Abbildung 3.2-7: Molekülstruktur des Kations von **17** im Festkörper. Protonen, das Gegenanion und nicht koordinierende Lösungsmittel sind aus Gründen der Übersichtlichkeit nicht abgebildet. Links: Ansicht von der Seite. Rechts. Ansicht durch die Au-Nd-Achse (das Goldatom ist in dieser Darstellung verkleinert). Ausgewählte Bindungslängen [Å] und Winkel [°]: Nd-N1 2.459(4), Nd-N2 2.592(4), Nd-N3 2.481(4), Nd-N4 2.611(4), Nd-N5 2.466(4), Nd-N6 2.620(4), Nd-P1 3.3745(13), Nd-P3 3.3704(12), Nd-P5 3.3317(13), Au-P2 2.3858(12), Au-P4 2.3860(12), Au-P6 2.3877(12), N1-C20 1.326(6), N2-C20 1.312(6), N3-C56 1.332(6), N4-C56 1.318(6), N5-C93 1.334(6), N6-C93 1.314(6), N2-C20-N1 117.7(4), N4-C56-N3 118.9(4), N6-C93-N5 118.3(4).

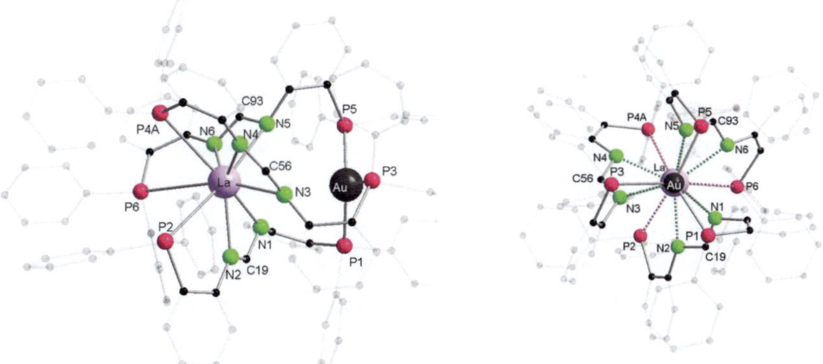

Abbildung 3.2-8: Molekülstruktur des Kations von **19** im Festkörper. Protonen, das Gegenanion und nicht koordinierende Lösungsmittel sind aus Gründen der Übersichtlichkeit nicht abgebildet. Die Atome der Phenylringe (teilweise) sowie P4 sind auf zwei Positionen fehlgeordnet, nur ein Part ist dargestellt. Links: Ansicht von der Seite. Rechts. Ansicht durch die Au-La-Achse (das Goldatom ist in dieser Darstellung verkleinert). Ausgewählte Bindungslängen [Å] und Winkel [°]: Au-P1 2.3655(12), Au-P3 2.3871(14), Au-P5 2.3800(14), La-N1 2.651(4), La-N2 2.525(4), La-N3 2.730(4), La-N4 2.541(4), La-N5 2.626(4), La-N6 2.554(4), La-P2 3.4234(14), La-P4A 3.408(10), La-P4B 3.361(9), N1-C19 1.319(6), N2-C19 1.331(6), N3-C56 1.309(6), N4-C56 1.333(6), N5-C93 1.328(6), N6-C93 1.315(6), N1-C19 N2 119.4(4), N3-C56 N4 119.1(5), N6-C93 N5 119.9(4). Grafik adaptiert aus Ref. [139] mit Erlaubnis von John Wiley and Sons (Lizenznummer 5173650095498).

Der Abstand zwischen Neodym/Lanthan und Gold ist erneut vergleichsweise klein (La-Au 4.2431(5) Å; Nd-Au 4.1996(8) Å) und kürzer als die nach Alvarez bestimmte Summe der van-der-Waals Radien (Nd-Au 5.27 Å und La-Au 5.30 Å). Er ist jedoch nicht klein genug, um anhand des Abstands eine Interaktion zwischen den Metallzentren zu vermuten. Verbindungen **17** und **19** sind bei Raumtemperatur ebenfalls schwerlöslich in THF-d_8 und zeigen im ^{31}P{^{1}H}-NMR-Spektrum eine Vielzahl an Resonanzen (Überblick Abbildung S 7-12). Auffallend ist die Ähnlichkeit einer der Resonanzen mit Verbindung **3**. So ergeben sich für **17** und **19** jeweils zwei Dubletts bei fast identischen chemischen Verschiebungen und den gleichen Kopplungskonstanten wie sie bereits für **3** beobachtet wurden (**17**: δ (ppm) = 33.9 (d, $^2J_{P,P}$ = 338.7 Hz), 25.8 (d, $^2J_{P,P}$ = 339.4 Hz). **19**: δ (ppm) = 35.9 (d, $^2J_{P,P}$ = 338.9 Hz), 27.5 (d, $^2J_{P,P}$ = 338.5 Hz)). Nach Erwärmen auf 323 K reduziert sich das Spektrum für **19** auf zwei Singuletts bei δ = 29.7 ppm und δ = -9.7 ppm. Nach den Beobachtungen bei Raumtemperatur wird die Resonanz bei δ = 29.7 ppm den an Gold koordinierenden Phosphoratomen zugeordnet. Die zweite Resonanz bei δ = -9.7 ppm hat eine nur um *ca.* 4 ppm größere chemische Verschiebung als in **15** und wird den Phosphoratomen zugeordnet, die das Lanthankation koordinieren. Aufgrund der Schwerlöslichkeit von **17** und **19** und der Ähnlichkeit ihrer ^{31}P{^{1}H}-NMR-Spektren zu Verbindung **3** kann weder ausgeschlossen werden, dass in Lösung teilweise der zweikernige Goldkomplex **3** vorliegt noch eine Aussage über den Erhalt der Komplexe in Lösung getroffen werden. Die ^{31}P{^{1}H}-NMR-Spektren aller Verbindungen dieses Kapitels sowie die der Komplexe **2** und **3** (zu Vergleichszwecken) sind in Abbildung S 7-12 dargestellt.

Für die bimetallischen Verbindungen **17**-**19** wurden ESI-Massespektren aufgenommen. Bemerkenswerterweise wurden keine sauerstofffreien Molekülpeaks identifiziert. Alle Ln-M-haltigen Peaks enthielten mindestens 2 Sauerstoffatome [M+(2-4)O]$^+$. Bei Zuordnung der leichteren Fragmente fiel auf, dass dies nur bei den lanthanoidhaltigen Fragmenten auftrat. Die münzmetallhaltigen Fragmente enthielten keinen Sauerstoff. Hieraus kann geschlossen werden, dass eine Oxidation an erstgenannter Position erleichtert ist und die kurze Exposition während der Überführung in das Massenspektrometer bereits zur partiellen Oxidation der Komplexe ausreicht. Neben bereits zahlreichen Literaturbeispielen für Komplexe mit Phosphanoxid-haltigen Liganden wurde dies auch experimentell bestätigt.[154] Aus einem lange gelagerten Kristallisationsansatz von **17** in Fluorbenzol wurde in Abbildung 3.2-9 gezeigte (nicht reproduzierte) Molekülstruktur von **17a** erhalten. Vermutlich aufgrund einer kleinen Undichtigkeit wurde **17** partiell oxidiert.

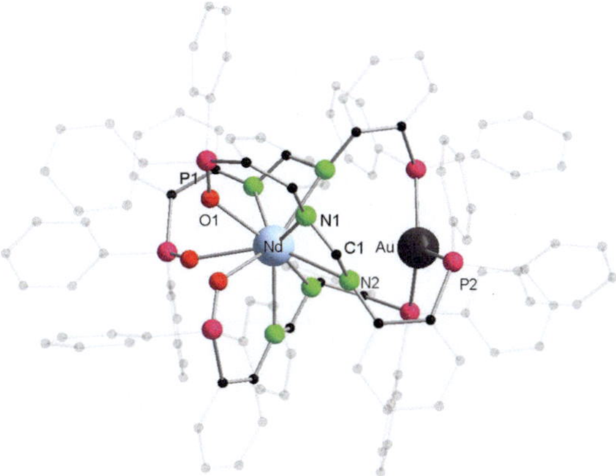

Abbildung 3.2-9: Molekülstruktur der partiell oxidierten Verbindung [dpfam₃NdOAu][OTf] (**17a**) im Festkörper. Protonen sowie nicht koordinierende Lösungsmittel sind nicht dargestellt. Die Verbindung wurde nicht reproduziert.

Obgleich insgesamt nur ein Sauerstoffatom enthalten ist (jedes abgebildete Sauerstoffatom ist jeweils zu $^1/_3$ besetzt), wird deutlich, dass nur das Neodym-koordinierende Phosphoratom betroffen ist. Die aus der Röntgenstrukturanalyse erhaltenen Ln-M-Abstände von **17-19** sind einerseits so lang, dass nicht unmittelbar von Metall-Metall-Wechselwirkungen ausgegangen werden kann und sind doch auf der anderen Seite so kurz, dass sie nicht ausgeschlossen werden sollten. Davon abgesehen könnten sich die Metallzentren auch ohne direkten Kontakt durch den Raum bzw. über das Ligandengerüst gegenseitig beeinflussen. Daher erfolgten zusätzlich experimentelle Untersuchungen im Rahmen der Photolumineszenzspektroskopie.

Das umgebende Ligandensystem fungiert bei Lanthanoid(III)ionen als Antenne, da eine direkte Anregung innerhalb der *f*-Niveaus Laporte-verboten ist. Durch einen Energietransfer vom angeregten Liganden auf das Lanthanoid wird die Emission aus den bekannten *f-f*-Übergängen ermöglicht.[146e] Für die Neodym-haltigen Komplexe wird daher eine distinkte Emission im NIR-Bereich erwartet. Im Gegensatz dazu sollte Lanthan, das als dreiwertiges Kation keine f-Elektronen besitzt, kaum Einfluss auf die Lumineszenz nehmen. In Kapitel 3.1.1 wurde bereits die Lumineszenz der Münzmetallkomplexe **2** und **3** ausführlich untersucht. Diese sollen daher, gemeinsam mit den Lanthanoidkomplexen **14** und **15**, als Vergleich für die bimetallischen Komplexe **16-19** dienen. Falls es eine Wechselwirkung gibt, sollte sich die exprimierte Lumineszenz der entsprechend gemischtmetallischen Verbindungen von der der jeweiligen homometallischen Komplexe unterscheiden.

Für die Verbindungen **14-19** wurden Photolumineszenzspektren in flüssigem Stickstoff und bei Raumtemperatur (77 K und 298 K) aufgenommen (Abbildung 3.2-10 und Abbildung 3.2-11; Abklingkurven zur Bestimmung der Lebensdauer Tabelle S 7-2).

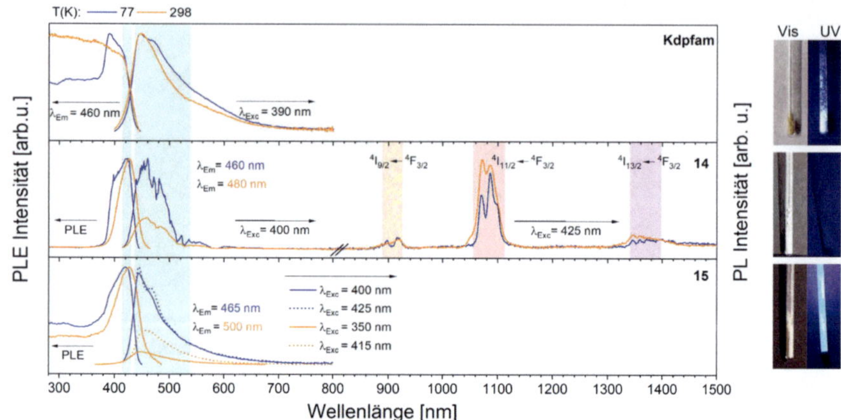

Abbildung 3.2-10: PL- und PLE-Spektren der Verbindungen **14** und **15** sowie der Ligandenvorstufe Kdpfam bei verschiedenen Temperaturen. Die Anregung (λ_{Exc})/Detektion (λ_{Em}) erfolgte bei den angegebenen Wellenlängen. Rechts sind Fotografien der entsprechenden Verbindungen bei Tageslicht und unter UV-Licht abgebildet. Grafik adaptiert aus Ref. [139] mit Erlaubnis von John Wiley and Sons (Lizenznummer 5173650095498).

Kdpfam zeigt eine starke und bezüglich der Intensität nahezu temperaturunabhängige wenig strukturierte Lumineszenz mit einem Maximum bei 437 nm. Die Anregungsbande beginnt bei ~440 nm (Abbildung 3.2-10). Die PL- und PLE-Banden der beide Lanthanoidverbindungen **14** und **15** stimmen in Form und spektraler Position gut mit Kdpfam überein. Die Intensität der Emission von **14** und **15** nimmt im Gegensatz zu Kdpfam stark mit Erhöhung der Temperatur ab. Das Anregungsmaximum bei 77 K ist für Kdpfam (λ_{Max} = 390 nm) bei etwas höherer Energie als für **14** und **15** (beide λ_{Max} = 425 nm). Im Falle von **15** ist bei Anregung mit λ_{Exc} = 425 nm bei tiefer Temperatur zusätzlich eine schwache Strukturierung der Emissionsbande zu erkennen (zweiter Peak bei 465 nm). Kleine Stokesverschiebungen weisen bei allen drei Verbindungen auf eine Fluoreszenz-basierte Emission hin. Bestätigt wird dies mit ermittelten Lebensdauern von < 10 ns. Für **14** ergibt sich überdies das typische Emissionsspektrum des Nd^{3+}-Ions im NIR-Bereich. Die Emissionspeaks werden bei 898/915 nm, 1070/1087 nm und 1344/1415 nm detektiert, welche entsprechend den Übergängen $^4I_{9/2}{\leftarrow}^4F_{3/2}$, $^4I_{11/2}{\leftarrow}^4F_{3/2}$ und $^4I_{13/2}{\leftarrow}^4F_{3/2}$ zugeordnet werden können.[151] Für den NIR-Bereich ergibt sich für **14** zusätzlich eine lange

Relaxationszeit. Sie konnte nicht exakt bestimmt werden, liegt allerdings in der Größenordnung von mehreren Millisekunden. La(III) verfügt über keine s oder f-Valenzelektronen und kann daher mit einem Alkalimetallkation verglichen werden, was das zu Kdpfam sehr ähnliche PL Verhalten erklärt.[146e] Die Emission im UV-Vis Bereich (400-800 nm) wird daher dem Ligandensystem zugeordnet. Die Unterschiede zwischen den PL-Spektren von **14** und Kdpfam im sichtbaren Bereich ist möglicherweise auf den erfolgreichen Energietransfer des Liganden auf das Nd^{3+}-Kation zurückzuführen. Hieraus resultiert die distinkte NIR-Emission für **14**, welche für Kdpfam und **15** nicht beobachtet wird.

In Abbildung 3.2-11 sind die entsprechenden PL- und PLE-Spektren der heterometallischen Komplexe **16**-**19** abgebildet. Zu Vergleichszwecken sind zusätzlich die entsprechenden Spektren der zweikernigen Komplexe **2** und **3** enthalten.

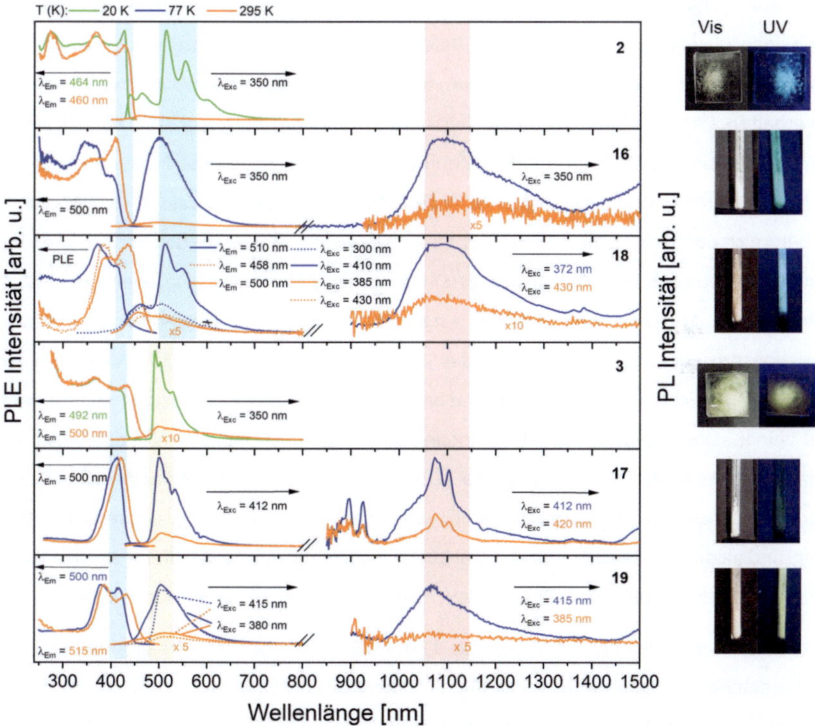

Abbildung 3.2-11: PL und PLE-Spektren der Verbindungen **16-19** sowie der Komplexes **2** und **3** (zum Vergleich) bei verschiedenen Temperaturen und angeregt (λ_{Exc})/aufgenommen (λ_{Em}) bei den angegebenen Wellenlängen. Rechts sind Fotografien der jeweiligen Verbindungen bei Tageslicht und unter UV-Licht abgebildet. Grafik adaptiert aus Ref. [139] mit Erlaubnis von John Wiley and Sons (Lizenznummer 5173650095498).

Die Emissionsbande des LaAg-Komplexes **18** ähnelt in Struktur und Position sehr der Lumineszenz von **2**. Die Emission bei tiefer Temperatur zeigt zunächst eine schwächere Bande bis *ca.* 480 nm, welche bei Raumtemperatur das Spektrum dominiert, und anschließend eine intensivere strukturierte Bande bis *ca.* 700 nm. Erstere lässt sich zudem gezielt mit einer kürzeren Wellenlänge (λ_{Exc} = 385 nm) anregen. Unter Verwendung einer größeren Wellenlänge (λ_{Exc} = 410 nm) wird dann zusätzlich die zweite Bande beobachtet. Im PLE-Spektrum sind diese beiden Wellenlängen als Maximum bei λ_{Max} = 385 nm und als ausgeprägte Schulter bei λ = 410 nm erkennbar. Bei Raumtemperatur ist die PLE-Bande im Vergleich zu **2** etwas rotverschoben und zeigt eine andere Form. Das PLE-Spektrum von **16** ähnelt bei 77 K sehr dem von **18**. Es zeigt jedoch nicht dessen Rotverschiebung bei Raumtemperatur. Die Emission von **16** erscheint als breite unstrukturierte Bande, dessen Maximum verglichen mit **18** nur geringfügig blauverschoben ist. Ansonsten decken beide Emissionen jeweils etwa den gleichen Bereich ab – fast das gesamte sichtbare Spektrum (400-700 nm). Im NIR-Bereich (λ > 800 nm) bleibt für **16** keine der strukturierten Banden aus **14** erhalten. Das Maximum bleibt jedoch nahezu unverändert bei $\lambda_{Max} \approx$ 1070 nm. Ein Anstieg der Emissionsintensität ab *ca.* 1400 nm deutet auf weitere emittierende Prozesse hin, welche jedoch außerhalb der Detektorgrenze liegen. Für **18** wurde ebenfalls eine Emission im NIR-Bereich beobachtet. Sie erstreckt sich bei 77 K ungefähr in demselben Bereich wie für **16** und erscheint als breites Signal von ~1000 nm bis ~1300 nm. Da, wie oben erwähnt, für Kdpfam und **15** keine NIR-Emission festgestellt wurde, wird dies vorläufig auf einen Emissionsprozess zurückgeführt, in den das Silberatom involviert ist. (Für **2** wurde die Emission im IR-Bereich nicht untersucht.) Die breite Bande im IR-Bereich von **16** beruht möglicherweise auf einer Überlagerung der Emissionen aus der Silbereinheit mit den distinkten Emissionsbanden des Nd^{3+}-Kations. Die Lebenszeiten von **16** und **18** liegen mit < 5 ns im Bereich fluoreszenter Prozesse. Zusätzlich wurde eine längere Abklingzeit beobachtet, die aufgrund niedriger Intensität jedoch nicht ausreichend gefittet bzw. bestimmt werden konnte und vermutlich analog zu **2** im Bereich der Lebensdauern von Phosphoreszenzprozessen liegt.

Für die heterometallischen Goldkomplexe **17** und **19** ist ebenfalls eine große Ähnlichkeit zum homometallischen Komplex **3** zu erkennen (Abbildung 3.2-11). Die Anregungsbanden von **17** und **19** beginnen bei *ca.* 430 nm und die Emissionsmaxima liegen bei *ca.* 500 nm. Die Struktur der PLE-Banden unterscheiden sich jedoch deutlich voneinander. Während das PLE-Spektrum von **3** einer Stufe ähnelt, weist **17** nur eine distinkte Bande mit λ_{Max} = 412 nm (77 K) auf. **19** exprimiert eine Bande, die in Breite und Position ähnlich zu **17** ist, allerdings zwei Maxima aufweist (λ_{Max1} = 380nm, λ_{Max2} = 415 nm bei 77 K). Wie bereits für **18** beobachtet, kann für **19** durch Wahl der Wellenlänge des ersten Maximums (λ_{Exc} = 380 nm), eine etwas blauverschobenere Emission angeregt werden, als bei Wahl des zweiten Maximums. Die bei 77 K ermittelten Lebenszeiten betragen $\tau_1 \approx 78\ \mu s$ und $\tau_2 \approx 500\ \mu s$ für **17** und $\tau_1 \approx 94\ \mu s$ und $\tau_2 \approx 609\ \mu s$ (λ_{Exc} = 415 nm) für **19**. Diese Werte sind nur etwas kleiner als für **3** und werden der Phosphoreszenz zugeordnet. Die Lebensdauern verkürzen sich bei Raumtemperatur entsprechend auf $\tau_1 \approx 26\ \mu s$ und $\tau_2 \approx 144\ \mu s$ (**17**) und $\tau_1 \approx 20\ \mu s$ und $\tau_2 \approx 93\ \mu s$ (**19**, λ_{Exc} = 432 nm). Eine zusätzliche Lebensdauer im Nanosekundenbereich wurden nur für **17** beobachtet. Oberhalb einer Wellenlänge von 800 nm ergibt sich ein zu **16** und **18** ähnliches Bild. Für beide Verbindungen wird eine Emission beobachtet: Während für **19** die Bande erneut unstrukturiert ausfällt ($\lambda_{Max} \approx 1070$ nm), sind für **17** einige distinkte Banden (896/926 nm und 1074/1104 nm) sichtbar. Diese werden jedoch mit einer breiten Bande, die in Form und Position der in **19** ähnelt, überlagert. Diese breite Bande könnte erneut einem Münzmetall-basierten Emissionsprozess zugeordnet werden, der die Nd^{3+} basierten Banden überlagert.

Die Ergebnisse der Photolumineszenzspektroskopie der Verbindungen **16-19** deuten bislang nicht auf eine Wechselwirkung der Metallzentren hin. Die beobachtete Emission besteht im UV-Vis Bereich vermutlich aus einer Münzmetall-basierten Emission und im IR-Bereich ebenfalls auf dieser (**18** + **19**) sowie aus der Nd^{3+}-basierten Emission, welche sich für **16** und **17** überlagern.

In diesem Kapitel wurden erfolgreich heterometallische molekulare Komplexe mit der ungewöhnlichen und bislang in dieser Form seltenen Kombination aus Lanthanoiden und den Münzmetallen Silber und Gold synthetisiert. Insbesondere für die Kombination Lanthanoid-Gold innerhalb eines molekularen Komplexes und mit solch kurzem Abstand konnten noch keine vergleichbaren publizierten Verbindungen gefunden werden. Obgleich bislang experimentell keine Wechselwirkung der Metallzentren festgestellt werden konnte, weisen sie dennoch vergleichsweise kurze Metallabstände auf. Ob in den Komplexen **16-19** rechnerisch eine Wechselwirkung der Metallzentren ermittelt werden kann, sollen quantenchemische Untersuchungen (Kooperation mit AK Fink) ergeben. Erste vorläufige Ergebnisse der zur Bindungssituation in **19** ergeben im Grundzustand keine Lanthan-Gold-Wechselwirkung. Im angeregten Zustand kommt es im Modell allerdings zu einer Verkürzung des Abstands auf 3.3 Å. Eine ausführliche Analyse und Interpretation der Bindungssituation in **19** und der anderen bimetallischen Verbindungen steht noch aus.

Zukünftig sollen zusätzlich Lanthanoid(II)verbindungen synthetisiert werden, da sie auch aus katalytischer Sicht interessant wären. Als Ausgangspunkt wurde Europium gewählt, da es bereits bekannt ist, lichtaktvierte Photoredoxreaktionen einzugehen.[155] Zunächst wurde analog zu **13-15** durch Einsatz von divalentem Europium die Verbindung [dpfam$_2$Eu(thf)] (**20**) dargestellt und als dunkelrote Kristalle erhalten (bislang nicht reproduziert, Ausbeute 52 %, Schema 3.2-3).

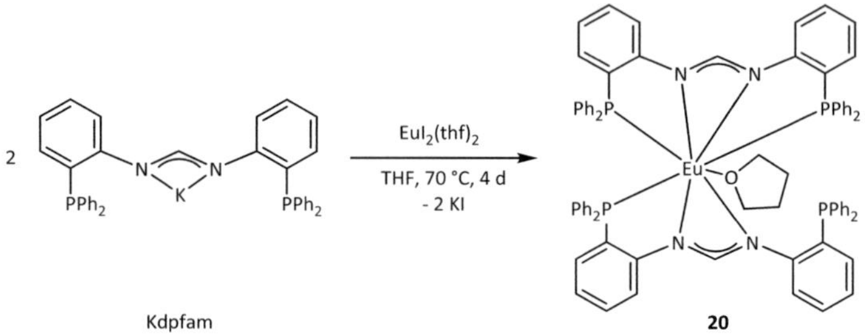

Schema 3.2-3: Synthese des Europiumkomplexes [dpfam$_2$Eu(thf)] (**20**).

Verbindung **20** kristallisiert in der triklinen Raumgruppe $P\bar{1}$ mit zwei Molekülen **20** sowie zwei Molekülen THF und 0.75 Molekülen *n*-Pentan in der asymmetrischen Einheit (vorläufige Lösung). Die entsprechende Molekülstruktur zeigt im Festkörper eine achtfache Koordination des Europium(II)kations durch vier Stickstoffatome, drei Phosphoratome sowie einem Molekül THF. Das vierte Phosphoratom ist vom Metallzentrum weggedreht (Abbildung 3.2-12).

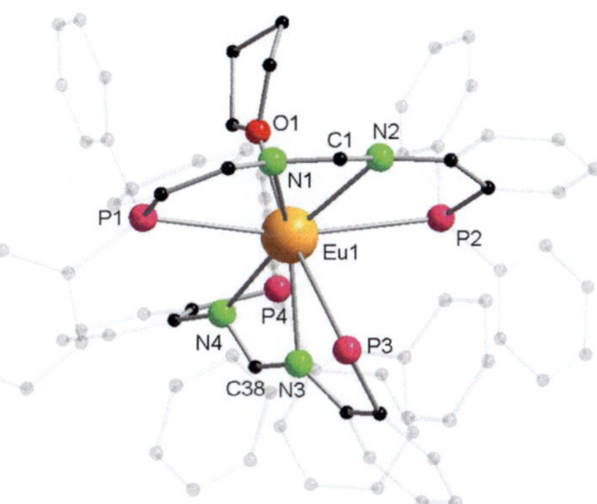

Abbildung 3.2-12: Molekülstruktur von **20** im Festkörper. Protonen, das zweite Molekül der asymmetrischen Einheit und nicht koordinierende Lösungsmittel sind aus Gründen der Übersichtlichkeit nicht abgebildet. Ausgewählte Bindungslängen [Å] und Winkel [°]: Eu1-P1 3.1417(10), Eu1-P3 3.3934(9), Eu1-P2 3.1937(10), Eu1-O1 2.541(2), Eu1-N2 2.662(3), Eu1-N1 2.612(3), Eu1-N3 2.566(3), Eu1-N4 2.689(3), N1-C1 1.320(4), N2-C1 1.306(4), N3-C38 1.325(5), N4-C38 1.302(5), N2-C1-N1 119.0(3), N4-C38-N3 120.1(3).

Nach Reproduktion und vollständiger Charakterisierung soll **20** zunächst photophysikalisch untersucht werden, um eine eventuell geeignete Wellenlänge für eine photoangeregte Reaktion bestimmen zu können. Nachfolgend sollen die Reaktionen verschiedener Substrate mit **20** mit und ohne Lichteinfluss untersucht werden. Zusätzlich sollen ebenfalls bimetallische Verbindungen erzielt werden. Erste Versuche zeigten bereits, dass eine direkte Umsetzung mit [Au(tht)$_2$][OTf] zur Reduktion der Goldvorstufe führt und daher nicht möglich ist. Die Reaktion mit **3** als Edukt zeigt jedoch keine Zersetzung und führt zu einer intensiv gelben Lösung, aus der noch keine Kristalle erhalten wurden (Schema 3.2-4).

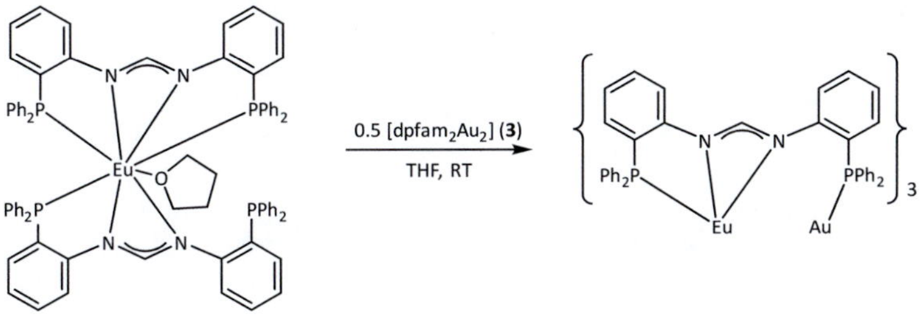

Schema 3.2-4: Angestrebte Synthese einer Europium(II)goldverbindung.

3.3　Ferrocenylbisamidinat-Münzmetallkomplexe

Die hier vorgestellten Ergebnisse wurden teilweise im Rahmen der Bachelorarbeit von B.Sc. Luis Santos Correa erarbeitet (Strukturen **21, 22, 23, 23a** und **26**).[156] Die theoretische Analyse wurde im Rahmen einer Kooperation von Dr. Juana Vázques Quesada (AK Prof. Dr. Willem Klopper) durchgeführt und war zum Zeitpunkt der Abgabe noch nicht abgeschlossen.

Dieses Jahr jährt sich die erste Beschreibung von Ferrocen, der ersten Sandwichverbindung, zum 70. Mal. 1951 veröffentlichten Kealy und Pauson in *Nature* den Artikel „A New Type of Organo-Iron Compound" und Miller, Tebboth und Tremaine im *Journal of the Chemical Society* den Artikel „Di*cyclo*pentadienyliron" in der sie zum ersten Mal die Verbindung mit der Summenformel $C_{10}H_{10}Fe$ beschrieben.[157] Die strukturelle Aufklärung folgte kurz darauf parallel von Fischer und Pfab sowie von Wilkinson, Rosenblum, Whiting und Woodward.[158] Seither werden Ferrocen und seine Derivate für viele Anwendungsmöglichkeiten untersucht.[159] Es wird mittlerweile beispielsweise als Standardreagenz in der Cyclovoltammetrie und als Fluoreszenzlöscher eingesetzt.[160] Aufgrund der bereitwilligen reversiblen Oxidation des Eisenkerns ($Fe^{2+}{\leftrightarrow}Fe^{3+}$) ist es Baustein in der Erforschung redoxschaltbarer Prozesse, vor allem der Katalyse und der Lumineszenz.[161] Ferrocen zeigt eine beeindruckende Stabilität und bietet als Ligandenrückgrat zusätzlich eine hohe strukturelle Vielfalt durch mögliche Funktionalisierungen des Cyclopentadienyl-Rings.[162] Charakteristische Merkmale von Ferrocenkomplexen, die zur Beschreibung ihrer Struktur genutzt werden, sind der Kippwinkel zwischen den Cyclopentadienyleinheiten (Cp) und der Torsionswinkel, um den die substituierten Kohlenstoffatome der Cp-Ringe gegeneinander verdreht sind (Abbildung 3.3-1).[163]

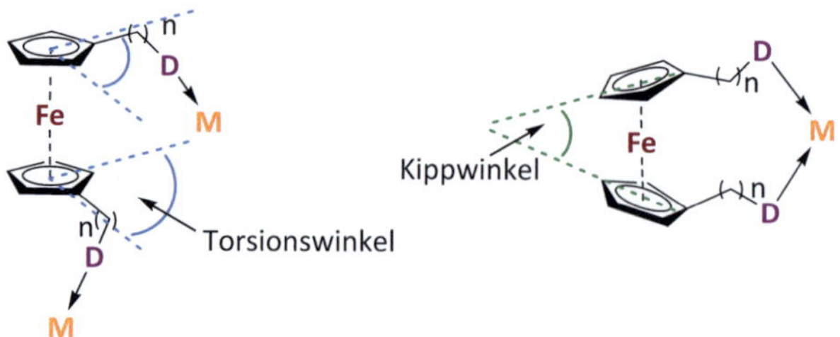

Abbildung 3.3-1: Vereinfachte Darstellung der charakteristischen Winkel in Ferrocenderivaten, welche in diesem Kapitel besprochen werden. M = Metall; D = Donorstelle mit n Atomen Abstand zum Ferrocen.[163-164]

Ausgehend von Dilithioferrocen (TMEDA Addukt) sollten durch Umsetzung mit verschiedenen Carbodiimiden sterisch unterschiedlich anspruchsvolle Ligandensysteme synthetisiert werden. Der resultierende Ferrocenylbisamidinatligand sollte anschließend mit Münzmetallkationen umgesetzt werden. Für einen sterisch anspruchsvollen Rest (R) würden über die Münzmetallkationen verbrückte Metallopolymere erwartet (Abbildung 3.3-2, links). Für einen kleineren Rest könnte, unterstützt durch metallophile Kontakte, eine clusterartige Anordnung möglich sein (Abbildung 3.3-2, rechts).

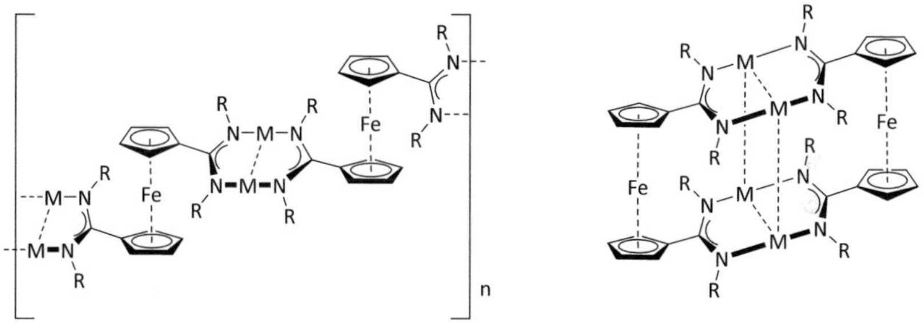

Abbildung 3.3-2: Erwartete Strukturmotive mit den zu synthetisierenden Ferrocenylbisamidinatliganden. R = *i*Propyl, Phenyl, *t*Butyl, Diisopropylphenyl.

Anschließend sollte untersucht werden, ob die Verbindungen (a) eine Lumineszenz exprimieren und (b) ob sich diese z.B. durch Oxidation zum Ferroceniumkomplex schalten lässt. Ferrocen wird zwar häufig zum Löschen von Fluoreszenz eingesetzt, kann unter bestimmten Umständen allerdings auch Lumineszenz schalten. Faulkner *et al.* zeigten dies zum Beispiel an einer Ferrocen-haltigen Europiumverbindung, in der die Intensität der Emission durch Oxidation des Eisenzentrums variiert werden konnte.[161c]

Zunächst wurde Dilithioferrocen (TMEDA-Addukt) mit sterisch wenig anspruchsvollen Carbodiimiden (Phenyl und Isopropyl) sowie zusätzlich *t*Butylcarbodiimid umgesetzt. Vor allem aufgrund unzureichender Stabilität konnten allerdings keine Produkte isoliert werden. Erfolgreich hingegen war die Umsetzung mit Diisopropylphenylcarbodiimid nach einer adaptierten Literaturvorschrift (Schema 3.3-1).[165] Nach guter Durchmischung einer Suspension aus Dilithioferrocen (TMEDA-Addukt) und Diisopropylphenylcarbodiimid in THF (Raumtemperatur), wurde die Reaktionsmischung bei *ca.* 80 °C erwärmt, bis sich eine klare orange Lösung ergab. Nach Abkühlen auf Raumtemperatur und Lagerung über Nacht (ohne Rühren) wurde die Ligandenvorstufe [Fc(NCN^{DIPP})$_2$Li][Li(thf)$_4$] (**21**) (DIPP = Diisopropylphenyl) in Form oranger Kristalle erhalten (Ausbeuten 34 - 70 %).

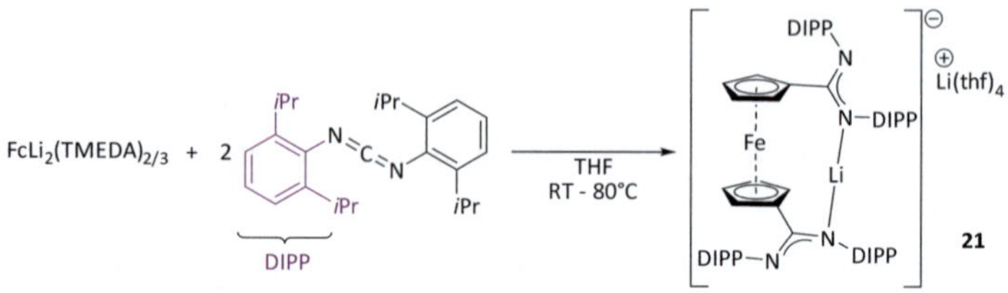

Schema 3.3-1: Synthese der Ligandenvorstufe [Fc(NCN^{DIPP})$_2$Li][Li(thf)$_4$] **(21)**.

Komplex **21** kristallisiert in der monoklinen Raumgruppe $P2_1/n$ mit einem Molekül **21** und einem halben Molekül THF in der asymmetrischen Einheit. Die Molekülstruktur im Festkörper zeigt trotz des hohen sterischen Anspruchs der Substituenten, ein verbrücktes „ansa"-Strukturmotiv (Abbildung 3.3-3). Es ist sehr ähnlich zum Mesityl-substituierten Analog, welches bereits in Zusammenarbeit unserer Gruppe mit der Arbeitsgruppe Breher erhalten wurde.[165] Ein Lithiumatom (Li1) ist von N2 und N3 gewinkelt linear koordiniert (164.8(3)°) und verbrückt damit beide Amidinateinheiten. Im Gegensatz zur bereits veröffentlichten Struktur, ist das zweite Lithiumatom nicht Stickstoff-koordiniert. Es liegt, vermutlich aufgrund des höheren sterischen Bedarfs, als [Li(thf)$_4$]$^+$ Kation vor, einem literaturbekannten Strukturmotiv.[165-166]

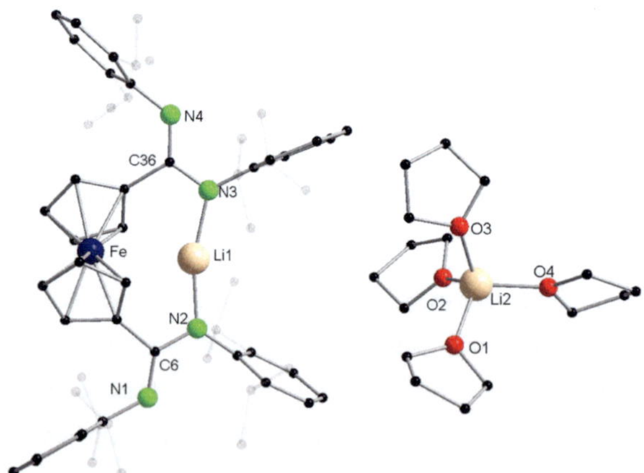

Abbildung 3.3-3: Molekülstruktur der Lithiumverbindung [Fc(NCN^{DIPP})$_2$Li][Li(thf)$_4$] **(21)** im Festkörper. Nicht koordinierendes Lösungsmittel und Protonen sind aus Gründen der Übersichtlichkeit nicht abgebildet. Die Atome der Isopropyleinheiten sind teilweise fehlgeordnet, nur ein Part ist dargestellt. Ausgewählte Bindungslängen [Å] und Winkel [°]: N2-Li1 1.931(5), N3-Li1 1.925(5), N1-C6 1.309(4), N2-C6 1.338(4), N3-C36 1.339(4), N4-C36 1.307(3), O1-Li2 1.927(8), O2-Li2 1.945(9), Li2-O3 1.925(9), O4-Li2 1.922(8), N3-Li1-N2 164.8(3), N1-C6-N2 124.5(3), N4-C36-N3 124.2(3).

Auch der Eisen-Lithium-Abstand ist mit 2.845(5) Å deutlich kürzer als im verwandten Mesitylkomplex (Fe-Li 3.732(4) Å).[165] Trotz der einseitigen Koordination sind die Bindungen des NCN-Motivs nur geringfügig unterschiedlich (N1-C6 1.309(4) Å, N2-C6 1.338(4) Å, N3-C36 1.339(4) Å, N4-C36 1.307(3) Å)). Die Cyclopentadienyleinheiten (Cp) sind um 8.71° zueinander gekippt und weisen einen Torsionswinkel von 66.0° zueinander auf (Abbildung 3.3-1). An dieser Stelle sei anzumerken, dass je nach Dauer und Heizintensität beim Trocknen und Lagern von **21** zunehmend THF entweicht und daher die korrekte Stöchiometrie für Folgereaktionen regelmäßig neu ermittelt werden muss. Mit dem Bestreben, die in Abbildung 3.3-2 dargestellten Strukturmotive zu erhalten, wurde **21** zunächst Reaktionen mit leicht löslichen Metallvorstufen ([Cu(MeCN)$_4$][X] (X = PF$_6$, OTf), AgOTf und AgBF$_4$) unterworfen, aus denen jedoch keine oder nicht reproduzierbare Ergebnisse erhalten wurden. Erfolgreich war jedoch die Salzeliminierungsreaktion von **21** mit den Metallchloriden CuCl und AgCl (Schema 3.3-2). Versuche mit der entsprechenden Goldvorstufe [AuCl(tht)] wurden aufgrund rascher Zersetzung in der Reaktionslösung nicht weiter verfolgt (vermutlich Reduktion von Au(I) zu Au(0)).

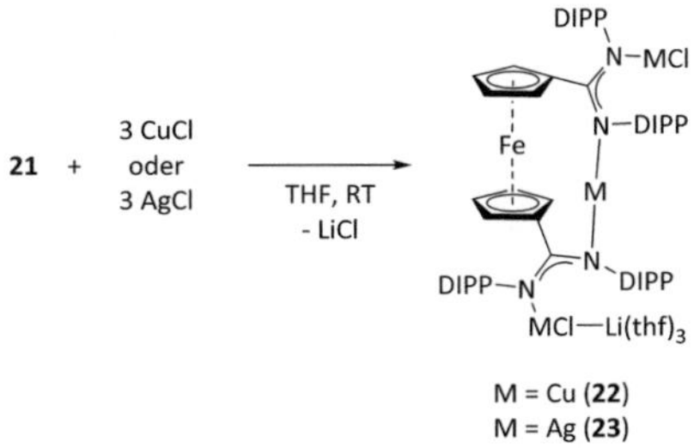

Schema 3.3-2: Synthese der Verbindungen [Fc(NCN^{DIPP})$_2$Cu(CuCl)$_2$(Li(thf)$_3$)] (**22**) und [Fc(NCN^{DIPP})$_2$Ag(AgCl)$_2$(Li(thf)$_3$)] (**23**).

Nach Reaktion in THF und Kristallisation aus THF/*n*-Pentan wurden **22** und **23** in Form oranger bzw. rot-oranger Kristalle erhalten (Ausbeuten 21 % bzw. 26 %). **22** kristallisiert in der triklinen Raumgruppe *P*1̄ mit einem Molekül **22** sowie einem weiteren nicht-koordinierenden Molekül THF in der asymmetrischen Einheit. Die Silberverbindung **23** kristallisiert in der orthorhombischen Raumgruppe *Pccn* mit einem halben Molekül **23** sowie zwei weiteren Molekülen THF in der asymmetrischen Einheit. Die Molekülstrukturen zeigen für beide Komplexe im Festkörper denselben Aufbau (Abbildung 3.3-4): Entgegen des erwarteten Motivs liegt auch hier ein „ansa"-Motiv, eine Verbrückung der beiden Amidinateinheiten durch ein Metallkation vor. Zusätzlich ist je eine Metallchlorideinheit an die beiden freien Stickstoffatome N1 und N4 koordiniert. Die Kupfer-/Silberatome sind je zweifach und leicht gewinkelt koordiniert (**22**: N3-Cu2-N2 177.64(11), N1-Cu1-Cl2 166.32(9), N4-Cu3A-Cl1A 167.87(12), **23**: N2-Ag1-N2 172.90(10), N1-Ag2-Cl1 168.85(5)). Zusätzlich ist in **22** eine Li(thf)$_3$-Einheit an Cl2 koordiniert. In **23** liegt diese halb besetzt auf beide Chloratome verteilt vor (Abbildung 3.3-4). Es werden zudem kurze Distanzen der Metallatome Cu1, Cu3 bzw. Ag2 zu den Kohlenstoffatomen der nächsten Phenylringe beobachtet (**22**: C19-Cu1 2.661(3) Å, C49-Cu3A 2.655(4) Å; C^{Ar}-Ag (**23**): 2.742(2) Å, 3.002(2) Å, 3.064(2) Å). Nach Echavarren *et al.* liegen diese im Bereich stabilisierender Metall-π-Wechselwirkungen (Abbildung 3.3-4).[167]

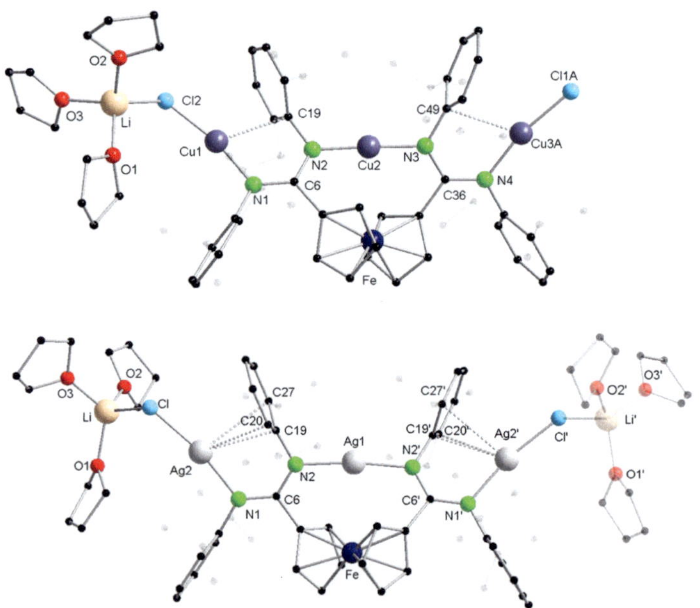

Abbildung 3.3-4: Molekülstrukturen der Verbindungen **22** (oben) und **23** (unten) im Festkörper. Nicht koordinierendes Lösungsmittel und Protonen sind aus Gründen der Übersichtlichkeit nicht abgebildet. Die Cu3-Cl1-Einheit in **22** auf zwei Positionen (85(A):15(B)) fehlgeordnet, nur Part A ist dargestellt. Ausgewählte Bindungslängen [Å] und Winkel [°]: **22**: Cu1-N1 1.888(3), Cu2-N2 1.872(3), Cu2-N3 1.865(3), Cu3A-N4 1.935(3), N4-Cu3B 1.778(11), Cu1-Cl2 2.1141(10), Cu3A-Cl1A 2.129(2), N1-C6 1.332(4), N2-C6 1.329(4), N3-C36 1.337(4), N4-C36 1.325(4), N3-Cu2-N2 177.64(11), N1-Cu1-Cl2 166.32(9), N4-Cu3A-Cl1A 167.87(12), N2-C6-N1 123.9(3), N4-C36-N3 122.6(3). Die Cu3-Cl1 Einheit ist zu 15 % auf einer zweiten Position fehlgeordnet (nicht abgebildet). **23**: Ag1-Fe1 3.1504(5), Ag1-N2 2.066(2), Ag2-N1 2.135(2), Ag2-Cl1 2.3376(6), N1-C6 1.328(3), N2-C6 1.330(3), N2-Ag1-N2 172.90(10), N1-Ag2-Cl1 168.85(5), N1-C6-N2 123.1(2). Bemerkung: Die Li(thf)$_3$-Einheit in **23** ist halb besetzt.

Der Vollständigkeit halber sei erwähnt, dass für **23** nach einem zusätzlichen Trocknungsschritt vor der Kristallisation zusätzlich eine nicht reproduzierte weitere Molekülstruktur (**23a**) erhalten wurde. Der Datensatz erlaubt keine detaillierte Diskussion, es ist aber ersichtlich, dass nur zwei THF Moleküle an das Lithiumatom koordinieren, welches verbrückend wirkt. Für **23a** bildet sich daher ein Metallopolymer aus (Abbildung S 7-13). Sehr ähnliche N-C-N-Bindungslängen deuten in **22** und **23** auf eine Delokalisierung der negativen Ladung zwischen den Stickstoffatomen hin. Der Torsionswinkel beider Verbindungen ist nur wenig größer als in **21** (**22**: 69.0°; **23**: 68.5°). Neben den vielen Gemeinsamkeiten zeigen die Verbindungen insbesondere Unterschiede im Kippwinkel der Cp-Ringe. Während für **22** ein Winkel von 6.71° ermittelt wird, ist dieser in **23** mit 11.9° fast doppelt so groß und indiziert eine erhöhte Spannung im Komplex. Tatsächlich erwies sich **23** sowohl in Lösung als auch während der Kristallisation als nur bedingt stabil. Als auffallend kurz zeigten sich die Fe-Cu- bzw. Fe-Ag-Abstände. Für sowohl **22** als auch **23** werden Abstände deutlich unterhalb der Summer der van-der-Waals-Abstände (nach Batsanov: Fe-Cu: 4.05 Å; Fe-Ag: 4.15 Å) ermittelt: Fe-Cu2: 3.1154(6) Å und Fe-Ag1: 3.1506(6) Å.[63]

Weitere Versuche, das in Abbildung 3.3-2 abgebildete Strukturmotiv durch beispielsweise Extraktion oder Einsatz anderer Halogenide (CuI) zu erhalten, waren nicht erfolgreich, bzw. führten zu den bereits beschriebenen Strukturen. Erste Versuche zur Untersuchung der Lumineszenz waren ebenfalls nicht erfolgreich. Eine Schwierigkeit hierbei war zudem die geringe Löslichkeit bzw. Stabilität der Komplexe. Da jedoch das erhaltene Strukturmotiv und insbesondere die kurzen Eisen-Metall-Abständen als interessant und vielversprechend erachtet wurden, erfolgte eine Neuorientierung der Zielstellung dieses Kapitels.

Der Einsatz von Ferrocen als Rückgrat eines κ^3-Ligand, mit Koordination des Eisenkations, ist seit einiger Zeit Gegenstand der Forschung. Zu einigen Metallen, darunter Palladium[168] und Platin,[169] wurde bereits eine schwache dative Bindung bzw. Wechselwirkung postuliert, 2019 übersichtlich zusammengefasst von Ringenberg.[163] Erst kürzlich konnten zudem Harder *et al.* das Konzept auf Erdalkalimetallkationen ausweiten.[170] In weiter zurückliegenden Arbeiten wurde sich vornehmlich auf den kristallographisch bestimmten Abstand der Metallatome zueinander berufen, um eine Wechselwirkung zu postulieren.[168-169,171] Dies gilt auch die wenigen Beispiele mit Metallen der Gruppe 11.[171] In jüngeren Arbeiten werden eine Vielzahl an Analysemethoden verwendet, um die Stärke und Natur der potenziellen Fe-M-Bindung näher zu bestimmen. Darunter finden neben der ^{57}Fe-Mössbauerspektroskopie,[172] UV/Vis-Spektroskopie und Cyclovoltammetrie intensive theoretische Studien

Anwendung.[169b,170,173] Die neue Zielstellung des Kapitels beschäftigt sich daher nach der Frage einer Wechselwirkung zwischen dem Cu- oder Silberatom (in **22**, **23** und nachfolgenden Komplexen) und dem Eisenkern des Ferrocenrückgrats und ob diese möglicherweise zur Stabilisierung der Komplexe beiträgt. Da die in Verbindung **22** und **23** erhaltenen Fe-Cu- und Fe-Ag-Abstände bereits vielversprechend waren, wurde das Konzept auf weitere Metallvorstufen ausgeweitet, um deren Einfluss auf das erhaltene Strukturmotiv und den Eisen-Metallabstand zu beobachten.

Hierfür wurde die Reaktion von **21** mit den verschiedenen Triphenylphosphanmetallchloriden [MCl(PPh$_3$)] (M = Cu, Ag, Au) untersucht. Tatsächlich wurden zwei verschiedene Strukturmotive erhalten: ein verbrücktes „ansa"-Motiv analog zu **21-23** und ein κ^1-Motiv mit entgegengesetzt orientierten Amidinateinheiten.

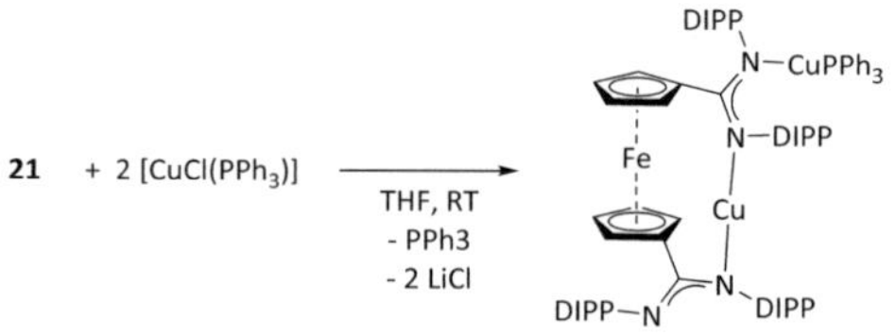

Schema 3.3-3: Synthese von [Fc(NCN^{DIPP})$_2$Cu(CuPPh$_3$)] (**24**) durch Reaktion von **21** mit [CuCl(PPh$_3$)].

Das erste Strukturmotiv wurde aus der Umsetzung von **21** mit [CuCl(PPh$_3$)] erhalten. Aus der Reaktion in THF mit anschließender Kristallisation aus THF/*n*-Pentan, wurde [Fc(NCN^{DIPP})$_2$Cu(CuPPh$_3$)] (**24**) in Form oranger Kristalle erhalten (Ausbeute 50 %, Schema 3.3-3). Der Datensatz der Einkristallröntgenstrukturanalyse genügt nicht den Ansprüchen einer detaillierten Diskussion, die Konnektivität und das Zentralmotiv sind jedoch deutlich zu erkennen (Abbildung 3.3-5). Die Koordination von Cu1 entspricht der von Cu2 in **22**. Es ist linear verbrückend durch N2-Cu1-N3 koordiniert und der ermittelte Torsionswinkel ist ebenfalls ähnlich (~71.7°) zu **22**. Der Kippwinkel der Cp-Einheiten wird etwas kleiner (~4.20°) bestimmt als in **22** und der Eisen-Kupfer-Abstand etwas größer (Fe-Cu1 *ca.* 3.17 Å). Zusätzlich ist an N4 eine Cu-PPh$_3$ Einheit koordiniert, die für den Ladungsausgleich sorgt. Durch den Aufbau des verbrückenden Strukturmotivs fehlt eines der ursprünglich eingesetzten Äquivalente Triphenylphosphan im Produkt. Das ^{31}P{^{1}H}-NMR-Spektrum ergibt die Resonanz des Phosphoratoms bei δ = 8.3 ppm.

Die elementare Zusammensetzung von **24** konnte unabhängig von der Kristallstrukturanalyse mittels hochaufgelöster ESI-Massenspektrometrie bestätigt werden (1297.500 $[M+H]^+$ calc. 1297.500); 1235.577 $[M\text{-}Cu+2H]^+$ calc. 1235.578; 973.486 $[M\text{-}CuPPh_3+2H]^+$ calc. 973.487).

Unter Einsatz von $[AgCl(PPh_3)]$ wurde die κ^1-Struktur mit entgegen gesetzt orientierten Amidinatsubstitutenten erhalten. Nach Reaktion in THF und Kristallisation aus THF/*n*-Pentan wurde $[Fc(NCN^{DIPP}AgPPh_3)_2]$ **(25)** als gelb-orange Kristalle mit einer Ausbeute von 53 % isoliert (Schema 3.3-4). Verbindung **25** kristallisiert in der triklinen Raumgruppe $P\bar{1}$ mit einem halben Molekül **25** sowie 1.5 Molekülen THF in der asymmetrischen Einheit. Analog dazu wurde $[Fc(NCN^{DIPP}AuPPh_3)_2]$ **(26)** unter Verwendung von $[AuCl(PPh_3)]$ synthetisiert.

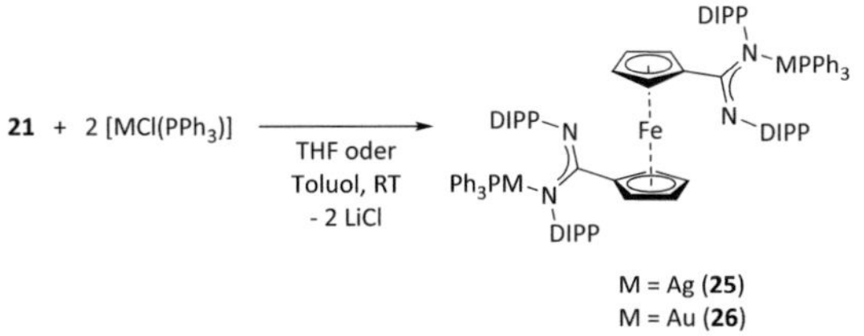

21 + 2 [MCl(PPh₃)] → (THF oder Toluol, RT, - 2 LiCl)

M = Ag **(25)**
M = Au **(26)**

Schema 3.3-4: Synthese der Silberverbindung $[Fc(NCN^{DIPP}AgPPh_3)_2]$ **(25)** und des Goldkomplexes $[Fc(NCN^{DIPP}AuPPh_3)_2]$ **(26)**.

Die Reaktion hierzu erfolgte in Toluol und die anschließende Kristallisation ergab **26** als gelbe Kristalle mit einer Ausbeute von 7 % (Schema 3.3-4). Verbindung **26** kristallisiert lösungsmittelfrei in der monoklinen Raumgruppe $P2_1/n$ mit einem halben Molekül in der asymmetrischen Einheit. Die Molekülstrukturen von **25** und **26** im Festkörper zeigen jeweils das gleiche Strukturmotiv mit zueinander entgegengesetzt ausgerichteten Amidinateinheiten. Der Torsionswinkel beträgt jeweils 180° und die Cp-Ringe sind zueinander planar (Kippwinkel 0°) und gestaffelt angeordnet (Abbildung 3.3-5).

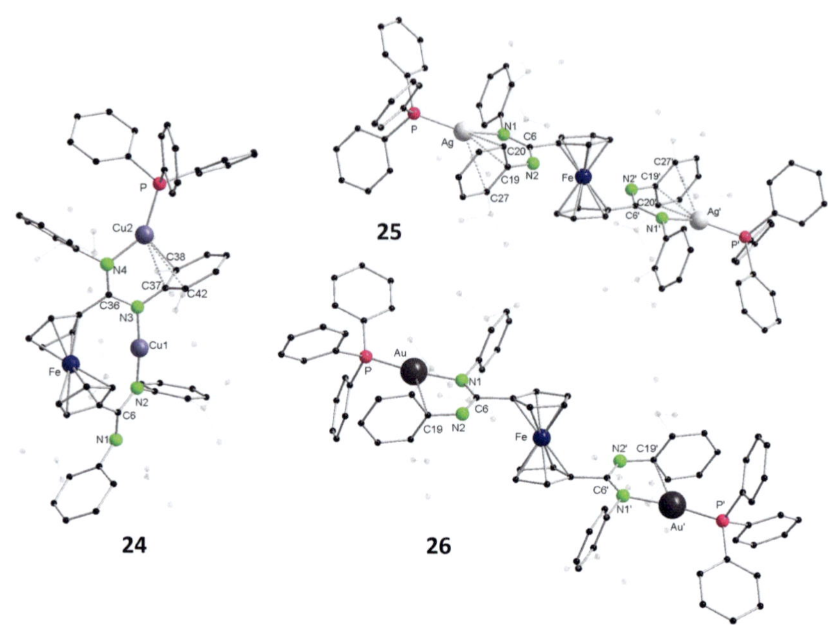

Abbildung 3.3-5: Molekülstrukturen der Verbindungen **24** (links), **25** (rechts oben) und **26** (rechts unten) im Festkörper. Nicht koordinierendes Lösungsmittel und Protonen sind aus Gründen der Übersichtlichkeit nicht abgebildet. In **26** sind eine Isopropyleinheit sowie die Atome der Phenylringe teilweise auf zwei Positionen fehlgeordnet, nur ein Part ist dargestellt. Ausgewählte Bindungslängen [Å] und Winkel [°]: **25**: Ag-P 2.3250(8), Ag-N1 2.117(2), Ag-C19 2.683(3), N1-C6 1.337(4), N2-C6 1.318(4), N1-Ag-P 153.64(6), N2-C6-N1 123.6(2). **26**: Au-P 2.2311(14), Au-N1 2.057(4), N1-C6 1.348(6), N2-C6 1.299(6), N1-Au-P 167.74(12), N2-C6-N1 126.3(5).

In beiden Strukturen sind die Ag- bzw. Au-Kationen gewinkelt linear von je einem Stickstoff- und einem Phosphoratom koordiniert (N1-Ag-P 153.64(6)° bzw. N1-Au-P 167.74(12)°). In allen drei Strukturen **24-26** deuten kurze Abstände der Kohlestoffatome der Phenylringe zu den Metallatomen (Abbildung 3.3-5) außerdem erneut auf stabilisierende π-Metallwechselwirkungen hin (**24**: C^{Ar}-Cu 2.40-2.76 Å; **25**: C19-Ag 2.683(3), C20-Ag 2.890(2), C27-Ag 2.950(3) Å; C19-Au (**26**): 2.976(5) Å).[167a] Diese könnten auch für die unterschiedlichen Winkel der N-Ag/Au-P-Koordination verantwortlich sein (N1-Ag-P 153.64(6); N1-Au-P 167.74(12)). NMR-spektroskopische Untersuchungen von **25** zeigen im ^{31}P{^{1}H}-NMR-Spektrum die erwartete Kopplung der ^{31}P- mit den $^{107/109}$Ag-Kernen mit je einem Dublett bei δ = 15.7 ppm ($^{1}J_{P,109Ag}$ = 667.8 Hz und $^{1}J_{P,107Ag}$ = 578.3 Hz) und außerdem Resonanzen einer möglichen zweiten Struktur in Lösung (siehe 4.2.23).[174] Für **26** werden bei Raumtemperatur im ^{31}P{^{1}H}-NMR-Spektrum zwei Singuletts bei δ = 33.5 ppm und

δ = 32.9 ppm detektiert, welche zusätzlich mit einer breiten Resonanz bei δ = 33.9 ppm unterlegt sind. Die Werte sind nahe dem des Edukts [AuCl(PPh$_3$)] (δ = 32.8 ppm). Die erhaltene breite Resonanz wird möglicherweise von einer Dynamik in Lösung verursacht oder die Struktur bleibt in Lösung nicht erhalten. Dies konnte nicht abschließend geklärt werden. Da die Löslichkeit von **26** sehr gering ist, konnten die ^{1}H- und ^{13}C-NMR-Spektren nicht ausgewertet werden. Mit Hilfe der ESI HRMS konnte die elementare Zusammensetzung für sowohl **25** als auch **26** bestätigt werden. (**25**: [M]$^+$1649.545, calc. 1649.537; **26**: [M+H]$^+$ 1828.669, calc. 1828.668).

Warum sich bei Einsatz von [CuCl(PPh$_3$)] nicht die entsprechende Struktur analog zu Silber (**25**) und Gold (**26**) bildet, könnte mit Hilfe des HSAB Prinzips erklärt werden. Kupfer (I), als das härteste der eingesetzten Münzmetallkationen, bevorzugt die Koordination der beiden ebenfalls harten negativ geladenen Stickstoffatome und gibt dabei bereitwillig eine PPh$_3$-Einheit ab. Silber und Gold hingegen stellen deutlich weichere Kationen dar und bevorzugen daher die Koordination des Phosphans.

Zusammenfassend lässt sich festhalten, dass im Rahmen dieses Kapitels fünf neue Münzmetallkomplexe mit einem Ferrocenylbisamidinatliganden vorgestellt wurden. Die erhaltenen Verbindungen zeigen zwei verschiedene Strukturmotive sowie teilweise kurze Eisen-Metallabstände. Die theoretischen Studien sind noch nicht abgeschlossen, die vorläufigen Ergebnisse sollen hier jedoch knapp diskutiert werden.

Eingangs wurden die Ergebnisse von Harder *et al.* erwähnt. Ihre postulierte dative Bindung zwischen dem Ferrocen-Eisenatom und Erdalkalimetallkationen hat unter anderem die Neuorientierung dieses Kapitels inspiriert.[170] Sowohl in ihrer Arbeit als auch in diesem Kapitel besteht das zentrale Motiv aus einem Ferrocenrückgrat, dessen Cp Ringe über eine N-M-N Brücke miteinander verbunden sind. Auch die ermittelten Kippwinkel und Fe-M-Abstände ähneln sich teilweise sehr. Aufgrund dieser Ähnlichkeiten wurde auch für die in diesem Kapitel vorgestellten Verbindungen eine Fe-M-Wechselwirkung erwartet. Die bisherigen Ergebnisse der theoretischen Untersuchungen deuten jedoch bei keinem der vorgestellten „ansa"-Komplexe auf eine dative Interaktion zwischen dem Eisenatom und den jeweils verbrückenden Metallkationen hin. Weder der Kippwinkel noch der Fe-M-Abstand können als Indiz für eine solche Wechselwirkung verwendet werden. Die Dispersionswechselwirkungen zwischen den Metallen sind als sehr schwach einzuordnen und werden von denen des restlichen Moleküls weit übertroffen. Womöglich sind die kurzen Abstände einiger DIPP-Kohlenstoffatome zu den Metallzentren, die in allen Verbindungen beobachtet wurden,

Ausdruck dieser Wechselwirkungen. Die ersten Ergebnisse scheinen diese Vermutung zu bestätigen. Die Frage, warum in diesem Fall keine dative Fe-M Wechselwirkung gefunden wird, lässt sich möglicherweise mit den strukturellen Unterschieden der beiden Systeme beantworten. Bei Harder *et al.* ist das Stickstoffatom direkt an den Cp-Ring gebunden, in den hier vorliegenden Verbindungen ist noch ein Kohlenstoffatom dazwischen. Zudem sind im hiesigen Liganden an den Stickstoffatomen aromatische Einheiten substituiert. Im Literatursystem befindet sich an dieser Stelle eine ~CH_2-*t*Bu-Einheit.

Zukünftig sollen die photolumineszenten Eigenschaften einiger Verbindungen erneut betrachtet werden. Bisherige Experimente zur Mechanochromie (**26**) und Oxidation des Eisen(II)kerns (**25**) ergaben keine neuen Erkenntnisse. Weitere Experimente zur Oxidation des Eisenatoms sollen folgen, insbesondere mit Verbindungen **24-26**. Zudem soll durch Reaktion von **21** mit einer Kupfer(II)quelle versucht werden, die Ferroceneinheit *in situ* zu oxidieren, um so einen Fe(III)/Cu(II)-Komplex zu erhalten. Erste Reaktionen hierzu waren bislang nicht erfolgreich. Eine Erweiterung auf die Metalle der Gruppe 12 wird ebenfalls angestrebt. Erste Versuche der Synthese eines Zinkkomplexes waren bereits vielversprechend, ergaben bisher jedoch keine Ergebnisse.

4   Experimenteller Teil

4.1   Allgemeine Vorgehensweise

4.1.1   Arbeitstechnik und Analytik

Zur Durchführung von Reaktionen mit wasser- und/oder luftempfindlichen Substanzen wurden Schlenkgefäße verwendet. Alle verwendeten Glasgeräte wurden vor Gebrauch mehrfach evakuiert (Maximalvakuum mindestens $1 \cdot 10^{-3}$ bar), dabei gegebenenfalls im Vakuum ausgeheizt (bei Verwendung von Alkalimetallen und deren Verbindungen) und mit trockenem Inertgas geflutet (Stickstoff oder Argon). Alle Reaktionen mit Gold- und Silberverbindungen wurden zudem unter Zuhilfenahme von Aluminiumfolie unter Ausschluss von Licht durchgeführt. Die Einwaage luft- oder wassersensitiver Substanzen für Reaktionen und die Lagerung aller isolierten Produkte fand unter Argonatmosphäre in einer Glovebox der Firma *MBraun* statt. Im Falle lichtempfindlicher Substanzen erfolgte die Lagerung in Braunglasgefäßen.

Kristalle für die Einkristallröntgenstrukturanalyse wurden der Mutterlauge entnommen. Wenn nicht anders aufgeführt, wurde für alle weiteren Analysemethoden kristallines Produkt verwendet, welches zuvor von der Mutterlauge isoliert (durch Dekantieren) und unter vermindertem Druck getrocknet wurde. Alle Spektren wurden, sofern nicht anders angegeben, bei Raumtemperatur aufgenommen.

Wasserfreies *n*-Pentan, *n*-Heptan, Toluol und Diethylether wurden einem *MBraun* SPS-800 Lösungsmitteltrocknungssystem entnommen. THF wurde durch Refluxieren über Kalium mit Benzophenon als Indikator und anschließender Destillation wasserfrei erhalten. Für Dichlormethan erfolgte ein analoges Vorgehen mit Phosphorpentoxid (P_2O_5) als Trocknungsmittel. Für Acetonitril erfolgte die Trocknung über CaH_2. Alle wasserfreien Lösungsmittel wurden unter einer Stickstoffatmosphäre in Schlenkgefäßen gelagert.

Deuterierte Lösungsmittel wurden zunächst getrocknet (THF-d_8 und C_6D_6 Rühren über NaK; DMSO-d_6 und MeCN-d_3 Trocknung über CaH_2 mit anschließender Destillation und Lagerung über Molekularsieb 3 Å) und unter statischem Vakuum direkt in das NMR-Röhrchen kondensiert, welches anschließend durch Abschmelzen im dynamischen Vakuum versiegelt wurde (falls nicht anders aufgeführt).

Zur Aufnahme von NMR-Spektren wurde ein Bruker Avance III 300 MHz, Avance III 400 MHz oder Bruker Avance 400 MHz verwendet. Chemische Verschiebungen (δ) sind in parts per million (ppm) relativ zu Tetramethylsilan (^{1}H, ^{13}C), 85 % H_3PO_4 (^{31}P) oder $CFCl_3$ (^{19}F) angegeben. ^{1}H und ^{13}C-Spektren sind auf das Restsignal der Lösungsmittelprotonen referenziert.[175] Multiplizitäten wurden wie folgt abgekürzt: s = Singulett, d = Dublett, t = Triplett, vt = virtuelles Triplett, q = Quartett, bs = breites Signal, m = Multiplet, vm = virtuelles Multiplet.[117] Resonanzen höherer Ordnung, die als distinktes Multiplizität erscheinen, sind mit dem Präfix „app." (apparent, *engl.* scheinbar) gekennzeichnet. Wenn nicht anders angegeben wurden alle NMR-Spektren bei 298 K aufgenommen.

ATR-IR Spektren wurden auf einem *Bruker* Tensor 37 Gerät aufgenommen. Die erhaltenen Spektren wurden vor der Auswertung in der Baseline korrigiert und geglättet. Die ermittelten Banden sind in reziproken Zentimetern [cm^{-1}] aufgeführt und entsprechend ihrer Intensität wie folgt angegeben: vs = very strong (sehr stark); s = strong (stark); m = medium (mittelstark); w = weak (schwach); vw = very weak (sehr schwach).

ESI-Massenspektrometrie wurde an einem LTQ Orbitrap XL Q Exactive Massenspektrometer (*Thermo Fisher Scientific*, San Jose, CA, USA) durchgeführt. Die ermittelten Signale sind als das Masse-zu-Ladungsverhältnis m/z angegeben. In der Auswertung ist jeweils das höchste Signal des experimentell erhaltenen Isotopenmusters aufgeführt.

Elementaranalysen (C, H, N, S) wurden an einem Vario MICRO Cube Gerät der Firma *Elementar Analysensysteme GmbH* aufgenommen. Die Probenvorbereitung erfolgte in der oben angegebenen Glovebox.

4.1.2 Photolumineszenzspektroskopie im Festkörper

Photolumineszenzspektroskopie der Verbindungen **1-11** im Festkörper wurden teilweise von bzw. in Zusammenarbeit mit Dr. Sergei Lebendkin (Institut für Nanotechnologie (INT) am KIT Campus Nord, Arbeitskreis Prof. Dr. Manfred M. Kappes) durchgeführt und analysiert. Die Messungen erfolgten an einem *Horiba Yvon* Fluorolog-322 Spektrometer. Dieses ist mit einem optischen Kryostaten (*Leybold*, geschlossener Kreislauf) ausgestattet, welche Messungen im Temperaturbereich von *ca.* 15 K bis 300 K ermöglicht. Polykristalline Proben wurden als dünne Schichten einer Öldispersion (Polyfluoriertes Mineralöl) zwischen zwei 1 mm dünnen Quartzglasplatten gemessen, welche auf einem Thermoelement im Kryostat platziert wurde. Die Emission wurde im *ca.* 30° Winkel relativ zum Anregungsstrahl aufgenommen. Alle Emissionsspektren wurden auf die Wellenlängen-abhängige Antwort des Spektrometers und des Detektors korrigiert. Zur Bestimmung der Lebensdauer angeregter Zustände wurde der Multiplier an ein 500 MHz Oszilloskop (über einen 50, 500 oder 2.500 Ω Widerstand, abhängig von der Zeitskala der Lebensdauer) angeschlossen und die Probe mittels eines gepulsten Stickstofflasers (~2 ns, ~5 μJ pro Puls) bei 337 nm angeregt. Es wurde über mehrere Hundert Spuren gemittelt. Die erhaltene Kurve wurde mittels Origin(Pro) (Version 2019. OriginLab Corporation, Northampton, MA, US) mit einer Exponentialfunktion mit einem oder zwei Exponenten gefittet. Quantenausbeuten wurden bei Raumtemperatur nach der Methode von Friend *et al.* in einer Ulbrichtkugel aus optischem PTFE ermittelt, welche in der Probenkammer des Spektrometers installiert wurde.[176] Die Quantenausbeute wird mit einer Genauigkeit von etwa ± 10% ermittelt.

Die Photolumineszenz der Verbindungen **14-19** wurde an einem PTI QuantaMaster™ 8075-22 Fluorometer mit je doppeltem Monochromator (HORIBA Jobin Yvon GmbH) in Anregung und Emission untersucht. Hierfür wurden die Proben (getrocknet, polykristallin) unter Schutzgasatmosphäre in ein "Young" NMR Röhrchen aus Suprasil® Quartzglas gegeben. Für die Messungen bei 77 K wurde das Röhrchen direkt in Flüssigstickstoff platziert (in einem speziell hierfür vorgesehenen Dewargefäß). Zur Detektion der Emission wurde ein R928 Photomultiplier (HORIBA Jobin Yvon GmbH) im Bereich 250 nm - 800 nm oder ein Stickstoff (flüssig) gekühlter DSS-IGA020L/CUS Detektor im Bereich 800 nm - 1550 nm verwendet. Alle Spektren wurden auf die Wellenlängen-abhängige Antwort des Spektrometers und des Detektors korrigiert. Da in diesem Aufbau die Probe zum Auftauen des Dewargefäßes entfernt wird und damit die Orientierung/Positionierung im Anregungsstrahl verändert wird, kann kein quantitativer Vergleich der Emissionsspektren bei den verschiedenen Temperaturen erfolgen. Zur Bestimmung der Emissionslebensdauer wurde die Probe entweder mit einer Delta Diode^{TM} (HORIBA Jobin Yvon GmbH, Model DD-370, λ_{Exc} = 370 nm, Pulsbreite 800 ps, Leistung 2 µW) oder einer PTI XenonFLash^{TM} (vor dem Anregungsmonochromator, Frequenz max. 300 MHz, für Lebensdauern > 6 µs) angeregt. Bei Verwendung der LED-Diode wurde die "Stop-Button" Methode verwendet, bei Verwendung der Xenon-Flash-Lampe wurden 10 000 Pulse aufgenommen. Die erhaltene Abklingkurven wurde mittels Origin(Pro) (Version 2019. OriginLab Corporation, Northampton, MA, US) mit einer Exponentialfunktion mit einem oder zwei Exponenten gefittet.

Die minimale Lebensdauer, die mit diesem Aufbau bestimmt werden kann, liegt bei ~2 ns. Für Lebensdauern, die nahe diesem Wert bestimmt worden sind, wird angenommen, dass sie < 2 ns sind. Eine ähnliche Einschränkung besteht für die Bestimmung mit der Xenon Flash Lampe. Für Lebensdauern, die im einstelligen Mikrosekundenbereich (~6 µs) bestimmt wurden, wird vermutet, dass diese tatsächlich < 6 µs sind. Die genaue Bestimmung der Lebenszeiten im einstelligen Mikrosekundenbereich ist nicht teilweise möglich, da diese aufgrund unzureichender Signalintensität auch mit der DeltaDiode nicht ermittelt werden konnten, bzw. dessen Anregungswellenlängen nicht geeignet ist.

4.1.3 Design und Bau einer Ulbrichtkugel zur Bestimmung von Festkörper-Quantenausbeuten

Für die Bestimmung von Quantenausbeuten im Festkörper ohne einen externen Standard wird häufig eine sogenannte Ulbrichtkugel verwendet. Die Quantenausbeuten dieser Arbeit wurden mit Hilfe der Kugel des AK Kappes bestimmt (größtenteils von Dr. Sergei Lebedkin). Damit diese Bestimmung in Zukunft auch im AK Roesky durchgeführt werden kann, wurde in Rücksprache mit Dr. Sergei Lebedkin und Werner Kastner eine neue Kugel entworfen und gefertigt. Die Fertigung erfolgte von Werner Kastner aus der mechanischen Werkstatt des Instituts. Zur Fabrikation wird ein optisch möglichst inertes Material gewählt, welches im gewählten Spektralbereich nicht mit Licht wechselwirkt, außer es diffus und vollständig zu reflektieren. Es gibt maßgeblich zwei verschiedene „Modelle" einer Ulbrichtkugel: Eine pulverbeschichtete Metallkugel (meist $BaSO_4$) und eine Kugel vollständig oder aus Teilen aus optischem PTFE. Der Vorteil von letztgenanntem Material ist dessen chemische Beständigkeit und mechanische Bearbeitbarkeit. Es kann zudem, im Gegensatz zu einer Pulverbeschichtung, mild und mechanisch gereinigt werden. Zur Fertigung dieser Kugel wurde sich daher für ein optisches PTFE „Zenith Polymer" der Firma *SphereOptics* entschieden.[177]

Die Kugel soll in das Gerät (PTI QuantaMaster™ 8075-22 Fluorometer) integriert werden und muss daher den Gerätevorgaben entsprechende Maße einhalten. Als grobe Vorlage diente die Kugel des AK Kappes. Da die Bestimmung der Quantenausbeute nach der Methode von Friend *et al.* durchgeführt wird,[176] werden folgende Bauteile benötigt:

- Eine Öffnung für je Eingang und Ausgang des Lichts + eine Öffnung zur Kalibrierung
- Ein Buffer vor der Austrittsöffnung, damit kein direkt reflektiertes Licht austritt
- Eine drehbare Probenhalterung, die die Quarzplättchen mit der Probe (Mineralölverreibung) fixieren kann und
  - Die keine Transmission zulässt
  - Die entnehmbar und damit einfach zu reinigen ist

Die Fertigung erfolgte entsprechend der gezeichneten Pläne in der Hauswerkstatt (siehe unten). Alle Bauteile wurden zweimal über mehrere Stunden in Isopropanol (99.9 %) im Ultraschallbad gereinigt und anschließend mindestens 3 Wochen bei 60 °C (im Trockenschrank) getrocknet. Die Kalibrierung erfolgte mit Hilfe einer aus dem AK Kappes ausgeliehenen Kalibrierlampe.

<u>Bauplan und Bauteile der Kugel:</u>

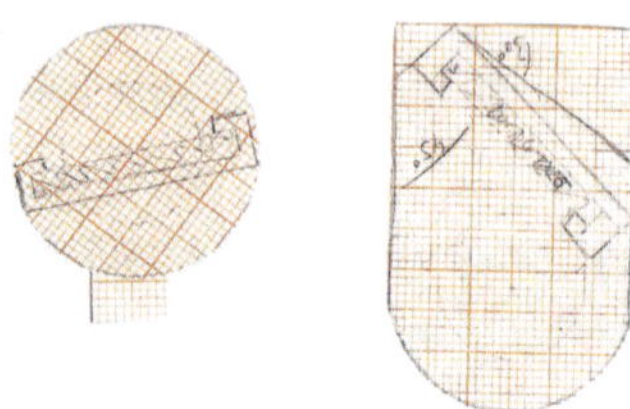

Abbildung 4.1.3-1: Zeichnungen zu den Probenhalterungen: Der erste Entwurf: links: die gefertigte Probenhalterung; rechts: eine weitere Probenhalterung, die noch nicht gefertigt wurde.

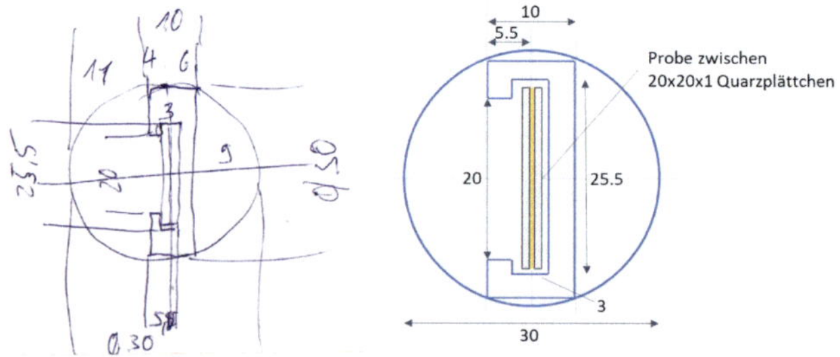

Abbildung 4.1.3-2: Detaillierte Zeichnung vom Probenhalter. Links: von Werner Kastner; rechts mit Power Point. Angaben in Millimetern.

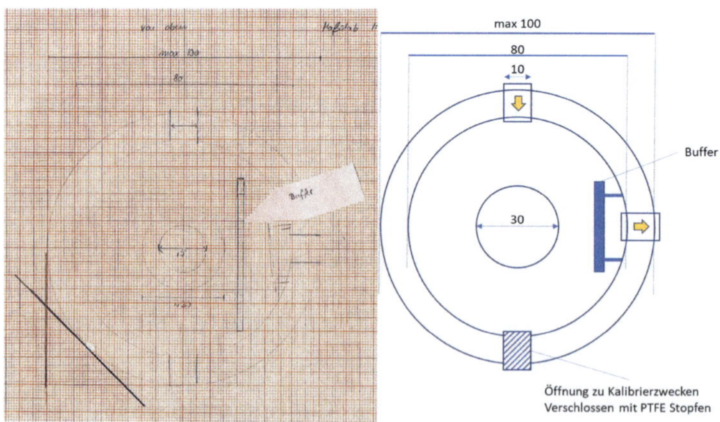

Abbildung 4.1.3-3: Kugelkörper (Ansicht von oben) Zeichnung auf Millimeterpapier (links) und mit PowerPoint (rechts). Angaben in Millimetern.

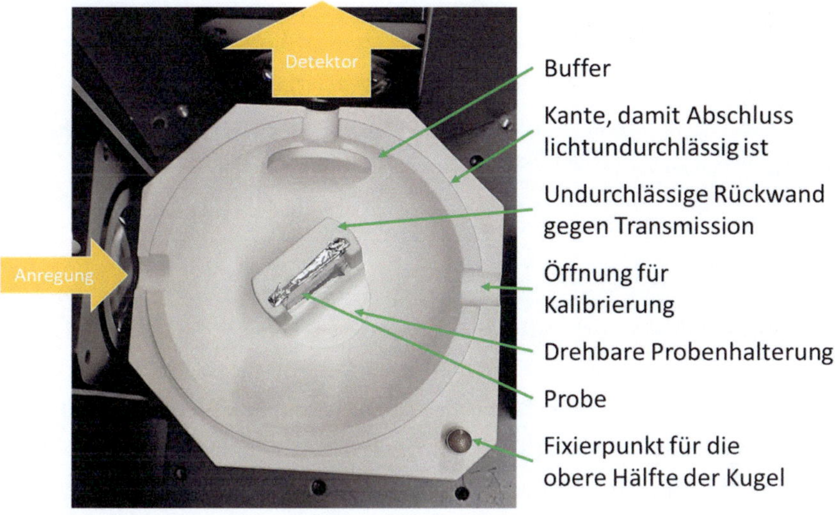

Abbildung 4.1.3-4: Foto der fertigen Kugel (untere Hälfte): Die Probe ist mit einem dünnen Streifen Aluminiumfolie ummantelt, damit das Öl den Probenhalter nicht kontaminiert.

4.2 Synthesevorschriften

N,N'-Bis(2-fluorophenyl)formimidamid (FFormH),[107] [AuCl(tht)],[178] Dilitioferrocen TMEDA-Addukt,[179] [CuCl(PPh$_3$)],[174] [AgCl(PPh$_3$)],[174] [AuCl(PPh$_3$)],[180] [CuMes]$_5$,[181] [MesAg]$_4$[181] und [AuC$_6$F$_5$(tht)][178b,182] wurden nach Literaturvorschriften hergestellt.

[Au(tht)$_2$][OTf][183]

Die Synthese erfolgte nach adaptierten Literaturvorschriften.[183] [AuCl(tht)] (1.00 g, 3.12 mmol, 1.00 Äq.) wird in *ca.* 30 mL trockenem Dichlormethan aufgelöst und 300 µL Tetrahydrothiopen (nicht trocken) (3.41 mmol, 1.10 Äq.) zugegeben. Nach Kühlen der Lösung auf -78 °C, werden 802 mg AgOTf (3.12 mmol, 1.00 Äq.) in 30 mL Dichlormethan suspendiert, mittels einer Kanüle zur ersten Lösung zugegeben und die weiße Suspension für etwa 2 h im Dunkeln gerührt, bevor sie sich auf Raumtemperatur erwärmen darf. Der weiße Niederschlag wird über Celite abfiltriert und das Lösungsmittel des Filtrats unter vermindertem Druck entfernt. Der erhaltene weiße Feststoff wird mit *ca.* 20 mL Diethylether gewaschen und anschließend im Vakuum (unter Lichtausschluss) getrocknet. Das Produkt wird als weißer Feststoff mit einer Ausbeute von 89 % (1.46 g, 2.79 mmol) erhalten und ohne weitere Analytik verwendet. Das Produkt wird im Tiefkühlschrank unter Lichtausschluss in der Glovebox gelagert.

4.2.1 Kalium-N,N'-bis[(2-diphenylphosphino)phenyl]formamidinat (Kdpfam)[106,184]

Es werden 2.08 g Kalium (53.2 mmol, 3.00 Äq.) in Toluol vorgelegt (*ca.* 250-300 mL) (Raumtemperatur), 9.30 mL Diphenylphosphan (9.95 g, 53.4 mmol, 3.00 Äq.) zugegeben und die Reaktionsmischung auf 140 °C Ölbadtemperatur erhitzt bis alles Kalium abreagiert ist (~6 h. Das entstehende Kaliumdiphenylphosphid bildet sich unter Gasentwicklung (H$_2$) als rotoranger Feststoff und ist unlöslich in Toluol. Nach Abkühlen auf Raumtemperatur werden 4.01 g N,N'-bis(2-fluorophenyl)formimidamide (17.7 mmol, 1.00 Äq.) zugegeben und die Suspension über Nacht bei Raumtemperatur gerührt. Die Reaktionsmischung wird nochmals 6-8 h refluxiert (Ölbadtemperatur 140 °C) bis sich eine leicht trübe dunkelgelbe Suspension ergibt. Nach Filtration über Celite (P4-Frittenboden) zur Abtrennung des entstehenden Kaliumfluorids wird das Lösungsmittel unter vermindertem Druck bei *ca.* 50 °C entfernt. Auf den entstehenden zähflüssigen gelben Rückstand werden *ca.*

300 mL n-Heptan gegeben und über Nacht gerührt, bzw. so lange, bis sich eine Suspension mit pulvrigem gelbem Feststoff bildet. Dieser wird abfiltriert und intensiv mit zunächst n-Heptan (*ca.* 300 mL) und anschließend n-Pentan (*ca.* 300 mL) gewaschen (je in 25 mL oder 50 mL Portionen). Nach Trocknen im Vakuum wird das Produkt als pudriger gelber Feststoff erhalten. (7.29 g, 12.1 mmol, 68 %).

Einkristalle zur Röntgenstrukturdiffraktometrie können durch Überschichten einer Lösung aus 150 mg Kdpfam in 1 mL THF und 5 mL Touol mit Heptan erhalten werden.

^{1}H NMR (400 MHz, THF-d_8): δ (ppm) = 8.65 – 8.55 (bs, 1H, NCN), 7.27 – 7.14 (m, 20H, H^{Ph}), 7.06 (ddd, $J_{H,H}$ = 8.5 Hz, 6.9 Hz, 1.9 Hz, 2H, H^{Ar}), 6.82 (ddd, $^3J_{H,H}$ = 8.2 Hz, $^3J_{H,H}$ = 5.1 Hz, $^4J_{H,H}$ = 1.1 Hz, 2H, H^{Ar}), 6.53 – 6.47 (m, 2H, H^{Ar}), 6.47 – 6.43 (m, 2H, H^{Ar}). – **^{13}C{^{1}H} NMR** (101 MHz, THF-d_8): δ (ppm) = 160.0 – 159.7* (m, NCHN), 140.8 (d, $J_{C,P}$ = 12.7 Hz, C$_q$), 134.8 (d, $J_{C,P}$ = 19.3 Hz, HC^{Ph}), 133.7 (HC^{Ar}), 130.5 (HC^{Ar}), 129.0 (d, $J_{C,P}$ = 6.4 Hz, HC^{Ph}), 128.7 (HC^{Ph}), 128.5 (C$_q$), 119.1 (HC^{Ar}), 116.6 (d, $J_{C,P}$ = 2.5 Hz, HC^{Ar}). – **^{31}P{^{1}H} NMR** (162 MHz, THF-d_8): δ (ppm) = -14.3 (s). – **IR** (ATR): $\tilde{v}$ (cm^{-1}) = 3049 (vw), 1583 (vw), 1558 (vw), 1530 (s), 1510 (vs), 1476 (vw), 1452 (s), 1427 (vs), 1334 (vs), 1277 (vw), 1263 (vw), 1217 (m), 1157 (vw), 1126 (vw), 1089 (vw), 1026 (vw), 989 (vw), 919 (vw), 771 (vw), 739 (m), 698 (s), 504 (m), 487 (m), 428(vw). – **EA:** C$_{37}$H$_{29}$N$_4$P$_4$K: berechnet C 73.74; H 4.85; N 4.65; experimentell C 73.21; N 4.75; H 4.55.

*entsteht durch eine ^{13}C-^{31}P-Kopplung. Im ^{13}C{^{1}H, ^{31}P(-13 ppm)}-NMR-Spektrum wird die Resonanz als Singulett bei δ = 159.8 ppm detektiert.

Das ^{31}P{^{1}H}-NMR-Spektrum zeigt kleine Spuren von vermutlich Diphenylphosphan und Diphenylphosphanoxid (je <1 %). Im ^{13}C{^{1}H}-NMR-Spektrum fehlt eine Resonanz eines quartären Kohlenstoffatoms – vermutlich durch Überlappung mit einer anderen Resonanz.

Um das protonierte Produkt Hdpfam zu erhalten kann das erhaltene Kdpfam wässrig aufgearbeitet werde (keine Schutzgasbedingungen). Zunächst wird gesättigte wässrige Natriumhydrogencarbonatlösung und Dichlormethan zugegeben und stark gerührt/gemischt. Anschließend wird die wässrige Phase abgetrennt und noch fünf Mal mit Dichlormethan extrahiert. Nach Trocknen der vereinigten organischen Phasen über wasserfreiem Natriumsulfat wird die erhaltene farblose Lösung eingeengt und das Produkt durch Zugabe von viel kaltem n-Pentan (mindestens das doppelte Volumen) ausgefällt. Das erhaltene weiße Pulver wird abfiltriert, mit n-Pentan gewaschen und im Vakuum getrocknet.

4.2.2   [dpfam₂Cu₂] (1)

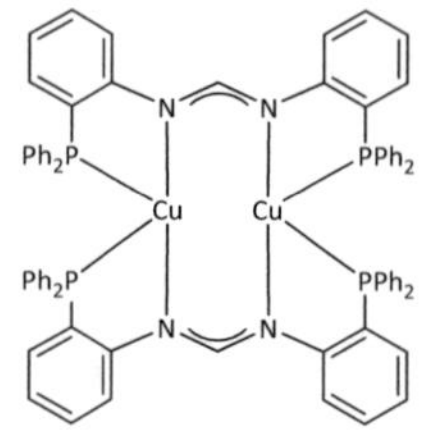

Kdpfam (100 mg, 166 µmol, 1.00 Äq.) und Tetrakisacetonitrilkupferhexafluorophosphat [Cu(MeCN)₄][PF₆] (61.8 mg, 166 µmol, 1.00 Äq.) werden für 1.5 h in 12 mL THF gerührt. Das Lösungsmittel wird unter vermindertem Druck entfernt und die gelben Rückstände mit Toluol (8 mL) extrahiert. Nach Filtration über einen PTFE Spritzenfilter wird das Lösungsmittel unter vermindertem Druck entfernt und die Rückstände in THF gelöst (~3 mL). Durch langsames Eindiffundieren von *n*-Pentan in die Lösung kann das Produkt in Form gelber Kristalle erhalten werden (34.5 mg, 26.0 µmol, 31 %, berechnet mit einem Molekül THF im Produkt).

Bemerkung: Eine Kristallisation direkt aus einer konzentrierten Toluollösung des Produkts ist ebenfalls möglich. Extraktion mit Dichlormethan (DCM) ist hingegen nicht möglich und führt zur einer Chlor-verbrückten partiell oxidierten $Cu^{I/II}$-Cl-$Cu^{I/II}$ Spezies.

¹H NMR (400 MHz, C₆D₆): δ (ppm) = 9.51 (s, 1H, NC*H*N), 7.52 (bs, 4H, H^Ph), 7.33 – 7.22 (mj, 2H, H^Ar), 7.12 – 7.05 (m, 2H, H^Ar), 7.06 – 6.81 (m, 6H, 2 H^Ar + 4H^Ph), 6.80 – 6.72 (m, 6H, 2H^Ar + 4H^Ph), 6.59 (app. t, $J_{H,H}$ = 7.5 Hz, 8H, H^Ph). – **¹H NMR{³¹P (-18.4 ppm)}** (400 MHz, C₆D₆): δ (ppm) = 9.51 (s, 1H, NC*H*N), 7.52 (bs, 4H, H^Ph), 7.28 (dd, $^3J_{H,H}$ = 7.6 Hz, $^4J_{H,H}$ = 1.6 Hz, 2H, H^Ar), 7.09 (ddd, $^3J_{H,H}$ = 8.5 Hz, $^3J_{H,H}$ = 7.0 Hz, $^4J_{H,H}$ = 1.7 Hz, 2H, H^Ar), 7.08 – 6.79 (m, 6H, 2H^Ar+4H^Ph), 6.80 – 6.72 (m, 6H, H^Ph), 6.59 (app. t, $J_{H,H}$ = 7.6 Hz, 8H, H^Ph). – **¹³C{¹H} NMR** (75 MHz, C₆D₆): δ (ppm) = 159.9 (N*C*HN), 156.6 (virtual t, $^nJ_{C,P}$ = 20.4 Hz, C_q), 134.6 (H*C*^Ar), 133.8 (bs, C_q), 132.0 (bs, C_q), 130.7 (H*C*^Ar), 127.8 (H*C*^Ph), 120.2 (H*C*^Ar), 115.2 (H*C*^Ar). – **³¹P{¹H} NMR** (162 MHz, C₆D₆): δ (ppm) = -18.4 (s). – **MS** (ESI): m/z (%) = 1286.211 [M+2O]⁺ (calc. 1286.208), 1302.206 [M+3O]⁺ (calc. 1302.203), 1318.198 [M+4O]⁺(calc. 1318.198). – **IR** (ATR): ṽ (cm⁻¹) = 3051 (vw), 1584 (vw), 1546 (vw), 1511 (vs), 1479 (m), 1453 (vs), 1431 (vs), 1310 (vs), 1263 (s), 1212 (s), 1157 (w), 1125 (vw), 1093 (vw), 1065 (vw), 1027 (vw), 955 (s), 916 (vw), 840 (vw), 815 (vw), 754 (w), 738 (s), 715 (vw), 691 (s), 547 (vw), 509 (w), 497 (m), 479 (m). – **EA:** C₇₄H₅₈N₄P₄Cu₂: berechnet C 70.86; N 4.47; H 4.66; experimentell C 70.67; N 4.35; H 4.72.

Sowohl ¹H-NMR- als auch ¹³C{¹H}-NMR-Spektren zeigen, trotz Trocknen im Vakuum, noch Lösungsmittelresonanzen von restlichem THF (1-1.5 Moleküle). Die Resonanzen im ¹H-NMR-Spektrum wurden für einen Liganden (= ½ Molekül) integriert. Aufgrund einer Überlagerung mit den Resonanzen des Lösungsmittels und der Breite der Resonanzen (vermutlich Dynamik) können nicht alle Resonanzen der Diphenylphosphaneinheit identifiziert werden.

4.2.3   [dpfam$_2$Ag$_2$] (2)

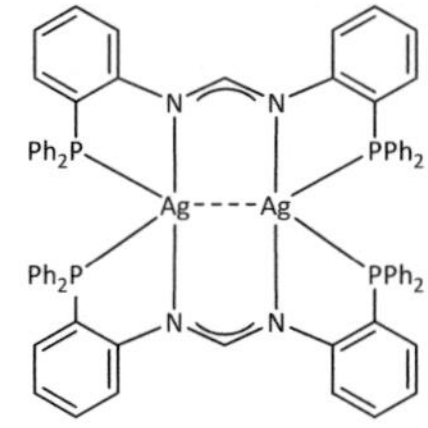

Kdpfam (100 mg, 166 µmol, 1.00 Äq.) und AgBF$_4$ (32.3 mg, 166 µmol, 1.00 Äq.) werden in 12 mL of THF gelöst und für 1.5 h bei Raumtemperatur gerührt. Nach Filtration (PTFE Spritzenfilter) der blassgelben Suspension wird *n*-Pentan eindiffundiert und das Produkt in Form blass gelber Kristalle erhalten (88 mg, 60.6 µmol, 73%; berechnet mit 1.5 Molekülen THF im Produkt). Bemerkung: Es wurde kein verbliebenes Metathesesalz im Produkt beobachtet (Elementaranalyse), allerdings kann das Produkt dennoch vor der Kristallisation mit Toluol oder Dichlormethan extrahiert werden.

^{1}H NMR (400 MHz, C$_6$D$_6$): δ (ppm) = 9.78 – 9.69 (m, 1H, NC*H*N), 7.40 – 7.33 (m, 4H, H^{Ar}), 7.29 (bs, 8H, H^{Ph}), 7.15 – 7.11 (m, 2H, H^{Ar}), 6.79 – 6.72 (m, 6H, 2H^{Ar}+4H^{Ph}), 6.59 (app. t, $J_{H,H}$ = 7.6 Hz, 8H, H^{Ph}). – **^{1}H{^{31}P (-16.7 ppm)} NMR** (400 MHz, C$_6$D$_6$): δ (ppm) = 9.73 (pseudo t, $^3J_{H,107/109Ag}$ = 4.2 Hz, 1H, NC*H*N), 7.37 – 7.36 (m, 2H, H^{Ar}), 7.35 – 7.33 (m, 2H, H^{Ar}), 7.33 – 7.26 (m, 8H, H^{Ph}), 7.15 – 7.11 (m, 2H, H^{Ar}), 6.80 – 6.72 (m, 6H, 2H^{Ar}+4H^{Ph}), 6.59 (app. t, $J_{H,H}$ = 7.6 Hz, 8H, H^{Ph}). – **^{13}C{^{1}H} NMR** (75 MHz, C$_6$D$_6$): δ (ppm) = 160.2 (NCHN), 157.2 – 157.1 (m, C$_q$), 136.3 (C$_q$), 135.5 (HC^{Ar}), 133.8 (bs, HC^{Ph}), 131.4 (HC^{Ar}), 128.2 (HC^{Ph}), 127.9 (HC^{Ph}), 120.3 (HC^{Ar}), 119.0 (C$_q$), 116.9 (HC^{Ar}). – **^{31}P{^{1}H}* NMR** (162 MHz, C$_6$D$_6$): δ (ppm) = -16.8 (überlagertes pseudo tt, $J_{P,109Ag}$ = 184.2 Hz, $J_{P,107Ag}$ = 160.0 Hz. – **MS** (ESI): m/z (%) = 671.092 [1/2 M+H]$^+$ (calc. 671.093). – **IR** (ATR): $\tilde{v}$ (cm^{-1}) = 3050 (vw), 2953 (vw), 2923 (vw), 1583 (w), 1556 (w), 1535 (w), 1502 (vs), 1479 (m), 1453 (s), 1430 (s), 1334 (m), 1309 (s), 1286 (m), 1260 (m), 1213 (m), 1158 (w), 1124 (w), 1093 (w), 1055 (vw), 1036 (w), 961 (w), 918 (vw), 845 (vw), 815 (vw), 755 (w), 739 (m), 693 (m), 615 (vw), 543 (vw), 504 (w), 498 (w), 479 (w). – **EA:** C$_{78}$H$_{65}$N$_4$OP$_4$Ag$_2$ (M+1.5THF): berechnet C 66.22; N 3.86; H 4.86; experimentell C 66.43; N 3.95; H 4.59.

Sowohl ^{1}H-NMR als auch ^{13}C{^{1}H}-NMR-Spektren zeigen, trotz Trocknen im Vakuum, noch Lösungsmittelresonanzen von restlichem THF (1-1.5 Moleküle). Die Resonanzen im ^{1}H-NMR-Spektrum wurden für einen Liganden (= ½ Molekül) integriert. *Das Spektrum ist in Abbildung S 7-1 dargestellt.

4.2.4 [dpfam$_2$Au$_2$] (3)

Kdpfam (200 mg, 332 µmol, 1.00 Äq.) und Tetrahydrothiophengoldchlorid [AuCl(tht)] (106 mg, 332 µmol, 1.00 Äq.) werden in 12 mL THF gelöst und bei Raumtemperatur über Nacht gerührt. Nach Entfernen des Lösungsmittels unter vermindertem Druck wird der entstandene gelbe Festostoff mit 7 mL Toluol extrahiert und die Suspension filtriert (PTFE Spritzenfilter). Das Produkt wird durch Eindampfen von *n*-Pentan zur Toluollösung in Form gelber Kristalle erhalten (164 mg, 102 µmol, 61 %); berechnet mit einem Molekül Toluol im Produkt).

^{1}H NMR (400 MHz, THF-d_8, 213 K): δ (ppm) = 8.33 – 8.26 (m, 1H, H^{Ar1}), 7.65 (s, 1H, NCHN), 7.57 – 7.33 (m, 16H, H^{Ph}), 7.34 – 7.26 (m, 2H, 2H^{Ph}), 7.26 – 7.19 (m, 1H, H$_{Ar}$^{Tol}), 7.18 – 7.14 (m, 1H, H^{Ar2}), 7.14 – 7.08 (m, 1.5H, H$_{Ar}$^{Tol}), 6.98 – 6.88 (m, 3H, H^{Ar1}+2H^{Ph}), 6.78 – 6.70 (m, 1H, H^{Ar2}), 6.67 – 6.60 (m, 1H, H^{Ar1}), 6.58 – 6.52 (m, 1H, H^{Ar2}), 6.52 – 6.48 (m, 1H, H^{Ar2}), 6.46 – 6.39 (m, 1H, H^{Ar1}), 2.93 (s, 1.5H, H$_{Me}$^{Tol}). – **^{31}P{^{1}H} NMR** (121 MHz, THF-d_8): δ (ppm) = 35.9* (d, $^2J_{P,P}$ = 339.3 Hz), 27.6* (d, $^2J_{P,P}$ = 338.8 Hz). – **^{13}C{^{1}H} NMR** (75 MHz, THF-d_8): δ (ppm) = 158.6 (C$_q$), 157.4 (N(CH)N), 155.3 (C$_q$), 138.5 (C$_q$^{Tol}), 136.1 (bs, HC^{Ar}) 134.8 (HC^{Ar}), 134.7 (HC^{Ar}), 134.0 (bs, HC^{Ar}), 133.2 (bs, HC^{Ar}), 132.7 (bs, HC^{Ar}), 130.9 (HC^{Ar}), 130.3 (HC^{Ar}), 129.7 (HC^{Tol}), 129.2 (HC^{Ar}), 129.1 (HC^{Ar}), 128.9 (HC^{Tol}), 126.1 (HC^{Tol}), 125.7 (HC^{Ar}), 119.4 (HC^{Ar}), 118.7 (HC^{Ar}), 117.2 (HC^{Ar}), 21.5 (H$_3$C^{Tol}). – **MS** (ESI): m/z (%) = 1521.302 [M+H]$^+$ (calc. 1521.302). – **IR** (ATR): $\tilde{v}$ (cm^{-1}) = 3049 (w), 1635 (vw), 1576 (w), 1501 (vs), 1469 (w), 1450 (w), 1426 (vs), 1396 (s), 1344 (m), 1308 (w), 1262 (m), 1218 (w), 1181 (vw), 1157 (w), 1120 (w), 1098 (m), 1059 (w), 1027 (w), 999 (s), 980 (w), 900 (vw), 846 (vw), 745 (s), 732 (m), 690 (s), 547 (w), 508 (m), 490 (m), 415 (vw). – **EA:** C$_{81}$H$_{66}$N$_4$P$_4$Au$_2$ (M+Toluol): berechnet C 60.31; H 4.12; N 3.47; experimentell C 59.83; H 4.01; N 3.45.

*Vermutlich liegt zusätzlich ein Effekt höherer Ordnung vor, die Resonanzen zeigen einen starken Dach-Effekt.

Das in der Molekülstruktur im Festkörper sichtbare Toluol konnte trotz Trocknung im Vakuum NMR-spektroskopisch (^{1}H-NMR und ^{13}C{^{1}H}-NMR-Spektrum) im Produkt nachgewiesen werden. Zusätzlich sind noch Resonanzen von Spuren restlichen *n*-Pentans (δ(ppm) = 1.36 – 1.20 (m), 0.89 (t, *J* = 7.0 Hz)) und Tetrahydrothiophens (vom Edukt) im Spektrum sichtbar. Die Resonanzen im ^{1}H-NMR-Spektrum wurden für einen Liganden (= ½

Molekül) integriert. Das $^{13}C\{^1H\}$-NMR-Spektrum konnte aufgrund der Dynamik bei Raumtemperatur nur teilweise ausgewertet werden.

4.2.5 [dpfam$_2$Cu$_3$(MeCN)][PF$_6$] (4)

Kdpfam (100 mg, 166 µmol, 1.00 Äq.) und [Cu(MeCN)$_4$][PF$_6$] (92.7 mg, 249 µmol, 1.50 Äq.) werden in 12 mL THF gelöst und für 1.5 h gerührt, bevor das Lösungsmittel unter vermindertem Druck (aus der intensiv gelben Lösung) entfernt wird. Die Rückstände werden mit 8 mL DCM extrahiert, die Suspension filtriert (PTFE Spritzenfilter) und das Lösungsmittel wieder entfernt. Der entstandene gelbe Feststoff wird in 5 mL THF gelöst, 1 Tropfen MeCN zugegeben und Pentan eindiffundiert. Das Produkt wird als gelbe bis bräunliche Kristalle (103 mg, 65.3 µmol, 79 %; berechnet mit je einem Molekül THF und MeCN im Produkt) erhalten.

$^1H\{^{31}P(-18.2\ ppm)\}$ **NMR** (400 MHz, THF-d_8): δ (ppm) = 9.03 (s, 1H, NCHN), 7.95 – 7.83 (m, 1H; H^{Ar1}), 7.59 – 7.52 (m, 1H, H^{Ar1}), 7.50 – 7.44 (m, 1H, H^{Ar2}), 7.28 (dd, $^3J_{H,H}$ = 7.7 Hz, $^4J_{H,H}$ = 1.6 Hz, 1H, H^{Ar1}), 7.20 – 7.13 (m, 5H, 1H^{Ar2} + 4H^{Ph}), [7.11 – 7.5 (m, H^{Ar1} +H^{Ph}) + 7.05 (bs, H^{Ph}), 9H], 6.98 – 6.93 (m, H^{Ar2}), 6.92 – 6.81 (m, 6H, H^{Ph}), 6.74 (dd, $^3J_{H,H}$ = 7.7 Hz, $^4J_{H,H}$ = 1.6 Hz, 1H, H^{Ar2}), 1.87 (s, 1.5H, MeCN). – $^{13}C\{^1H,^{31}P\ (-18.2\ ppm)\}$ **NMR** (101 MHz, THF-d_8): δ (ppm) = 162.3 (N(CH)N), 155.3 (C$_q$), 154.0 (C$_q$), 136.0 (HC^{Ar1}), 135.9 (HC^{Ar2}), 134.3 (HC^{Ph}), 133.6 (HC^{Ar1}), 132.9 (HC^{Ar2}), 130.8 (HC^{Ph} oder HC^{Ar2}), 129.9 (HC^{Ph} oder H$^{Ar1/2}$), 129.7 (HC^{Ph}), 127.3 (C$_q$), 125.4 (HC^{Ar2} oder HC^{Ph}), 124.4 (HC^{Ar1} oder HC^{Ph}), 124.3 (HC^{Ar2}), 123.5 (C$_q$), 117.8 (HC^{Ar1}), 117.3 (C$_q^{MeCN}$), 0.8 (H$_3$C^{MeCN}). – $^{31}P\{^1H\}$ **NMR** (162 MHz, THF-d_8): δ (ppm) = -17.0* (d, ^nJ = 109.2 Hz), -19.5* (d, ^nJ = 109.7 Hz), -141.9 (hept, $^1J_{P,F}$ = 709.6 Hz, PF$_6^-$) – **MS** (ESI): m/z (%) = 1317.150 [M]$^+$ (calc. 1317.148). – **IR** (ATR): $\tilde{v}$ (cm^{-1}) = 3053 (vw), 1583 (vw), 1565 (vw), 1534 (vs), 1478 (vw), 1461 (m), 1434 (m), 1338 (m), 1285 (vw), 1269 (w), 1226 (vw), 1208 (w), 1162 (vw), 1095 (vw), 1068 (vw), 1026 (vw), 998 (vw), 978 (vw), 911 (vw), 874 (vw), 835 (vs), 773 (vw), 761 (w), 742 (m), 692 (m), 556 (m), 535 (vw), 493 (w), 482 (w). – **EA:** C$_{74}$H$_{58}$N$_4$P$_5$Cu$_3$F$_6$ (+1 MeCN): berechnet C 60.70; H 4.09; N 4.66; experimentell C 60.56; H 4.45; N 4.00.

Die Resonanzen im ^{1}H-NMR-Spektrum wurden für einen Liganden (= ½ Molekül) integriert. Das in der Molekülstruktur im Festkörper enthaltene THF und Acetonitril konnte trotz Trocknung im Vakuum nicht vollständig entfernt werden und wurde NMR-spektroskopisch

(^{1}H-NMR und ^{13}C{^{1}H}-NMR-Spektroskopie) im Produkt nachgewiesen. Die Protonenresonanzen im Ligandenrückgrat konnten mittels ^{1}H-COSY-NMR-Spektroskopie den beiden aromatischen Ringen zugeordnet werden (Ar1 und Ar2). Aufgrund der Dynamik bzw. der Überlagerung aromatischer Resonanzen, konnten nicht alle Integrale exakt bestimmt werden. Infolge breiter Resonanzen und vermutlich Überlagerungen konnten nicht alle Kohlenstoffatome der Diphenylphosphaneinheit einzeln im ^{13}C{^{1}H}-NMR-Spektrum detektiert werden. Da die ^{1}H- und ^{13}C-Kerne jeweils teilweise stark mit den Phosphorkernen koppeln, wurde der Übersichtlichkeit halber nur das ^{1}H{^{31}P}- bzw. ^{13}C{^{1}H, ^{31}P}-NMR-Spektrum angegeben. *Vermutlich liegt zusätzlich ein Effekt höherer Ordnung vor, die Resonanzen zeigen einen starken Dach-Effekt.

4.2.6   [dpfam$_2$Cu$_3$][PF$_6$] (4a)

Kdpfam (100 mg, 166 µmol, 1.00 Äq.) und [Cu(MeCN)$_4$][PF$_6$] (92.7 mg, 249 µmol, 1.50 Äq.) werden in 12 mL THF gelöst und für 1.5 h gerührt. Das Lösungsmittel wird unter vermindertem Druck entfernt und der gelbe Rückstand mit 8 mL extahiert und filtriert (PTFE Spritzenfilter). Das Filtrat wird unter vermindertem Druck getrocknet und erneut in THF gelöst (~3 mL), bevor n-Pentan eindiffundiert wird. Das Produkt wird als gelbe Kristalle erhalten (64.5 mg, 44.1 µmol, 53 %; berechnet mit 0.5 Molekülen THF im Produkt).

^{1}H{^{31}P (-18.3 ppm)} NMR (400 MHz, THF-d_8): δ (ppm) = 9.07 (s, 1H, NCHN), 7.92 (d, $^3J_{H,H}$ = 8.4 Hz, 1H, H^{Ar1}), 7.56 (ddd, $^3J_{H,H}$ = 8.6 Hz, $^3J_{H,H}$ = 7.1 Hz, $^4J_{H,H}$ = 1.6 Hz, 1H, H^{Ar1}), 7.54 – 7.46 (m, H^{Ar2}), 7.28 (dd, $^3J_{H,H}$ = 7.7 Hz, $^4J_{H,H}$ = 1.6 Hz, 1H, H^{Ar1}), 7.24 – 7.19 (m, H^{Ar2}), 7.16 (app. t, $J_{H,H}$ = 7.3 Hz, H^{Ph}), 7.12 – 7.06 (m, 1H, H^{Ar1}), 7.04 (bs, H^{Ph}), 6.95 (td, $^3J_{H,H}$ = 7.5 Hz, $^4J_{H,H}$ = 1.1 Hz, H^{Ar2}), 6.93 – 6.86 (m, H^{Ph}), 6.75 (dd, $^3J_{H,H}$ = 7.7 Hz, $^4J_{H,H}$ = 1.6 Hz, 1H, H^{Ar2}). – ^{13}C{^{1}H,^{31}P(-18.3 ppm)} NMR (101 MHz, THF-d_8): δ (ppm) = 162.3 (N(CH)N), 155.3 (C$_q$), 153.9 (C$_q$), 136.0 (HC^{Ar1}), 135.8 (HC^{Ar2}), 134.3 (HC^{Ph}), 133.7 (HC^{Ar1}), 133.0 (HC^{Ar2}), 130.8 (HC^{Ph}), 130.0 (HC^{Ph}), 129.7 (HC^{Ph}), 127.3 (C$_q$), 125.5 (HC^{Ar2}), 124.4 (HC^{Ar1}), 124.3 (HC^{Ar2}), 123.6 (C$_q$), 117.8 (HC^{Ar1}). – ^{31}P{^{1}H} NMR (121 MHz, THF-d_8): δ (ppm) = -17.0* (d, $^nJ_{P,P}$ = 110.0 Hz), -19.6* (d, $^nJ_{P,P}$ = 109.8 Hz), -144.1 (hept, $^1J_{P,F}$ = 709.6 Hz). – MS (ESI): m/z (%) = 1353.168 [M+2H$_2$O]$^+$ (calc. 1353.169). – IR (ATR): $\tilde{\nu}$ (cm^{-1}) = 3053 (w), 1633 (w), 1583 (w), 1565 (w), 1566 (vs), 1474 (m), 1461 (s), 1434 (vs), 1322 (s), 1286 (m), 1270 (m), 1218 (vw), 1202 (m), 1163 (w), 1131 (vw), 1095 (w), 1064 (vw), 974 (vw), 875 (vw), 832 (vs), 757 (w), 740 (s), 690 (s), 556 (m), 508 (w), 491 (m). – **EA:** $C_{74}H_{58}N_4P_5Cu_3F_6$: berechnet C 60.76; H 4.00; N 3.83; experimentell C 61.23; H 3.98; N 4.01.

Die Resonanzen im ^{1}H-NMR-Spektrum wurden für einen Liganden (= ½ Molekül) integriert. Das in der Molekülstruktur im Festkörper enthaltene THF konnte trotz Trocknung im Vakuum nicht vollständig entfernt werden und wurde NMR-spektroskopisch (0.5 Moleküle THF) (^{1}H-NMR und ^{13}C{^{1}H}-NMR-Spektroskopie) im Produkt nachgewiesen. Aufgrund einer hohen Baseline im Bereich der aromatischen Protonen konnten die Resonanzen nicht adäquat integriert werden. Die Protonenresonanzen im Ligandenrückgrat konnten mittels ^{1}H-COSY-NMR-Spektroskopie den beiden aromatischen Ringen zugeordnet werden (Ar1 und Ar2), siehe Anhang Abbildung S 7-3. Aufgrund breiter Resonanzen und vermutlich Überlagerunden konnten nicht alle Kohlenstoffatome der Diphenylphosphaneinheit im ^{13}C{^{1}H}-NMR-Spektrum detektiert werden. *Vermutlich liegt zusätzlich ein Effekt höherer Ordnung vor, die Resonanzen zeigen einen starken Dach-Effekt

4.2.7 [dpfam₂Ag₃(thf)₂][BF₄] (5)

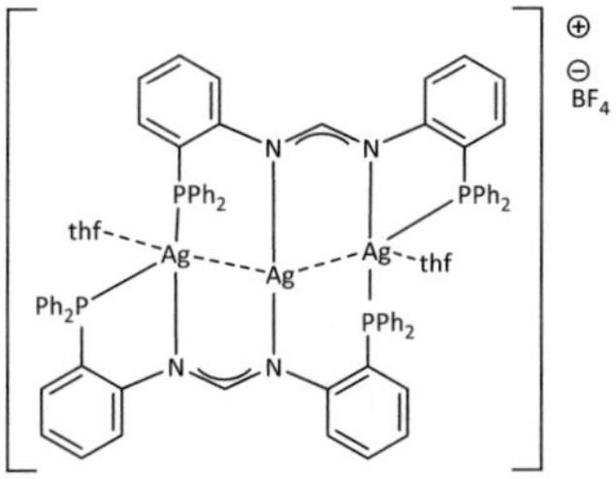

Der Ligand Kdpfam (150 mg, 249 µmol, 1.00 Äq.) wird mit AgBF₄ (73 mg, 373 µmol, 1.50 Äq.) in 12 mL THF über Nacht gerührt (gelbe Suspension) und anschließend filtriert (PTFE Spritzenfilter). Durch Eindiffundieren von *n*-Pentan wird das Produkt als farblose bis bräunliche Kristalle erhalten (29.0 mg, 18.0 µmol, ~14 %). Bemerkung: Während der Kristallisation ist das Produkt sehr lichtempfindlich und verfärbt sich zunehmend braun, wenn es Licht ausgesetzt wird. Es wurde kein verbliebendes Metathesesalz beobachtet (bestätigt durch Elementaranalyse), jedoch kann das Produkt vor der Kristallisation analog zu **4** und **4a** mit Dichlormethan extrahiert werden.

^{1}H NMR (400 MHz, DMSO-d_6): δ (ppm) = 7.61 – 7.52 (m, 1H, NC*H*N), 7.46 – 7.39 (m, 4H, H^{Ph}), 7.38 – 7.33 (m, 2H, H^{Ar}), 7.35 – 7.26 (m, 8H, H^{Ph}), 7.16 – 7.09 (m, 8H, H^{Ph}), 7.07 – 7.00 (m, 2H, H^{Ar}), 6.86 – 6.81 (m, 2H, H^{Ar}), 6.53 – 6.46 (m, 2H, H^{Ar}). – **^{13}C{^{1}H} NMR** (101 MHz, DMSO-d_6): δ (ppm) = 162.6 (NC*H*N), 154.6 (C$_q$), 133.3 (HC^{Ph}), 133.0 (HC^{Ar}), 132.1 (C$_q$), 131.5 (HC^{Ar}), 130.1 (HC^{Ph}), 128.9 (HC^{Ph}), 122.9 (HC^{Ar}), 122.7 (HC^{Ar}). – **^{31}P{^{1}H} NMR** (162 MHz, DMSO-d_6): δ (ppm)

= -10.8* (bs), -13.2* (bs). − **MS** (ESI): m/z = 1451.078 $[M]^+$ (calc. 1451.075). − **IR** (ATR): $\tilde{v}$ (cm^{-1}) = 3053 (vw), 1586 (w), 1563 (w), 1541 (vw), 1456 (m), 1433 (s), 1351 (m), 1309 (m), 1269 (w), 1213 (w), 1205 (w), 1183 (m), 1160 (vw), 1094 (w), 1052 (vs), 1029 (m), 995 (vw), 972 (vw), 927 (vw), 892 (vw), 784 (w), 749 (m), 741 (m), 696 (s), 528 (vw), 505 (m), 471 (m), 464 (vw), 443 (vw). − **EA:** $C_{74}H_{58}N_4P_4Ag_3BF_4$ (+4THF: $C_{90}H_{89}Ag_3BF_4N_4O_4P_4$): berechnet C 59.20; H 4.97; N 3.07; experimentell C 59.47; H 4.43; N 3.44.

Für diese Probe wurde ein Young-NMR-Röhrchen verwendet. Aufgrund der schlechten Löslichkeit wurde die Probe im NMR-Röhrchen mehrere Tage bei 60 °C erhitzt, wobei das vorher in der Molekülstruktur im Festkörper sichtbare THF vermutlich aus der Lösung diffundierte. Eine exakte Ausbeutebestimmung ist daher nicht möglich. Aufgrund der schwachen Intensitäten im $^{13}C\{^1H\}$-NMR-Spektrum und vermutlich Überlappung mit anderen Signalen konnte eine quartäre Kohlenstoffresonanz nicht detektiert werden. Die Resonanzen im ^1H-NMR-Spektrum wurden für einen Liganden (= ½ Molekül) integriert. *Die Form der Resonanz impliziert Effekte höherer Ordnung durch vermutlich Kopplung der ^{31}P-Kerne mit und durch die $^{107/109}Ag$-Kerne.

4.2.8 $[dpfam_2Cu_2Au_2][PF_6]_2$ (6)

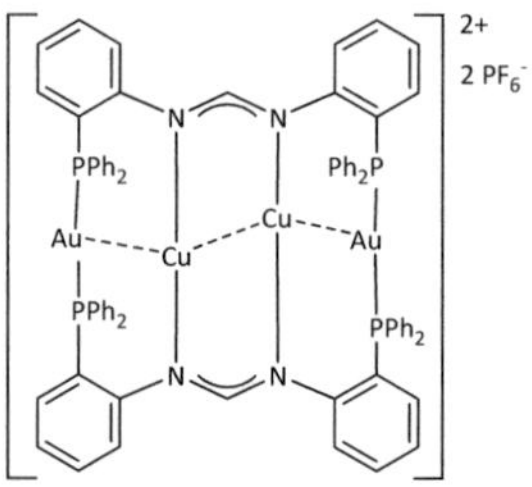

[dpfam$_2$Au$_2$]* (**3**) (100 mg, 65.7 µmol, 1.00 Äq.) und 49.0 mg (131 µmol, 2.00 Äq.) [Cu(MeCN)$_4$][PF$_6$] werden in 10 mL THF gelöst und über Nacht bei Raumtemperatur gerührt. Zur erhaltenen gelben Suspension (das Produkt ist in THF unlöslich) werden 2 mL MeCN gegeben und die Mischung erhitzt, bis sich eine gelbe Lösung ergibt. Nach Abkühlen auf Raumtemperatur bilden sich nach etwa einer Nacht gelbe Kristalle (die Ausbeute kann durch anschließende Lagerung bei -30°C erhöht werden (77.0 mg, 37.9 µmol, 58 %; berechnet mit einem Molekül THF und 0.5 Molekülen MeCN im Produkt).

*Das verwendete [dpfam$_2$Au$_2$] (**3**) wurde nicht kristallisiert, sondern aus dem Extraktionsschritt erhalten (siehe Synthese von **3**). Die Lösung von **3** in Toluol wurde hierfür unter vermindertem Druck vom Lösungsmittel befreit und das erhaltene Produkt (gelbes Pulver) als Edukt eingesetzt.

$^1H\{^{31}P$ **(33.8 ppm)} NMR** (300 MHz, CD$_3$CN): δ (ppm) = 7.72 − 7.51 (m, 20H^{Ph}), 7.41 (td, $^3J_{H,H}$ = 7.6 Hz, $^4J_{H,H}$ = 1.5 Hz, 2H^{Ar}), 7.16 (td, $^3J_{H,H}$ = 7.6 Hz, $^4J_{H,H}$ = 1.2 Hz, 2H^{Ar}), 6.77 (dd, $^3J_{H,H}$ = 7.8 Hz,

$^4J_{H,H}$ = 1.5 Hz, 2H^{Ar}), 6.23 (s, 1H, NCHN), 5.98 (dd, $^3J_{H,H}$ = 7.9 Hz, $^4J_{H,H}$ = 1.2 Hz, 2H^{Ar}). – ^{13}C{^{1}H,^{31}P (33.8 ppm)} NMR (101 MHz, CD$_3$CN): δ (ppm) = 169.3 (N(HC)N), 153.2 (C$_q$), 135.4 (HC^{Ph}), 135.3 (HC^{Ph}), 134.1 (HC^{Ar}), 134.1 (HC^{Ar}), 133.6 (HC^{Ph}), 133.2 (HC^{Ph}), 131.1 (HC^{Ph}), 130.6 (HC^{Ph}), 129.5 (C$_q$), 128.6 (HC^{Ar}), 128.5 (C$_q$), 126.2 (HC^{Ar}), 124.5 (C^q). – ^{31}P{^{1}H} NMR (121 MHz, CD$_3$CN): δ (ppm) = 33.8 (s), -144.6 (hept, $^1J_{P,F}$ = 706.7 Hz). – MS (ESI): m/z = 824.075 [M^{2+}] (calc. [C$_{74}$H$_{58}$N$_4$P$_4$Cu$_2$Au$_2$]$^{2+}$ 824.075), 1451.186 [M-Au]$^+$ (calc. [C$_{74}$H$_{58}$N$_4$P$_4$Cu$_2$Au]$^+$ 1451.185), 1583.224 [M-Cu]$^+$ (calc. [C$_{74}$H$_{58}$N$_4$P$_4$CuAu$_2$]$^+$ 1583.223). – IR (ATR): $\tilde{v}$ (cm^{-1}) =1591 (m), 1572 (m), 1546 (vs), 1481(vw), 1462 (m), 1437 (s), 1363 (w), 1335 (w), 1269 (w). 1212 (w), 1187 (vw), 1162 (vw), 1131 (vw), 1100 (m), 1072 (w), 1059 (w), 1027 (vw), 999 (vw), 877 (w), 833 (vs), 786 (w), 749 (m), 714 (w), 693 (m), 556 (m), 533 (vw), 521 (m), 505 (w). 485 (w), 471 (vw), 447 (vw), 428 (w). – EA: C$_{74}$H$_{58}$N$_4$P$_6$Au$_2$Cu$_2$F$_{12}$ (+1 THF + 0.5 MeCN: C$_{79}$H$_{67.5}$N$_{4.5}$OP$_6$Au$_2$Cu$_2$F$_{12}$): berechnet C 46.72; H 3.35; N 3.10; experimentell C 46.75; H 3.10; N 3.54.

Die Resonanzen im ^{1}H-NMR-Spektrum wurden für einen Liganden (= ½ Molekül) integriert. Sowohl im ^{1}H-NMR- als auch im ^{13}C{^{1}H}-NMR-Spektrum sind noch Reste der in der Molekülstruktur im Festkörper enthaltenen Lösungsmittel THF (0.5 - 1 Molekül) und Acetonitril (*ca.* 0.5 Moleküle), obgleich das Produkt im Vakuum getrocknet wurde. Da die ^{1}H und ^{13}C-Kerne jeweils teilweise stark mit den Phosphorkernen koppeln wurde der Übersichtlichkeit halber nur das ^{1}H{^{31}P}- bzw. ^{13}C{^{1}H, ^{31}P}-NMR-Spektrum angegeben.

4.2.9 [dpfam$_2$Ag$_2$Au$_2$][BF$_4$]$_2$ (7)

[dpfam$_2$Au$_2$] (**3**) (100 mg, 65.7 µmol, 1.00 Äq.) und 25.6 mg (131 µmol, 2.00 Äq.) AgBF$_4$ werden in 10 mL THF gelöst und unter Ausschluss von Licht über Nacht bei Raumtemperatur gerührt. Zur leicht bräunlichen Suspension werden 2.5 mL Acetonitril gegeben und die Mischung vorsichtig erhitzt, bis alles gelöst ist. Durch Lagerung bei Raumtemperatur bilden sich bräunliche lichtempfindliche Kristalle (die Ausbeute kann durch anschließende Lagerung bei -30°C erhöht werden) (65.0 mg, 32.1 µmol, 49 %; berechnet mit je einem Molekül THF und MeCN im Produkt)

^{1}H NMR{^{31}P (35.5 ppm)} (300 MHz, CD$_3$CN): δ (ppm) = 7.73 – 7.53 (m, 20H^{Ar}), 7.43 (td, $^3J_{H,H}$ = 7.7 Hz, $^4J_{H,H}$ = 1.5 Hz, 2H^{Ar}), 7.13 (td, $^3J_{H,H}$ = 7.6 Hz, $^4J_{H,H}$ = 1.2 Hz, 2H^{Ar}), 6.78 (dd, $^3J_{H,H}$ = 7.8 Hz, $^4J_{H,H}$ = 1.5 Hz, 2H^{Ar}), 6.63 (pseudo tt, $^3J_{H,109Ag}$ = 15.5 Hz, $^3J_{H,107Ag}$ = 13.4 Hz, 1H, NCHN), 6.16 (dd,

$^3J_{H,H}$ = 7.9 Hz, $^4J_{H,H}$ = 1.1 Hz, 2H^{Ar}). – ^{13}C{^{1}H,^{31}P (35.5 ppm)} NMR (101 MHz, CD$_3$CN): δ (ppm) = 165.1 (NHCN), 154.8 (C$_q$), 135.7 (HC^{Ph}), 135.2 (HC^{Ph}), 134.2 (HC^{Ar}), 134.2 (HC^{Ar}), 133.5 (HC^{Ph}), 133.3 (HC^{Ph}), 130.9 (HC^{Ph}), 130.7 (HC^{Ph}), 130.4 (C$_q$), 128.9 (C$_q$), 127.2 (HC^{Ar}), 125.3 (HC^{Ar}), 123.8 (C$_q$). – ^{31}P{^{1}H} NMR (121 MHz, CD$_3$CN): δ (ppm) = 35.6-35.4 (m). – MS (ESI): m/z = 868.051 [M]$^{2+}$ (calc. [C$_{74}$H$_{58}$N$_4$P$_4$Ag$_2$Au$_2$]$^{2+}$ 868.052), 1629.201 [M-Ag]$^+$ (calc. [C$_{74}$H$_{58}$N$_4$P$_4$AgAu$_2$]$^+$ 1629.199), 1539.137 [M-Au]$^+$ (calc. [C$_{74}$H$_{58}$N$_4$P$_4$Ag$_2$Au]$^+$ 1539.137). – IR (ATR): $\tilde{v}$ (cm^{-1}) = 1587 (w), 1569 (m), 1538(vs), 1459 (s), 1436 (vs), 1345 (m), 1268 (m), 1099 (m), 1049 (vs), 1034 (s), 1022 (s), 996 (s), 764 (m), 747 (s), 692 (s), 517 (s), 503 (s), 480 (m).

Die Resonanzen im ^{1}H-NMR-Spektrum wurden für einen Liganden (= ½ Molekül) integriert. In den aufgenommenen NMR-Spektren sind noch Reste der in der Molekülstruktur im Festkörper enthaltenen Lösungsmittel THF (1-2 Moleküle) und Acetonitril (1 Molekül) sichtbar, außerdem kleinste Spuren von Diethylether (in einem Ansatz wurde das Produkt mit Diethylether gewaschen), obgleich das Produkt im Vakuum getrocknet wurde. Da die ^{1}H- und ^{13}C-Kerne jeweils stark teilweise mit den Phosphorkernen koppeln wurde der Übersichtlichkeit halber nur das ^{1}H{^{31}P}- bzw. ^{13}C{^{1}H, ^{31}P}-NMR-Spektrum angegeben. Die Werte der Elementaranalyse waren außerhalb der Toleranzen, weshalb ein hochaufgelöstes Massespektrum aufgenommen wurde.

4.2.10 [dpfam$_2$Au$_4$][BF$_4$]$_2$ (8)

Für die Reaktion wird zunächst *in situ* [Au(tht)$_2$][BF$_4$] synthetisiert. Hierfür werden 38.6 mg AgBF$_4$ (198 µmol, 2.01 Äq.) in 5 mL Dichlormethan gelöst und die Lösung auf -78°C gekühlt. Es werden zunächst 4 Tropfen Tetrahydrothiophen (über einem kleinen Propfen Silicagel vorgetrocknet) und anschließend eine Lösung aus 64.8 mg [AuCl(tht)] (202 µmol, 2.05 Äq.) in 5 mL Dichlormethan (ebenfalls gekühlt) über eine Kanüle zugegeben. Die Reaktionsmischung darf rührend unter Lichtausschluss über 2 h langsam auf Raumtemperatur auftauen.* Die erhaltene weiße Suspension wird über einen Spritzenfilter filtriert und in die gekühlte Lösung (-78 °C) von 150 mg [dpfam$_2$Au$_2$] (3) (98.6 µmol, 1.00 Äq.) in 10 mL THF getropft. Die Reaktionsmischung wird über Nacht gerührt, wobei sie auf Raumtemperatur auftauen darf. Zur erhaltenen gelblichen Suspension werden 3.5 mL Acetonitril gegeben und die Mischung vorsichtig erwärmt, bis sich eine gelbliche Lösung ergibt. Durch Lagerung bei Raumtemperatur bilden sich farblose Kristalle (die Ausbeute kann durch anschließende Lagerung bei -30°C erhöht werden) (44.1 mg, 18.8 µmol, 19 %, berechnet mit einem Restgehalt von drei Molekülen THF und einem Molekül MeCN). *[Au(tht)$_2$][BF$_4$] ist auch in Lösung bei Raumtemperatur nur kurz stabil und sollte daher schnell verarbeitet werden.

^{1}H NMR (400 MHz, DMSO-d_6): δ (ppm) = 8.05 – 7.93 (m, 2H^{Ph}), 7.82 – 7.75 (m, 8H^{Ph}), 7.71 – 7.62 (m, 10H^{Ph}), 7.57 – 7.47 (m, 2H^{Ar}), 7.38 – 7.27 (m, 2H^{Ar}), 7.18 (s, 1H, N(CH)N), 6.81 – 6.65 (m, 2H^{Ar}), 5.62 – 5.49 (m, 2H^{Ar}). – **^{13}C{^{1}H,^{31}P (29.8 ppm)} NMR** (101 MHz, DMSO-d_6): δ (ppm) = 169.5 (N(HC)N), 150.3 (C$_q$), 134.7 (HC^{Ph}), 134.2 (HC^{Ph}), 133.6 (HC^{Ar}), 133.2 (HC^{Ar}), 132.9 (HC^{Ph}), 132.4 (HC^{Ph}), 130.5 (HC^{Ph}), 129.7 (HC^{Ph}), 127.6 (C$_q$), 127.6 (HC^{Ar}), 127.0 (C$_q$), 127.0 (HC^{Ar}), 123.0 (C$_q$). – **^{31}P{^{1}H} NMR** (162 MHz, DMSO-d_6): δ (ppm) = 29.6 (s). – **MS** (ESI): m/z = 957.112 [M]$^{2+}$ (calc. [C$_{74}$H$_{58}$N$_4$P$_4$Au$_4$]$^{2+}$ 957.113), 1717.264 [M-Au]$^+$ (calc. [C$_{74}$H$_{58}$N$_4$P$_4$Au$_3$]$^+$ 1717.260). – **IR** (ATR): $\tilde{v}$ (cm^{-1}) = 3056 (wv), 1587 (w), 1572 (m), 1546 (vs), 1537 (s), 1480 (w), 1464 (m), 1436 (s), 1326 (w), 1310 (w), 1272 (w). 1209 (w), 1165 (vw), 1099 (m), 1050 (s), 1034 (m), 1024, (m), 997 (w), 783 (vw), 764 (w), 747 (m), 713 (w), 693 (s), 565 (vw), 547 (w), 531 (w), 519 (m), 507 (w), 486 (w), 430 (vw). – **EA:** C$_{74}$H$_{58}$N$_4$P$_4$Au$_4$B$_2$F$_8$ (+3THF+1MeCN: C$_{88}$H$_{84}$Au$_4$B$_2$F$_8$N$_5$O$_3$P$_4$): berechnet C 45.05; H 3.65; N 2.99; experimentell C 45.11; H 3.67; N 3.30.

Die Resonanzen im ^{1}H-NMR-Spektrum wurden für einen Liganden (= ½ Molekül) integriert. Die NMR-Spektren zeigten einen Restgehalt von drei Molekülen THF und einem Molekül Acetonitril, obgleich das Produkt im Vakuum getrocknet wurde. Das verbliebene MeCN (nicht in der Molekülstruktur im Festkörper vorhanden) ist vermutlich auf nicht ausreichende Trocknung zurückzuführen. Da das ^{13}C{^{1}H}-NMR-Spektrum aufgrund teilweise starker Kopplung mit den Phosphorkernen und einem schlechten Signal-zu-Rauschverhältnis unübersichtlich war, wurde nur das ^{13}C{^{1}H,^{31}P}-NMR-Spektrum angegeben.

4.2.11 [dpfam$_2$Cu$_2$(AuMes)$_2$] (9)

In 12 mL THF werden 250 mg Kdpfam (415 µmol, 5.00 Äq.) und 133 mg [AuCl(tht)] (415 µmol, 5.00 Äq.) gelöst und für 1.5 h bei Raumtemperatur gerührt. Die gelbe Suspension wird durch einen PTFE Spritzenfilter auf 75.8 mg Mesitylkupfer [CuMes]$_5$ (83.0 µmol, 1.00 Äq.), gelöst in ~5 mL THF, gegeben (die Reaktionsmischung färbt sich innerhalb von Sekunden orange) und weitere 1.5 h gerührt.* Eindiffundieren von *n*-Pentan in die Lösung ergibt das Produkt als intensiv orange Kristalle (141 mg, 74.7 µmol, 36 % berechnet ohne Lösungsmittel).

*Die Filtration kann auch am Ende der Reaktion vor der Gasdiffusion erfolgen.

MS (ESI): m/z (%) = 1886.333 [M]$^+$(calc. 1886.323), 1767.245 [M-Mes]$^+$ (calc. 1767.237). – **IR** (ATR): $\tilde{v}$ (cm^{-1}) = 3053 (w), 1590 (m), 1571 (m), 1546 (vs), 1530 (s), 1480 (w), 1460 (w), 1434 (s), 1360 (s), 1346 (m), 1265 (w), 1216 (w), 1201 (m), 1128 (w), 1096 (w), 966 (w), 747 (w), 735 (w), 691 (m), 524 (w), 505 (w), 482 (w). – **EA:** $C_{92}H_{80}N_4P_4Cu_2Au_2$: berechnet C 58.57; H 4.27; N 2.97; experimentell C 58.50; H 4.06; N 2.99.

Aufgrund der Unlöslichkeit des Produkts in gängigen Lösungsmitteln konnten keine interpretierbaren ^{1}H- und ^{13}C{^{1}H}-NMR-Spektren erhalten werden. Die in verschiedenen Lösungsmitteln erhaltenen ^{31}P{^{1}H}-NMR-Spektren sind in Abbildung S 7-6 dargestellt.

4.2.12 [dpfam$_2$Ag$_2$(AuMes)$_2$] (10)

In 12 mL THF werden 150 mg Kdpfam (249 µmol, 4.00 Äq.) und 79.8 mg [AuCl(tht)] (249 µmol, 4.00 Äq.) gelöst und für 1.5 h gerührt. Die entstehende gelbe Suspension wird durch einen PTFE Spritzenfilter auf eine gekühlte (*i*PrOH/N$_2$) Lösung aus 56.5 mg Mesitylsilber [AgMes]$_4$ (56.5 mg, 62.2 µmol, 1.00 Äq.) in ~5 mL THF filtriert und für weitere 1.5 h gerührt. Das goldfarbene kristalline Produkt kann durch Eindiffundieren von *n*-Pentan zur Lösung erhalten werden (82 mg, 41.5 µmol, 33 % berechnet ohne Lösungsmittel). Bemerkung: [AgMes]$_4$ ist lichtempfindlich und in Lösung bei Raumtemperatur kaum stabil und sollte daher unter Ausschluss von Licht und gekühlt gelagert werden, bis es verwendet wird.

MS (ESI): m/z (%) = 989.147 [0.5M+H]$^+$ (calc. 989.145), 1855.198 [M-Mes]$^+$(calc. 1855.190). – **IR** (ATR): $\tilde{v}$ (cm^{-1}) = 3070 (w), 3051 (w), 2912 (vw), 2857 (w), 1586 (w), 1564 (m), 1530 (vs), 1477 (m), 1457 (m), 1433 (s), 1349 (s), 1309 (w), 1285 (w), 1261 (w), 1218 (w), 1203 (w), 1156 (w), 1127 (vw), 1094 (w), 1066 (m), 1027 (w), 998 (vw), 925 (w), 903 (w), 843 (w), 775 (w), 745 (m), 694 (m), 520 (w), 506 (m), 474 (w), 445 (w), 413 (vw). – **EA:** $C_{92}H_{80}N_4P_4Ag_2Au_2$: berechnet C 55.94; H 4.08; N 2.84; experimentell C 56.07; H 4.05; N 2.80.

Die Löslichkeit in THF-d_8 war zu gering, um auswertbare NMR-Spektren zu erhalten.

4.2.13 [dpfam$_2$Au$_2$(AuC$_6$F$_5$)$_4$] (11)

Es werden 150 mg Kdpfam (249 µmol, 1.00 Äq.) und 79.8 mg [AuCl(tht)] (249 µmol, 1.00 Äq.) in 12 mL THF gelöst und über Nacht gerührt. Das Lösungsmittel wird unter vermindertem Druck entfernt und der Rückstand in ~10 mL Toluol aufgenommen. Die gelbe Suspension wird bei -78 °C auf 225 mg [AuC$_6$F$_5$(tht)] (498 µmol, 2.00 Äq.) filtriert (PTFE Spritzenfilter) und die Reaktionsmischung nochmals über Nacht gerührt. Die blassgelbe Suspension wird unter vermindertem Druck vom Lösungsmittel befreit und der gelbliche Rückstand in ~15 mL Diethylether suspendiert. Nach 2-3 Tagen ruhen bei Raumtemperatur bildet sich das Produkt als farblose Stäbchen in gelblicher Lösung (100 mg, 32.8 µmol, 26 %; berechnet mit einem Molekül Diethylether im Produkt).

MS (ESI): m/z (%) = 2613.183 [M-AuC$_6$F$_5$+H]$^+$ (calc. 2613.177), 2249.223 [M-2AuC$_6$F$_5$+2H]$^+$ (calc. 2249.219). – **IR** (ATR): $\tilde{\nu}$ (cm^{-1}) = 1544 (s), 1499 (s), 1454 (s), 1435 (vs), 1353 (m), 1203 (w), 1101 (w), 1056 (w), 953 (s), 798 (w), 749 (m), 693 (m), 545 (w). – **EA:** C$_{98}$H$_{58}$N$_4$P$_4$Au$_6$F$_{20}$+Et$_2$O: berechnet C 40.15; H 2.25; N 1.84; experimentell C 40.26; H 2.28; N 2.01.

In verschiedenen Lösungsmitteln konnte keine NMR-Spektren interpretiert werden, möglicherweise bleibt der Komplex in Lösung nicht erhalten. Eine Auswahl an ^{31}P{^{1}H}- und ^{19}F{^{1}H}-NMR-Spektren sind in Abbildung S 7-6 und Abbildung S 7-7 dargestellt.

4.2.14 [dpfam$_3$Ln] Ln = Tb (13), Nd (14), La (15)

Es werden 1.50 g Kdpfam (2.49 mmol, 3.00 Äq.) und die entsprechende Menge LnCl$_3$ (830 µmol, 1.00 Äq.) für 3 Tage bei 70 °C in THF gerührt. Das Lösungsmittel wird unter vermindertem Druck entfernt und der Rückstand mit Toluol suspendiert. Nach Filtration der Suspension (PTFE Spritzenfilter) wird das Toluol unter vermindertem Druck entfernt und der blassgelbe Rückstand in 5 mL THF gelöst. Eindiffundieren von *n*-Pentan ergibt das farblose kristalline Produkt [dpfam$_3$Ln].

[dpfam$_3$Tb] (**13**)

Ausbeute: 941 mg, 509 µmol, 61 % (berechnet ohne evtl. enthaltene Lösungsmittel)

IR (ATR): $\tilde{v}$ (cm^{-1}) = 3051 (vw), 1643 (w), 1561 (w), 1521 (vs), 1478 (m), 1454 (s), 1431 (vs), 1396 (vw), 1307 (s), 1273 (m), 1204 (w), 1155 (vw), 1120 (vw), 1090 (vw), 1067 (vw), 1026 (vw), 970 (vw), 938 (vw), 847 (vw), 741 (m), 694 (m), 523 (vw), 495 (vw), 427 (vw). – **EA:** $C_{111}H_{87}N_6P_6Tb$: berechnet C 72.08; H 4.74; N 4.54; experimentell C 72.24; H 4.89; N 4.46.

[dpfam$_3$Nd] (**14**)

Ausbeute: 966 mg, 526 µmol, 63 % (berechnet ohne evtl. enthaltene Lösungsmittel)

IR (ATR): $\tilde{v}$ (cm^{-1}) = 3049 (vw), 1645 (w), 1583 (vw), 1560 (vw), 1518 (vs), 1476 (s), 1453 (s), 1431 (vs), 1390 (vw), 1303 (vs), 1281 (m), 1200 (w), 1156 (vw), 1121 (vw), 1089 (vw), 1066 (vw), 1026 (vw), 983 (vw), 934 (vw), 823 (vw), 740 (m), 693 (m), 617 (vw), 520 (vw), 493 (w), 416 (vw). – **EA:** $C_{111}H_{87}N_6P_6Nd$: berechnet C 72.65; H 4.78; N 4.58; experimentell C 72.36; H 5.05; N 4.41 und C 72.33; H 5.04; N 4.37.

Aufgrund des Paramagnetismus des Neodymkerns und schlechter Löslichkeit konnten die NMR-Spektren nicht interpretiert werden. Das ^{31}P{^{1}H}-NMR-Spektrum ist der Vollständigkeit halber in Abbildung S 7-12 dargestellt.

[dpfam$_3$La] (**15**)

Ausbeute: 849 mg, 464 µmol, 56 % (berechnet ohne evtl. enthaltene Lösungsmittel)

^{1}H NMR (323 K, 400 MHz, THF-d_8): δ (ppm) = 8.32 (bs), 7.25 (bs), 7.19 – 6.43 (m). – **^{13}C{^{1}H, ^{31}P (-14 ppm)} NMR** (101 MHz, THF-d_6): δ (ppm) = 157.4, 138.8, 136.0, 134.4, 134.2, 134.0, 130.7, 129.4, 128.6, 128.6, 128.3, 128.2, 125.7, 121.3. – **^{31}P{^{1}H} NMR** (323 K, 162 MHz, THF-d_8): δ (ppm) = -14.0 (s). – **IR** (ATR): $\tilde{v}$ (cm^{-1}) = 3050 (vw), 1583 (vw), 1561 (vw), 1518 (vs), 1475 (m), 1454 (s), 1431 (s), 1303 (s), 1199 (w), 1157 (vw), 1122 (vw), 1066 (vw), 1026 (vw), 933 (vw), 823 (vw), 740 (m), 693 (s), 519 (vw), 493 (w), 416 (vw). – **EA:** $C_{111}H_{87}N_6P_6La$: berechnet C 72.87; H 4.79; N 4.59; experimentell C 72.87; H 5.06; N 4.40.

Die Resonanzen von sowohl ^{1}H- als auch ^{13}C{^{1}H}-NMR-Spektren konnten aufgrund der Dynamik im System und der sich überlagernden hohen Anzahl an Resonanzen nicht zugeordnet werden. Beide zeigen jedoch einen Restgehalt von THF sowie kleine Mengen Toluol im Produkt an. Der Übersichtlichkeit wegen ist nur das

^{1}H{^{31}P(-14 ppm)}-NMR-Spektrum bei 323 K und das ^{13}C{^{1}H, ^{31}P(-14 ppm)}-NMR-Spektrum angegeben. Abbildung S 7-9 zeigt eine gemeinsame Darstellung der ^{1}H-NMR-Spektren bei verschiedenen Temperaturen. Eine Zusammenstellung der bei verschiedenen Temperaturen aufgenommenen ^{31}P{^{1}H}-NMR-Spektren ist in Abbildung S 7-10 abgebildet.

4.2.15 [dpfam₃NdAg][OTf] (16)

Es werden 100 mg **14** (54.4 µmol, 1.00 Äq.) und 14.0 mg AgOTf (54.4 µmol, 1.00 Äq.) in 8 mL THF unter vorsichtigem Erwärmen (60-80 °C) gerührt, bis sich eine farblose Lösung ergibt (30-60 min). Nach einigen Tagen (2-3) ruhen bei Raumtemperatur bildet sich das Produkt in Form farbloser Kristalle (40.0 mg, 19.1 µmol, 35 % berechnet ohne evtl. enthaltene Lösungsmittel).

^{19}F{^{1}H} NMR (377 MHz, THF-d_8): δ (ppm) = -78.8 (s). – **MS** (ESI): m/z = 1974.351 [M+2O]$^{+}$ (calc. [C₁₁₁H₈₇N₆P₆AgNdO₂]$^{+}$ 1974.351), 1990.346 [M+3O]$^{+}$ (calc. [C₁₁₁H₈₇N₆P₆AgNdO₃]$^{+}$ 1990.345) – **IR** (ATR): $\tilde{v}$ (cm^{-1}) = 3052 (w), 1642 (vs), 1575 (m), 1562 (w), 1500 (w), 1480 (w), 1463 (m), 1432 (vs), 1340 (vw), 1300 (w), 1269 (vs), 1221 (w), 1141 (w), 1093 (w), 1066 (vw), 1030 (m), 998 (vw), 885 (vw), 741 (s), 694 (s), 635 (m), 602 (vs), 501 (w). – **EA:** C₁₁₂H₈₇N₆P₆AgNdSO₃F₃: berechnet C 64.30; H 4.19; N 4.02; S 1.53; experimentell C 64.24; H 4.26; N 4.14; S 1.50.

Aufgrund des Paramagnetismus des Neodymkerns und der schlechten Löslichkeit konnten die NMR-Spektren nicht interpretiert werden. Das ^{31}P{^{1}H}-NMR-Spektrum (162 MHz, THF-d_8) ist der Vollständigkeit halber in Abbildung S 7-12 dargestellt.

4.2.16 [dpfam$_3$NdAu][OTf] (17)

Es werden 200 mg **14** (109 µmol, 1.00 Äq.) und 56.9 mg [Au(tht)$_2$][OTf] (109 µmol, 1.00 Äq.) in 12 mL THF unter vorsichtigem Erwärmen (60-80 °C) gerührt, bis sich eine blassgelbe Lösung ergibt (30-60 min). Nach einigen Tagen ruhen lassen bei Raumtemperatur bildet sich das Produkt in Form farbloser Kristalle (50.0 mg, 22.9 µmol, 21 % berechnet ohne evtl. enthaltene Lösungsmittel).

^{31}P{^{1}H} NMR (162 MHz, THF-d_8): δ (ppm) = 33.9 (d, $^2J_{P,P}$ = 338.7 Hz), 25.8 (d, $^2J_{P,P}$ = 339.4 Hz), 18.8 (s), 12.2 (s), -14.7 (bs), -23.5 (bs). – **^{19}F{^{1}H} NMR** (377 MHz, THF-d_8): δ (ppm) = -78.8 (s). – **MS** (ESI): m/z = 2062.412 [M+2O]$^+$ (calc. [C$_{111}$H$_{87}$N$_6$P$_6$AuNdO$_2$]$^+$ 2062.408), 2078.405 [M+3O]$^+$ (calc. [C$_{111}$H$_{87}$N$_6$P$_6$AuNdO$_3$]$^+$ 2078.403). **IR** (ATR): $\tilde{v}$ (cm^{-1}) = 3052 (w), 1636 (s), 1574 (m), 1561 (m), 1517 (w), 1479 (w), 1432 (vs), 1353 (vw), 1305 (m), 1269 (vw), 1222 (w), 1142 (w), 1093 (w), 1066 (w), 1030 (m), 998 (w), 881 (vw), 809 (vw), 741 (s), 693 (s), 636 (m), 601 (vw), 571 (vw), 546 (vw), 505 (m). – **EA:** C$_{112}$H$_{87}$N$_6$P$_6$AuNdSO$_3$F$_3$: berechnet C 61.68; H 4.02; N 3.85; S 1.47; experimentell C 61.25; H 3.87; N 3.88; S 1.30.

Aufgrund des Paramagnetismus des Neodymkerns und sehr schlechter Löslichkeit konnten die NMR-Spektren nicht interpretiert werden. Das ^{31}P{^{1}H}-NMR-Spektrum ist der Vollständigkeit halber in Abbildung S 7-12 dargestellt.

4.2.17 [dpfam$_3$LaAg][OTf] (18)

Es werden 100 mg **15** (54.7 µmol, 1.00 Äq.) und 14.0 mg AgOTf (54.7 µmol, 1.00 Äq.) in 12 mL THF unter vorsichtigem Erwärmen (60-80 °C) gerührt, bis sich eine farblose Lösung ergibt (30-60 min). Nach einigen Tagen ruhen lassen bei Raumtemperatur bildet sich das Produkt in Form farbloser Mikrokristalle (20.0 mg, 9.58 µmol, 18 % berechnet ohne evtl. enthaltene Lösungsmittel). Kristalle geeignet für die Einkristallröntgenstrukturdiffraktometrie werden bei analogem Vorgehen* in Fluorbenzol erhalten (30.0 mg farblose Kristalle).

*Hierbei bilden sich beim Rühren weiße Flocken, welche sich auch in Wärme nicht lösen, jedoch scheint dies die Kristallisation nicht zu beeinträchtigen.

^{1}H NMR (323 K, 400 MHz, THF-d_8): δ (ppm) = 9.64 – 9.49 (m), 7.65 – 6.55 (m, H^{Ar}). – **^{31}P{^{1}H}
NMR** (323 K, 162 MHz, THF-d_8): δ (ppm) = -12.4 (bs), -16.8 (pseudo tt, $J_{P,109Ag}$ = 182.9 Hz,
$J_{P,107Ag}$ = 158.5 Hz), -21.0 (bs). – **^{19}F{^{1}H} NMR** (377 MHz, THF-d_8): δ (ppm) = -78.9 (s). – **MS**
(ESI): m/z = 1985.341 [M+3O]$^+$ (calc. [C$_{112}$H$_{87}$N$_6$P$_6$AgLaO$_3$]$^+$ 1985.337), 2001.337 [M+4O]$^+$ (calc.
[C$_{112}$H$_{87}$N$_6$P$_6$AgLaO$_4$]$^+$ 2001.332). – **IR** (ATR): $\tilde{v}$ (cm^{-1}) = 3052 (vw), 1643 (vw), 1582 (vw), 1564
(vw), 1514 (vs), 1471 (m), 1453 (s), 1432 (s), 1316 (s), 1268 (m), 1222 (w), 1197 (w), 1154 (w),
1130 (w), 1092 (vw), 1069 (vw), 1032 (w), 992 (vw), 927 (vw), 778 (vw), 742 (m), 694 (m), 636
(w), 571 (vw), 531 (vw), 505 (w), 488 (w), 414 (vw). – **EA:** C$_{112}$H$_{87}$N$_6$P$_6$AgLaSO$_3$F$_3$: berechnet C
64.47; H 4.20; N 4.03; S 1.54; experimentell C 64.29; H 4.37; N 4.23; S 1.30.

Die Überlagerung der Resonanzen im aromatischen Bereich, eine Dynamik im System und die
schlechte Löslichkeit führen im ^{1}H-NMR-Spektrum zu einer hohen Baseline und nicht klar
abgegrenzten Resonanzen, sodass diese nicht integriert oder zugeordnet werden konnten. Es
werden nur die Spektren bei 323 K aufgeführt. Das ^{1}H-NMR-Spektrum zeigt noch einen Rest
Lösungsmittel (THF). Das ^{31}P{^{1}H}-Spektrum zeigt bei 323 K kleine Verunreinigungen (δ
(ppm) = 37.4, 31.9 ppm), die sich jedoch auf je < 5% belaufen. Das ^{31}P{^{1}H}-NMR-Spektrum bei
298 K und 323 K ist in Abbildung S 7-12 dargestellt.

4.2.18 [dpfam$_3$LaAu][OTf] (19)

Es werden 200 mg **15** (109 µmol, 1.00 Äq.) und 57.0 mg
[Au(tht)$_2$][OTf] (109 µmol, 1.00 Äq.) in 12 mL THF unter
vorsichtigem Erwärmen (60-80 °C) gerührt, bis sich eine fast
farblose (blassgelbe) Lösung ergibt (30-60 min). Nach einigen
Tagen ruhen lassen bei Raumtemperatur bildet sich das Produkt in Form farbloser Kristalle
(113 mg, 51.9 µmol, 48 % berechnet ohne evtl. enthaltene Lösungsmittel).

^{1}H NMR (323 K, 400 MHz, THF-d_8): δ (ppm) = 7.73 (s), 7.66 (bs), 7.48 – 7.43 (m), 7.42 – 6.83
(m), 6.76 (bs), 6.62 – 6.54 (m), 6.54 – 6.48 (m), 5.97 – 5.87 (m), 4.96 – 4.86 (m). – **^{31}P{^{1}H} NMR**
(323 K, 162 MHz, THF-d_8): δ (ppm) = 29.7 (s), -9.7 (s). – **^{31}P{^{1}H} NMR** (298 K, 121 MHz, THF-d_8):
δ (ppm) = 35.9 (d, $^2J_{P,P}$ = 338.9 Hz), 29.6 (s), 27.5 (d, $^2J_{P,P}$ = 338.5 Hz), -10.0 (s), -12.9 (bs), -21.5
(bs). – **^{19}F{^{1}H} NMR** (377 MHz, THF-d_8): δ (ppm) = -80.6 (s). – **MS** (ESI): m/z = 2058.408
[M+2O]$^+$ (calc. [C$_{112}$H$_{87}$N$_6$P$_6$AuLaO$_2$]$^+$ 2058.407), 2074.403 [M+3O]$^+$ (calc. [C$_{112}$H$_{87}$N$_6$P$_6$AuLaO$_3$]$^+$
2074.402). – **IR** (ATR): $\tilde{v}$ (cm^{-1}) = 3052 (vw), 1564 (vw), 1514 (vw), 1471 (s), 1454 (vs), 1431 (vs),
1316 (vs), 1268 (vs), 1222 (w), 1198 (m), 1154 (w), 1131 (w), 1091 (w), 1070 (w), 1032 (m),

993 (w), 926 (w), 778 (w), 743 (m), 693 (m), 636 (m), 571 (s), 532 (w), 508 (m), 489 (m), 414 (vw). – **EA:** $C_{112}H_{87}N_6P_6AuLaSO_3F_3$: berechnet C 61.83; H 4.03; N 3.86; S 1.47; experimentell C 62.45; H 3.91; N 4.10; S 1.19.

Die schlechte Löslichkeit, Überlagerung der Resonanzen im aromatischen Bereich und der hohen Dynamik im System führen im ^{1}H-NMR-Spektrum zu einer hohen Baseline und nicht klar abgegrenzten Resonanzen, sodass diese nicht integriert oder zugeordnet werden konnten. Es werden nur die Spektren bei 323 K aufgeführt. Aufgrund der schlechten Löslichkeit konnte das ^{13}C{^{1}H}-NMR-Spektrum nicht ausgewertet werden. Die ^{31}P{^{1}H}-NMR-Spektren bei 298 K und 323 K sind in Abbildung S 7-12 dargestellt.

4.2.19 [Fc(NCN^{DIPP})$_2$Li][Li(thf)$_4$] (21)

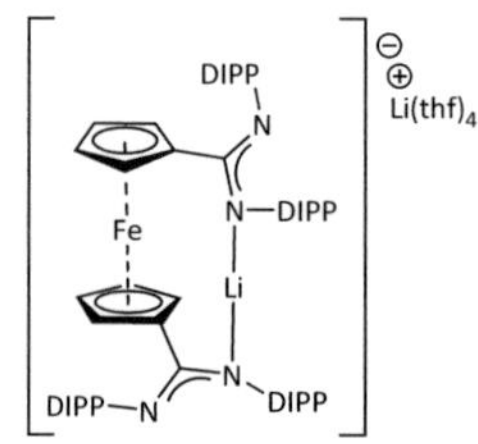

Dilithioferrocen TMEDA-Addukt (1.00 g, 3.62 mmol, 1.00 Äq.) und 2.62 g Bis(2,6-diisopropylphenyl)carbodiimid (7.23 mmol, 2.00 Äq.) werden in 30 mL THF suspendiert und über Nacht bei Raumtemperatur gerührt. Die orange Suspension wird erhitzt (~80 °C) bis sich eine orange Lösung ergibt. Das Rühren wird eingestellt und die Lösung darf auf Raumtemperatur abkühlen. Das Produkt kristallisiert aus der Lösung in Form großer oranger Kristalle, welche für mehrere Stunden bei leichter Wärmezufuhr (50 °C) pulverisiert und getrocknet werden. (1.22 g, 12.2 mmol, 34 %; enthält noch ein Molekül THF).

Bemerkung: Je nach Reinheitsgrad des verwendeten Carbodiimids bleibt ein feiner Rückstand beim Erhitzen zurück, welcher durch Filtration entfernt werden kann.

^{1}H NMR (400 MHz, DMSO-d_6): δ (ppm) = 6.69 (d, $^3J_{H,H}$ = 7.4 Hz, 8H, H^{Ar,m}), 6.43 (t, $^3J_{H,H}$ = 7.4 Hz, 4H, H^{Ar,o}), 3.99 (s, 4H, H^{Cp}), 3.82 (s, 4H, H^{Cp}), 3.64 – 3.56 (m, 8H, MeCHMe), 0.96 (bs, 48H, CH_3). – **^{1}H NMR** (213 K, 400 MHz, THF-d_8): δ (ppm) = 6.98 – 6.87 (m, 2H, H^{Ar}), 6.83 – 6.74 (m, 4H, H^{Ar}), 6.72 – 6.65 (m, 2H, H^{Ar}), 6.63 – 6.57 (m, 2H, H^{Ar}), 6.54 – 6.47 (m, 2H, H^{Ar}), 4.61 (bs, 2H, H^{Cp}), 4.02 (bs, 2H, H^{Cp}), 3.92 – 3.83 (m, 2H, H^{Cp}), 3.84 – 3.74 (m, 2H, MeCHMe), 3.54 – 3.38 (m, 4H, MeCHMe), 3.20 (bs, 2H, H^{Cp}), 2.88 – 2.73 (m, 2H, MeCHMe), 1.48 – 1.22 (m, CH_3*), 1.32 – 1.22 (m, 6H, CH_3), 1.16 – 0.97 (m, CH_3*), 0.97 – 0.80 (m, 6H, CH_3), 0.68 (d, $^3J_{H,H}$ = 6.6 Hz, 6H, CH_3), 0.34 (d, $^3J_{H,H}$ = 6.8 Hz, 6H, CH_3). – **^{13}C{^{1}H} NMR** (75 MHz, THF-d_8): δ (ppm) = 158.3 (C$_q$), 152.9 (C$_q$), 150.7 (C$_q$), 143.4 (C$_q$), 125.9 (HC^{Ar}), 124.1 (HC^{Ar}), 122.1 (HC^{Ar}), 121.3 (HC^{Ar}), 118.8 (HC^{Ar}), 88.1 (C$_q$), 74.5 (HC), 65.5 (HC), 30.1$^\$$, 28.4$^\$$, 27.5$^\$$, 23.6$^\$$.– **MS** (ESI): m/z (%) =

909.550 ([M-Li+H]⁻ calc. 909.549). – **IR** (ATR): $\tilde{v}$ (cm⁻¹) = 2958 (vs), 2865 (m), 1607 (w), 1586 (w), 1522 (s), 1486 (s), 1465 (m), 1432 (s), 1388 (w), 1359 (m), 1315 (m), 1241 (w), 1188 (vw), 1136 (vw), 1099 (vw), 1033 (w), 900 (w), 757 (m), 460 (vw). – **EA:** $C_{76}H_{108}FeLi_2N_4O_4$: berechnet C 75.35; H 8.99; N 4.62; experimentell C 75.42; H 7.89; N 4.76.

Im ¹H-NMR-Spektrum in THF-d_8 ergibt sich in jedem Ansatz eine unbekannte Resonanz bei δ(ppm) = 7.28 – 7.01 (m, 2H). *Im ¹H-COSY-NMR-Spektrum wird ersichtlich, dass es sich um zwei sich überlagernde Resonanzen handelt. Aufgrund der durch Restdynamik erhöhten Baseline stimmt das Integral nicht mit dem erwarteten Wert von 12 Protonen überein. $^\$$Resonanzen, die den Kohlenstoffen der Methylgruppen (CH₃) oder den MECHMe-Kohlenstoffatomen zugerechnet werden, die allerdings im HMQC Spektrum keine Resonanz zeigen und daher nicht mit Sicherheit zugeordnet werden können. Im ¹³C{¹H}-NMR-Spektrum sind zwei Resonanzen unbekannter Herkunft sichtbar (δ(ppm) = 59.0 (Cq), 46.3). Die NMR-Spektren in THF-d_8 sind aus einem anderen Ansatz und zeigen einen höheren Restgehalt THF als die Spektren in DMSO-d_6. Das Produkt ist in DMSO-d_6 nur kurze Zeit stabil.

4.2.20 [Fc(NCN^{DIPP})₂Cu(CuCl)₂Li(thf)₃] (22)

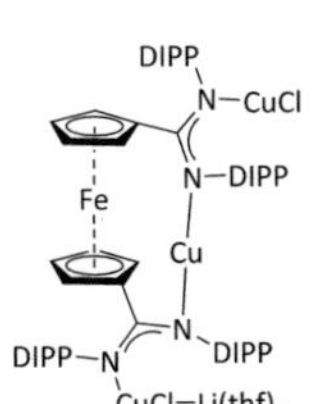

Fc(NCN^{DIPP}Li)₂ · 4THF (**21**) (150 mg, 124 µmol, 1.00 Äq.) und 37.0 mg Kupfer(I)chlorid (371 µmol, 3.00 Äq.) werden in 10 mL THF über Nacht bei Raumtemperatur gerührt. Die orange Suspension wird filtriert (PTFE Spritzenfilter), das Filtrat unter vermindertem Druck auf *ca.* 4 mL reduziert und *n*-Pentan eindiffundiert. Das Produkt wird als orange Kristalle erhalten. (36.0 mg, 25.8 µmol, 21 % berechnet mit drei koordinierten Molekülen THF).

MS (ESI): m/z (%) =1169.267 ([M-(Li(THF)₃)]⁻ calc. 1169.266). – **IR** (ATR): $\tilde{v}$ (cm⁻¹) = 3610 (vw), 2959 (vs), 2922 (w), 2862 (w), 1628 (vs), 1576 (w), 1541 (vs), 1505 (vs), 1493 (vs), 1463 (m), 1436 (s), 1397 (w), 1381 (w), 1360 (w), 1318 (w), 1257 (w), 1245 (w), 1209 (vw), 1190 (w), 1178 (vw), 1104 (vw), 1044 (w), 1027 (w), 977 (vw), 933 (vw), 905 (w), 824 (w), 803 (w), 781 (w), 766 (w), 731 (vw), 478 (w), 424 (vw). – **EA:** $C_{72}H_{100}Cl_2Cu_3FeLiN_4O_3$: berechnet C 62.04; H 7.23; N 4.02; experimentell C 62.21; H 6.21; N 4.28.

Aufgrund der schlechten Löslichkeit des kristallinen Produkts konnten keine aussagekräftigen NMR-Spektren erhalten werden.

4.2.21 [Fc(NCN^{DIPP})$_2$Ag(AgCl)$_2$Li(thf)$_3$] (23)

Fc(NCN^{DIPP}Li)$_2$·4THF (**21**) (150 mg, 124 µmol, 1.00 Äq.) und 53.2 mg Silber(I)chlorid (371 µmol, 3.00 Äq.) werden in 10 mL THF über Nacht bei Raumtemperatur (unter Lichtausschluss) gerührt. Die orange Suspension wird filtriert (PTFE Spritzenfilter), auf *ca.* 4 mL eingeengt und *n*-Pentan eindiffundiert. Das Produkt wird als orange-rote Kristalle erhalten. (48.2 mg, 32.3 µmol, 26 % berechnet mit drei koordinierten Moleküle THF). Das Produkt ist in der Mutterlauge nur einige Tage stabil und färbt sich, auch unter Lichtausschluss, langsam grau.

IR (ATR): $\tilde{v}$ (cm^{-1}) = 3055 (vw), 2958 (vs), 2921 (m), 2865 (m), 1635 (vw), 1572 (vw), 1497 (vs), 1488 (vs), 1462 (s), 1435 (m), 1397 (w), 1381 (w), 1368 (w), 1359 (w), 1317 (w), 1256 (vw), 1242 (w), 1209 (vw), 1189 (vw), 1177 (vw), 1144 (vw), 1100 (vw), 1057 (w), 1046 (w), 1031 (w), 961 (vw), 933 (vw), 899 (w), 828 (vw), 802 (w), 782 (vw), 767 (w), 726 (vw), 519 (vw), 469 (w), 417 (vw). – **EA:** C$_{72}$H$_{100}$Cl$_2$Ag$_3$FeLiN$_4$O$_3$: berechnet C 56.64; H 6.60; N 3.67; experimentell C 56.27; H 6.15; N 3.80.

Aufgrund der schlechten Löslichkeit und der Zersetzung konnten keine NMR-Spektren ausgewertet werden.

4.2.22 [Fc(NCN^{DIPP})$_2$Cu(CuPPh$_3$)] (24)

Fc(NCN^{DIPP}Li)$_2$·1THF (**21**) (100 mg, 101 µmol, 1.00 Äq.) und 72.6 mg Triphenylphoshankupfer(I)chlorid (201 µmol, 2.00 Äq.) werden in 10 mL THF über 3 Tage bei 70 °C gerührt. Aus der orangen leicht trüben Suspension wird das Lösungsmittel unter vermindertem Druck entfernt und der Rückstand mit 8 mL Dichlormethan extrahiert. Nach Abfiltrieren des Feststoffs (PTFE Spritzenfilter) wird das Lösungsmittel unter vermindertem Druck entfernt. Der orange Rückstand wird in 4 mL THF gelöst und *n*-Pentan eindiffundiert. Das Produkt wird als orange Kristalle erhalten (72.6 mg, 50.3 µmol, 50 % berechnet mit je einem Molekül THF und *n*-Pentan).

Bemerkung: Bei zu langem Stehen in der Mutterlauge entsteht, neben den orangen Kristallen des Produkts, weißer Feststoff (vermutlich PPh$_3$). Bei kräftigem Durchmischen der Mutterlauge suspendiert dieser als feiner Feststoff und kann zusammen mit der Mutterlauge abdekantiert werden (die Kristalle verbleiben entweder an der Kolbenwand oder am Boden des Gefäßes).

¹H NMR (223 K, 400 MHz, THF-d_8): δ (ppm) = 7.53 – 7.47 (m, 1H, HAr^{DIPP}), 7.47 – 7.40 (m, 3H, H^{Ph}), 7.31 – 7.24 (m, 6H, H^{Ph}), 7.21 – 6.91 (m, 5H, HAr^{DIPP}), 6.91 – 6.83 (m, 6H, H^{Ph}), 6.83 – 6.77 (m, 3H, HAr^{DIPP}), 6.61 – 6.51 (m, 2H, HAr^{DIPP}), 6.48 (t, $^3J_{H,H}$ = 7.7 Hz, 1H, HAr^{DIPP}), 5.53 – 5.43 (m, 1H, H^{Cp1}), 5.30 – 5.21 (m, 1H, H^{Cp2}), 4.49 – 4.36 (m, 1H, H^{Cp1}), 4.35 – 4.26 (m, 1H, H^{Cp2}), 3.90 – 3.84 (m, 1H, H^{Cp1}), 3.81 – 3.77 (m, 1H, H^{Cp2}), 3.50 – 3.46 (m, 1H, H^{Cp2}), 3.46 – 3.43 (m, 1H, H^{Cp1}), 3.42 – 3.32 (m, 1H, H$_3$CCHCH$_3$), 2.87 – 2.66 (m, 2H, H$_3$CCHCH$_3$), 1.66 – 1.53 (m, 9H, CH$_3$), 1.45 (d, $^3J_{H,H}$ = 6.8 Hz, 6H, CH$_3$), 1.40 (d, $^3J_{H,H}$ = 6.6 Hz, 3H, CH$_3$), 1.36 – 1.20 (m, CH$_2$^{Pentan}+ CH$_3$), 1.09 (d, $^3J_{H,H}$ = 7.0 Hz, 3H, CH$_3$), 1.02 (d, $^3J_{H,H}$ = 7.0 Hz, 3H, CH$_3$), 0.81 – 0.74 (m, 6H, CH$_3$), 0.67 (d, $^3J_{H,H}$ = 6.5 Hz, 3H, CH$_3$), 0.63 (d, $^3J_{H,H}$ = 6.5 Hz, 3H, CH$_3$), 0.56 (d, $^3J_{H,H}$ = 6.8 Hz, 3H, CH$_3$), 0.50 (d, $^3J_{H,H}$ = 6.7 Hz, 3H, CH$_3$), 0.35 (d, $^3J_{H,H}$ = 6.8 Hz, 3H). – **³¹P{¹H} NMR** (162 MHz, THF-d_8): δ (ppm) = 23.4* (s), 8.3 (s), -5.4* (bs). – **¹³C{¹H} NMR** (101 MHz, THF-d_8): δ (ppm) = 170.7 (d, $^1J_{C,P}$ = 3.9 Hz, C$_q$), 159.1 (C$_q$), 151.5 (C$_q$), 148.1 (C$_q$), 146.5 (C$_q$), 143.2 (C$_q$), 141.4 (C$_q$), 135.0 (HCAr), 134.8 (HCAr), 134.7 (HCAr), 134.5 (HCAr), 131.7 (d, $J_{C,P}$ = 2.0 Hz, HCAr), 130.9 (C$_q$), 130.5 (C$_q$), 129.7 (HCAr), 129.5 (HCAr), 129.5 (HCAr), 129.4 (HCAr), 129.3 (HCAr), 129.3 (HCAr), 126.3 (HCAr), 125.4 (HCAr), 123.2 (HCAr), 119.9 (HCAr), 89.9 (C$_q$), 84.8 (C$_q$), 74.3 (HC^{Cp}), 73.7 (HC^{Cp}), 73.4 (HC^{Cp}), 71.5 (HC^{Cp}), 70.5 (HC^{Cp}), 70.0 (HC^{Cp}), 69.0 (HC^{Cp}), 68.3 (HC^{Cp}), 68.0 (HC^{Cp}), 67.8 (HC^{Cp}), 67.8 (HC^{Cp}), 67.6 (HC^{Cp}), 29.6-27.9 (H$_3$CCHCH$_3$), 25.7-23.6 (CH$_3$), 25.9 (CH$_3$), 25.7 (CH$_3$), 25.5 (CH$_3$). – **MS** (ESI): m/z (%) =1299.501 ([M+H]$^+$ calc. 1299.498), 1235.577 ([M-Cu+2H]$^+$ calc. 1235.578), 973.486 ([M-CuPPh$_3$+2H]$^+$ calc. 973.487). – **IR** (ATR): $\tilde{v}$ (cm^{-1}) = 3053 (vw), 2958 (vs), 2862 (m), 1614 (vw), 1587 (vw), 1531 (s), 1489 (vs), 1464 (m), 1435 (s), 1383 (w), 1358 (w), 1314 (m), 1242 (w), 1211 (vw), 1190 (vw), 1136 (vw), 1099 (m), 1034 (vw), 977 (vw), 904 (vw), 822 (vw), 802 (vw), 780 (w), 760 (w), 745 (m), 695 (m), 531 (w), 517 (vw), 504 (m), 490 (vw), 473 (w), 426 (vw).

Bemerkung zu den NMR-Spektren: Die Zuordnung der ¹H-NMR-Resonanzen erfolgte mittels ¹H-COSY-NMR (siehe Abbildung S 7-14). Aufgrund Überlagerungen mit den H^{Cp} und den Lösungsmittelresonanzen, können nicht alle CH$_3$CHCH$_3$ eindeutig identifiziert werden. Die mit * markierten Resonanzen sind Verunreinigungen, sichtbar im ³¹P{¹H}NMR-Spektrum (insgesamt < 5 %). Im ¹³C{¹H}-NMR-Spektrum können aufgrund der Dynamik bei Raumtemperatur nicht alle Resonanzen detektiert und zugeordnet werden. Da die Werte der

Elementaranalyse außerhalb der Fehlergrenzen lagen, wurden stattdessen HRMS Spektren aufgenommen.

4.2.23 [Fc(NCN^{DIPP}AgPPh$_3$)$_2$] (25)

Fc(NCN^{DIPP}Li)$_2\cdot$1THF (**21**) (100 mg, 101 µmol, 1.00 Äq.) und 81.5 mg Triphenylphoshansilber(I)chlorid (201 µmol, 2.00 Äq.) werden in 10 mL THF über 3 Tage bei Raumtemperatur gerührt (bei erhöhter Temperatur erfolgt Zersetzung). Aus der orangen Suspension wird das Lösungsmittel unter vermindertem Druck entfernt und der Rückstand mit 8 mL Dichlormethan extrahiert. Nach Abfiltrieren des Feststoffs wird das Lösungsmittel unter vermindertem Druck entfernt. Der orange Rückstand wird in 4 mL THF gelöst und *n*-Pentan eindiffundiert. Das Produkt wird als gelb-orange Kristalle erhalten (91.5 mg, 53.1 µmol, 53 % errechnet mit einem Molekül THF im Produkt).

Bemerkung: Bei zu langem Stehen in der Mutterlauge entsteht, neben den Kristallen des Produkts, weißer bis schwarzer Feststoff (vermutlich zersetztes Produkt). Bei kräftigem Durchmischen der Mutterlauge suspendiert dieser und kann zusammen mit der Mutterlauge abdekantiert werden (die Kristalle verbleiben entweder an der Kolbenwand oder am Boden des Gefäßes).

^{1}H NMR (400 MHz, THF-d_8): δ (ppm) = 7.50 − 6.39 (m, H^{DIPP}+H^{Phenyl}), 4.34 (t, $J_{H,H}$ = 1.9 Hz, 2H, H^{Cp}), 4.21 (t, $J_{H,H}$ = 1.9 Hz, 2H, H^{Cp}), 4.12 (t, $J_{H,H}$ = 1.9 Hz, 2H, H^{Cp}), 3.99 (t, $J_{H,H}$ = 1.9 Hz, 2H, H^{Cp}), 3.56 − 3.46 (m, MeC*H*Me), 3.33 − 3.18* (m, MeC*H*Me), 3.14 − 3.01 (m, 2H, MeC*H*Me), 1.33$^{\#}$ (d, $^3J_{H,H}$ = 6.9 Hz, C*H*$_3$), 1.28$^{\#}$ (d, $^3J_{H,H}$ = 7.0 Hz, C*H*$_3$), 1.01$^{\#\#}$ (d, $^3J_{H,H}$ = 6.8 Hz, C*H*$_3$), 0.92$^{\#\#}$ (Überlagerung zweier Dubletts, C*H*$_3$), 0.89$^{\#}$ (d, $^3J_{H,H}$ = 6.7 Hz, C*H*$_3$), 0.71 (d, $^3J_{H,H}$ = 6.8 Hz, 6H, C*H*$_3$). − **^{31}P{^{1}H} NMR** (162 MHz, THF-d_8): δ (ppm) = 15.7 (d, $^1J_{P,107Ag}$ = 578.3 Hz + d, $^1J_{P,109Ag}$ = 667.8 Hz). (Nebenprodukt: 16.2 (d, $^1J_{P,107Ag}$ = 604.1 Hz), 16.2 (d, $^1J_{P,109Ag}$ = 697.1 Hz). − **^{13}C{^{1}H, ^{31}P(18.4 ppm)} NMR** (101 MHz, THF-d_8): δ (ppm) = 161.4 (C$_q$), 161.3 (C$_q$), 156.2 (C$_q$), 150.2 (C$_q$), 148.8 (C$_q$), 148.6 (C$_q$), 148.4 (C$_q$), 148.4 (C$_q$), 147.8 (C$_q$), 147.8 (C$_q$), 147.6 (C$_q$), 143.2 (C$_q$), 143.2 (C$_q$), 140.8 (C$_q$), 140.1 (C$_q$), 139.3 (C$_q$), 139.1 (C$_q$), 138.8 (C$_q$), 136.2 (C$_q$), 134.9 (HC^{Ar}), 134.8 (HC^{Ar}), 134.8 (HC^{Ar}), 134.7 (HC^{Ar}), 134.7 (HC^{Ar}), 132.1 (HC^{Ar}), 131.7 (HC^{Ar}), 131.2 (C$_q$), 131.2 (C$_q$), 129.9 (HC^{Ar}), 129.7 (HC^{Ar}), 129.4 (HC^{Ar}), 128.6 (HC^{Ar}), 128.4 (HC^{Ar}), 128.2 (HC^{Ar}), 127.9 (HC^{Ar}), 126.1 (HC^{Ar}), 124.2 (HC^{Ar}), 124.1 (HC^{Ar}), 123.9 (HC^{Ar}), 123.8 (HC^{Ar}), 123.7 (HC^{Ar}), 123.7 (HC^{Ar}), 123.4 (HC^{Ar}), 123.3 (HC^{Ar}), 123.2 (HC^{Ar}), 123.0 (HC^{Ar}), 122.6

(HC^{Ar}), 122.4 (HC^{Ar}), 122.2 (HC^{Ar}), 122.1 (HC^{Ar}), 87.1 (C$_q$), 87.1 (C$_q$), 78.9 (C$_q$), 74.3 (HC^{Cp}), 73.7* (HC), 73.4* (HC), 71.8* (HC), 71.5* (HC), 70.7* (HC), 70.0* (HC), 69.4 (HC^{Cp}), 68.2 (HC^{Cp}), 29.6* (HC), 29.4* (HC), 29.2 (MeCHMe), 29.1* (HC), 28.8 (MeCHMe), 28.3* (HC), 28.1* (HC), 28.0 (MeCHMe), 25.9 (CH$_3$), 25.7 (CH$_3$), 25.5 (CH$_3$), 25.1 (CH$_3$), 24.9 (CH$_3$), 24.2 (CH$_3$), 24.2* (CH$_3$), 23.7 (CH$_3$). – **MS** (ESI): m/z (%) =1649.545 ([M]$^+$ calc. 1649.537), 1387.451 ([M-PPh$_3$+H]$^+$ calc. 1387.450), 1279.553 ([M-AgPPh$_3$+2H]$^+$ calc. 1279.553). – **IR** (ATR): $\tilde{v}$ (cm^{-1}) = 3055 (vw), 2958 (vs), 2863 (m), 1611 (m), 1585 (w), 1510 (m), 1489 (m), 1463 (m), 1435 (m), 1380 (w), 1356 (w), 1316 (w), 1293 (vw), 1234 (vw), 1182 (w), 1132 (vw), 1100 (w), 1068 (vw), 1035 (vw), 891 (vw), 828 (vw), 801 (vw), 762 (m), 743 (m), 693 (m), 517 (m), 489 (m).

#/##: Eine erhöhte Baseline und/oder Überlagerungen erlaubten keine belastbare Integration. Die Zuordnung der Resonanzen erfolgten mittels ^{1}H-COSY-NMR-Spektroskopie. #: Die Resonanz entspricht zwei Methylgruppen (6 Protonen). ##: Die Resonanz entspricht vier Methylgruppen (12 Protonen).

Bemerkung zu den NMR-Spektren: Bei δ = 8.21 ppm ist im ^{1}H-NMR-Spektrum eine Resonanz unbekannter Herkunft (s). Es sind Resonanzen von zwei Strukturen sichtbar, die ähnliche chemische Verschiebungen aufweisen. Eventuell lagert sich die Struktur in Lösung um, weist zwei unterschiedliche Konformationen auf oder es erfolgt eine Degeneration. Besonders deutlich ist die zweite Struktur im ^{31}P{^{1}H}-NMR-Spektrum sichtbar, sowie im Bereich der Cp-Protonen (δ = 4.5–3.9 ppm). Der Anteil beläuft sich auf etwas unter 10 %. Im Bereich der aromatischen Protonen können aufgrund von Überlagerungen keine Intergrale bestimmt werden. Außerdem kann keine eindeutige Aussage getroffen werden, welche der Resonanzen zur Hauptstruktur gehören. Aus Gründen der Übersichtlichkeit ist nur das ^{13}C{^{1}H,^{31}P}-NMR-Spektrum angegeben. Aufgrund der zweiten Struktur/eventueller Degeneration des Komplexes in Lösung werden hier mehr Resonanzen als erwartet detektiert. Die vermuteten Nebenstrukturresonanzen (^{1}H und ^{13}C) sind, wo eine Abschätzung möglich war, mit * gekennzeichnet (für ^{1}H-NMR-Spektrum siehe Abbildung S 7-16). Da die Werte der Elementaranalyse außerhalb der Fehlergrenzen lagen, wurden stattdessen HRMS Spektren aufgenommen.

4.2.24 [Fc(NCN^{DIPP}AuPPh$_3$)$_2$] (26)

Fc(NCN^{DIPP}Li)$_2$·1THF (**21**) (100 mg, 101 µmol, 1.00 Äq.) und 99.4 mg Triphenylphoshangold(I)chlorid (201 µmol, 2.00 Äq.) werden in 12 mL Toluol über drei Tage bei Raumtemperatur gerührt.* Die gelbe Suspension wird filtriert und das Filtrat auf *ca.* 4 mL eingeengt. Durch Eindiffundieren von *n*-Pentan zur Lösung wird das Produkt als gelbe Kristalle erhalten (14.3 mg, 7.11 µmol, 7 % berechnet mit zwei Molekülen Toluol im Produkt).

*Bemerkung: Sofortiges Erhitzen führt zur Zersetzung unter Bildung schwarzen Feststoffs. Am Ende der Reaktionszeit ist es gegenüber Hitze stabil. Aufgrund nur begrenzter Löslichkeit des Produkts in Toluol, ist die Ausbeute gering. In THF führt die Reaktion allerdings zur Zersetzung.

^{31}P{^{1}H} **NMR** (162 MHz, C$_6$D$_6$): δ (ppm) = 33.9 (bs), 33.5 (s), 32.9 (s). – **MS** (ESI): m/z (%) =1828.669 ([M+H]$^+$ calc. 1828.668), 1369.613 ([M-AuPPh$_3$+2H]$^+$ calc. 1369.615). – **IR** (ATR): $\tilde{v}$ (cm^{-1}) = 2957 (vs), 2863 (m), 1610 (m), 1585 (m), 1523 (s), 1504 (m), 1462 (m), 1434 (s), 1379 (w), 1348 (m), 1333 (w), 1317 (m), 1293 (w), 1254 (vw), 1180 (w), 1099 (m), 800 (w), 761 (w), 744 (w), 732 (w), 710 (w), 694 (m), 543 (m), 511 (w), 498 (w), 487 (w), 464 (w).

Aufgrund der schlechten Löslichkeit (C$_6$D$_6$) oder Zersetzung (THF) konnten bislang keine aussagekräftigen ^{1}H- und ^{13}C-NMR-Spektren aufgenommen werden. Das ^{31}P-NMR zeigt eine kleine Verunreinigung von ~4% bei δ = 44.9 ppm. Vermutlich aufgrund geringfügiger Unterschiede in der chemischen Umgebung ergeben sich leicht unterschiedliche chemische Verschiebungen der Phosphoratome. Die breite Resonanz (*) ist unbekannter Herkunft. Die Werte der Elementaranalyse lagen außerhalb der Fehlergrenzen, daher wurden stattdessen HRMS Spektren aufgenommen. Es konnte noch nicht abschließend geklärt werden, ob das Produkt analytisch rein erhalten wurde.

4.3 Kristallographischer Anhang

Ein für die Röntgendiffraktometrie geeigneter Einkristall wurde mit Mineralöl (Sigma Aldrich) umhüllt und auf einen Glasfaden aufgebracht. Der ausgewählte Kristall wurde anschließend direkt in den Kältestrom eines STOE IPDS 2 oder STOE StadiVari Diffraktometers überführt. Alle Strukturen wurden mit Hilfe der Programme SHELXS/T[185] und Olex2[186] gelöst. Übrige Atome (nicht Wasserstoff) wurden durch schrittweise Differenzfourierberechnungen lokalisiert. Verfeinerungen wurde nach der Methode der kleinsten Fehlerquadrate gegen F_0^2 für die gesamte Matrix mit dem Programm SHELXL durchgeführt.[185] In allen vollständig verfeinerten Strukturen ist sowohl die Lage des verbleibenden größten Peaks als auch die Restelektronendichte von keiner signifikanten chemischen Bedeutung.

Alle Abbildungen von Molekülstrukturen (im Festkörper) in dieser Arbeit wurden mit dem Programm *Diamond* Version 4.6.4 erstellt.[187] Die Ellipsoide sind mit einer Wahrscheinlichkeit von 40 % dargestellt. Mit Apostroph beschriftete Atome sind symmetriegeneriert. Falls nicht anders angegeben, ist aus Gründen der Übersichtlichkeit bei Fehlordnungen der Molekülstrukturen im Festkörper in den entsprechenden Abbildungen nur ein Part abgebildet.

4.3.1 Kalium-N,N'-bis[(2-diphenylphosphino)phenyl]formamidinat (Kdpfam)

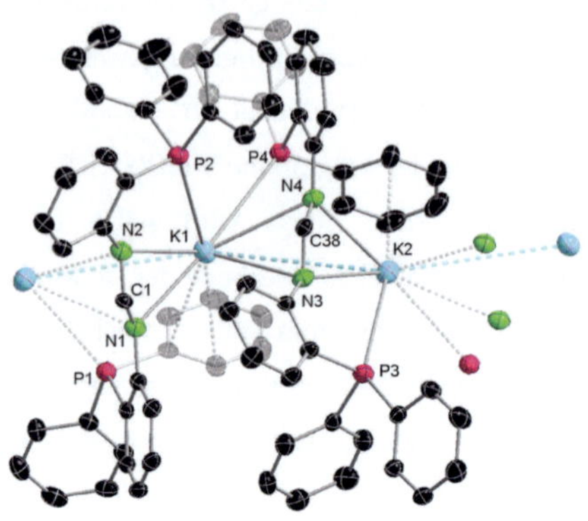

Identifikationskürzel	MD125
Summenformel	$C_{37}H_{29}KN_2P_2$
Molekulargewicht/g·mol^{-1}	602.66
Temperatur/K	293(2)
Kristallsystem	Monoklin
Raumgruppe	*Cc*
a/Å	29.7207(11)
b/Å	9.4847(3)
c/Å	22.7871(8)
α/°	
β/°	102.207(3)
γ/°	
Volumen/Å^3	6278.3(4)
Z	8
ρ_{calc}/g·cm^{-3}	1.275
μ/mm^{-1}	0.300
F(000)	2512.0
Kristallmaße/mm^3	0.502 × 0.375 × 0.112
Strahlung	MoKα (λ = 0.71073 Å)
2Θ Bereich Datensammlung/°	2.804 bis 54.25
Indexbereich	-38 ≤ h ≤ 38, -12 ≤ k ≤ 12, -29 ≤ l ≤ 29
Gesammelte Reflexe	29331
Unabhängige Reflexe	13760 [R_{int} = 0.0245, R_{sigma} = 0.0321]
Daten/Restraints/Parameters	13760/2/758
Goodness-of-fit (GooF)	1.027
Finale R Indizes [I>=2σ (I)]	R_1 = 0.0370, wR_2 = 0.0839
Finale R Indizes [alle Daten]	R_1 = 0.0487, wR_2 = 0.0881
Größte Diff. Peak/Hole /e Å^{-3}	0.31/-0.19
Flack Parameter	0.53(4)

4.3.2 [dpfam$_2$Cu$_2$] (1)

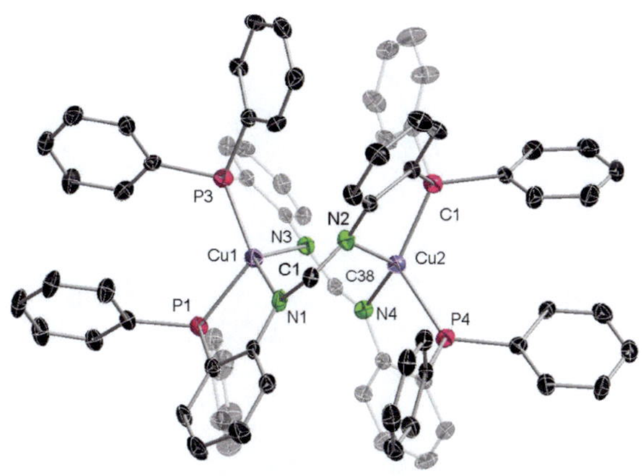

Identifikationskürzel	MD132
Summenformel	C$_{74}$H$_{58}$Cu$_2$N$_4$P$_4$, 2 [THF]
Molekulargewicht/g·mol^{-1}	1254.20
Temperatur/K	210.0
Kristallsystem	Monoklin
Raumgruppe	*C2/c*
a/Å	25.4339(7)
b/Å	14.1329(4)
c/Å	39.1265(10)
α/°	
β/°	94.038(2)
γ/°	
Volumen/Å^3	14029.3(7)
Z	8
ρ_{calc}/g·cm^{-3}	1.188
μ/mm^{-1}	0.739
F(000)	5184.0
Kristallmaße/mm^3	0.285 × 0.212 × 0.071
Strahlung	Mo-Kα (λ = 0.71073 Å)
2Θ Bereich Datensammlung/°	3.298 bis 51.158
Indexbereich	-30 ≤ h ≤ 24, -17 ≤ k ≤ 17, -47 ≤ l ≤ 47
Gesammelte Reflexe	29245
Unabhängige Reflexe	12956 [R$_{int}$ = 0.0718, R$_{sigma}$ = 0.0825]
Daten/Restraints/Parameters	12956/0/757
Goodness-of-fit (GooF)	1.027
Finale R Indizes [I>=2σ (I)]	R$_1$ = 0.0697, wR$_2$ = 0.1681
Finale R Indizes [alle Daten]	R$_1$ = 0.1038, wR$_2$ = 0.1887
Größte Diff. Peak/Hole /e Å^{-3}	0.74/-0.97

4.3.3   [dpfam₂Ag₂] (2)

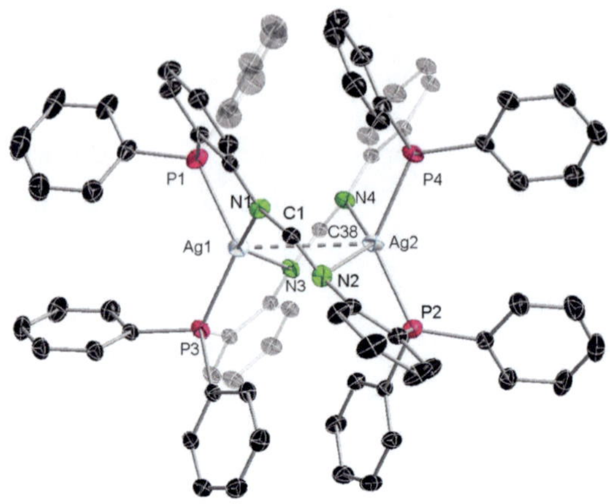

Identifikationskürzel	MD114wdh
Summenformel	$C_{74}H_{58}Ag_2N_4P_4$, 2 [THF]
Molekulargewicht/g·mol^{-1}	1342.86
Temperatur/K	150.0
Kristallsystem	Triklin
Raumgruppe	$P\bar{1}$
a/Å	14.1675(5)
b/Å	17.0221(6)
c/Å	18.4683(6)
α/°	65.032(3)
β/°	88.399(3)
γ/°	74.850(3)
Volumen/Å^3	3880.0(3)
Z	2
ρ_{calc}/g·cm^{-3}	1.149
μ/mm^{-1}	0.625
F(000)	1368.0
Kristallmaße/mm^3	0.483 × 0.368 × 0.145
Strahlung	MoKα (λ = 0.71073 Å)
2Θ Bereich Datensammlung/°	3.458 bis 59.048
Indexbereich	-19 ≤ h ≤ 19, -23 ≤ k ≤ 23, -22 ≤ l ≤ 25
Gesammelte Reflexe	39797
Unabhängige Reflexe	21186 [R_{int} = 0.0205, R_{sigma} = 0.0268]
Daten/Restraints/Parameters	21186/0/757
Goodness-of-fit (GooF)	1.098
Finale R Indizes [I>=2σ (I)]	R_1 = 0.0302, wR_2 = 0.0883
Finale R Indizes [alle Daten]	R_1 = 0.0401, wR_2 = 0.0922
Größte Diff. Peak/Hole /e Å^{-3}	0.38/-0.39

4.3.4   [dpfam₂Au₂] (3)

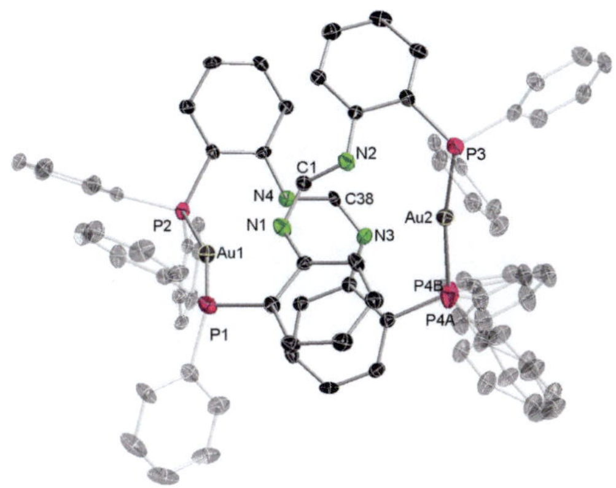

Identifikationskürzel	MD133
Summenformel	$C_{74}H_{58}Au_2N_4P_4$, Toluol
Molekulargewicht/g·mol⁻¹	1613.19
Temperatur/K	100.0
Kristallsystem	Monoklin
Raumgruppe	*P2₁/c*
a/Å	21.9289(4)
b/Å	26.2967(12)
c/Å	11.7368(8)
α/°	
β/°	104.246(3)
γ/°	
Volumen/Å³	6560.0(6)
Z	4
ρ_{calc}/g·cm⁻³	1.633
μ/mm⁻¹	4.615
F(000)	3192.0
Kristallmaße/mm³	0.101 × 0.064 × 0.039
Strahlung	Mo Kα (λ = 0.71073 Å)
2Θ Bereich Datensammlung/°	4.134 bis 59.17
Indexbereich	-25 ≤ h ≤ 29, -35 ≤ k ≤ 35, -15 ≤ l ≤ 16
Gesammelte Reflexe	40288
Unabhängige Reflexe	16297 [R_{int} = 0.0548, R_{sigma} = 0.0952]
Daten/Restraints/Parameters	16297/256/943
Goodness-of-fit (GooF)	1.029
Finale R Indizes [I>=2σ (I)]	R_1 = 0.0546, wR_2 = 0.0993
Finale R Indizes [alle Daten]	R_1 = 0.1047, wR_2 = 0.1155
Größte Diff. Peak/Hole /e Å⁻³	1.38/-1.17

Beide fehlgeordnete Einheiten sind abgebildet.

4.3.5   [dpfam₂Cu₃(MeCN)][PF₆] (4)

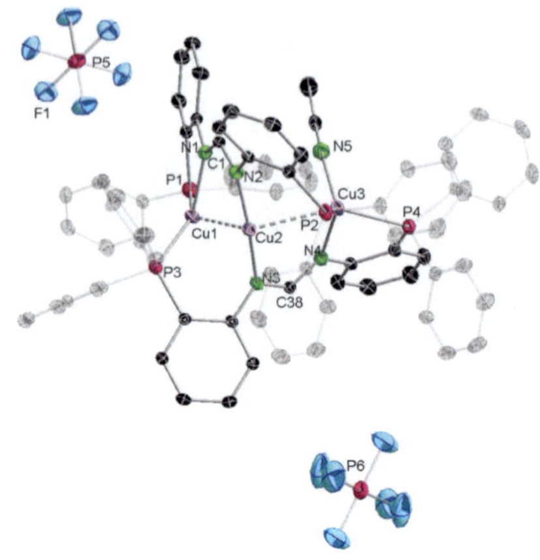

Identifikationskürzel	MD145
Summenformel	$C_{76}H_{61}Cu_3N_5P_4$, 2($P_{0.5}F_3$), 2 (THF)
Molekulargewicht/g·mol⁻¹	1647.97
Temperatur/K	150
Kristallsystem	Triklin
Raumgruppe	$P\overline{1}$
a/Å	12.9637(3)
b/Å	13.9113(3)
c/Å	23.1423(6)
α/°	96.538(2)
β/°	99.897(2)
γ/°	111.353(2)
Volumen/Å³	3757.71(16)
Z	2
ρ_{calc}/g·cm⁻³	1.456
μ/mm⁻¹	1.015
F(000)	1696.0
Kristallmaße/mm³	0.417 × 0.35 × 0.287
Strahlung	MoKα (λ = 0.71073)
2Θ Bereich Datensammlung/°	3.204 bis 59.012
Indexbereich	-17 ≤ h ≤ 17, -19 ≤ k ≤ 19, -30 ≤ l ≤ 31
Gesammelte Reflexe	37989
Unabhängige Reflexe	20464 [R_{int} = 0.0345, R_{sigma} = 0.0444]
Daten/Restraints/Parameters	20464/12/986
Goodness-of-fit (GooF)	1.027
Finale R Indizes [I>=2σ (I)]	R_1 = 0.0401, wR_2 = 0.0932
Finale R Indizes [alle Daten]	R_1 = 0.0636, wR_2 = 0.1038
Größte Diff. Peak/Hole /e Å⁻³	0.56/-0.41

4.3.6   [dpfam₂Cu₃][PF₆] (4a)

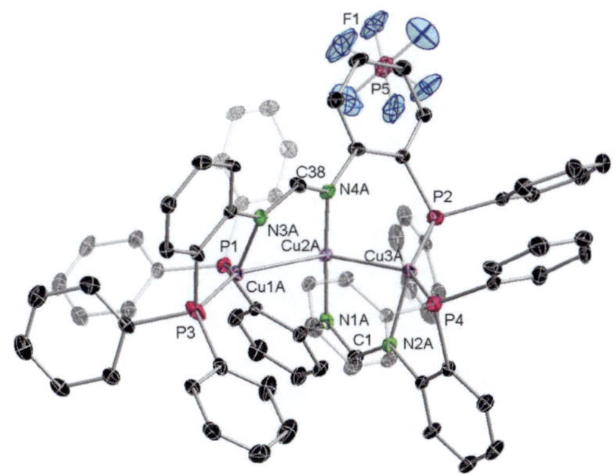

Identifikationskürzel	MD_L2Cu3DCM_Z
Summenformel	$C_{74}H_{58}Cu_3N_4P_4$, PF_6, 2.5 [THF]
Molekulargewicht/g·mol⁻¹	1643.04
Temperatur/K	150.0
Kristallsystem	Triklin
Raumgruppe	$P\bar{1}$
a/Å	13.9670(7)
b/Å	16.5443(8)
c/Å	18.8209(9)
α/°	65.314(4)
β/°	88.001(4)
γ/°	73.153(4)
Volumen/Å³	3763.4(3)
Z	2
ρ_{calc}/g·cm⁻³	1.450
μ/mm⁻¹	1.017
F(000)	1752.0
Kristallmaße/mm³	0.308 × 0.162 × 0.086
Strahlung	Mo Kα (λ = 0.71073 Å)
2Θ Bereich Datensammlung/°	4.428 bis 60.672
Indexbereich	-18 ≤ h ≤ 18, -23 ≤ k ≤ 22, -25 ≤ l ≤ 26
Gesammelte Reflexe	33239
Unabhängige Reflexe	18281 [R_{int} = 0.0510, R_{sigma} = 0.1243]
Daten/Restraints/Parameters	18281/141/1037
Goodness-of-fit (GooF)	0.929
Finale R Indizes [I>=2σ (I)]	R_1 = 0.0584, wR_2 = 0.1269
Finale R Indizes [alle Daten]	R_1 = 0.1183, wR_2 = 0.1471
Größte Diff. Peak/Hole /e Å⁻³	0.70/-0.81

4.3.7   [dpfam$_2$Ag$_3$(thf)$_2$][BF$_4$] (5)

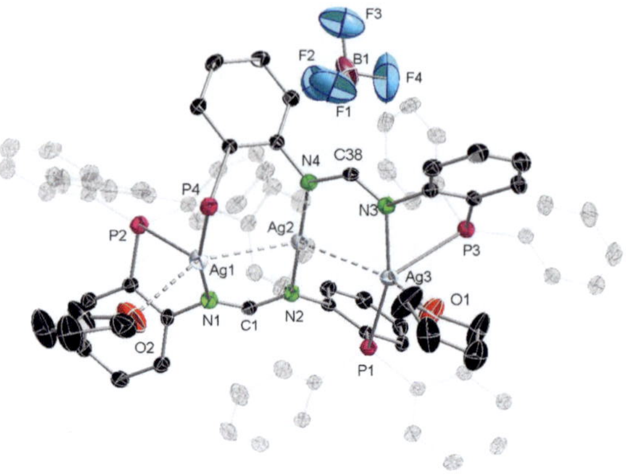

Identifikationskürzel	MD148D
Summenformel	C$_{78}$H$_{66}$Ag$_3$N$_4$O$_1$P$_4$, BF$_4$, 3.5 (THF)
Molekulargewicht/g·mol^{-1}	1862.01
Temperatur/K	150
Kristallsystem	Triklin
Raumgruppe	$P\bar{1}$
a/Å	14.7569(3)
b/Å	14.5740(4)
c/Å	21.5672(5)
α/°	74.423(2)
β/°	68.661(2)
γ/°	84.842(2)
Volumen/Å^3	4161.56(18)
Z	2
ρ_{calc}/g·cm^{-3}	1.486
μ/mm^{-1}	0.840
F(000)	1904.0
Kristallmaße/mm^3	0.424 × 0.365 × 0.324
Strahlung	MoKα (λ = 0.71073 Å)
2Θ Bereich Datensammlung/°	2.902 bis 54.232
Indexbereich	-17 ≤ h ≤ 18, -18 ≤ k ≤ 18, -27 ≤ l ≤ 27
Gesammelte Reflexe	34037
Unabhängige Reflexe	18209 [R_{int} = 0.0281, R_{sigma} = 0.0303]
Daten/Restraints/Parameters	18209/90/1045
Goodness-of-fit (GooF)	1.026
Finale R Indizes [I>=2σ (I)]	R_1 = 0.0377, wR_2 = 0.1014
Finale R Indizes [alle Daten]	R_1 = 0.0480, wR_2 = 0.1074
Größte Diff. Peak/Hole /e Å^{-3}	1.42/-1.02

Die Fehlordnung im Bereich des THF-Moleküls (mit O2) ist nicht abgebildet.

4.3.8   [dpfam₂Au₂Cu₂][PF₆]₂ (6)

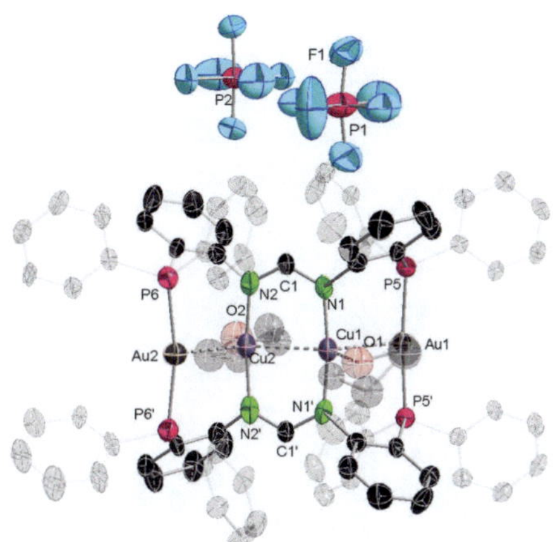

Identifikationskürzel	MD201
Summenformel	$C_{74}H_{58}Au_2Cu_2N_4P_4$, 2($F_6$P), 4 (THF), (MeCN)
Molekulargewicht/g·mol⁻¹	2267.54
Temperatur/K	150
Kristallsystem	Orthorhombisch
Raumgruppe	$Cmc2_1$
a/Å	15.5356(13)
b/Å	26.145(3)
c/Å	23.9536(19)
α/°	
β/°	
γ/°	
Volumen/Å³	9729.5(16)
Z	4
ρ_{calc}/g·cm⁻³	1.548
μ/mm⁻¹	3.62
F(000)	4504.0
Kristallmaße/mm³	0.356 × 0.227 × 0.114
Strahlung	MoKα (λ = 0.71073 Å)
2Θ Bereich Datensammlung/°	3.116 bis 50.492
Indexbereich	-18 ≤ h ≤ 18, -31 ≤ k ≤ 31, -28 ≤ l ≤ 28
Gesammelte Reflexe	22656
Unabhängige Reflexe	9094 [R_{int} = 0.0333, R_{sigma} = 0.0371]
Daten/Restraints/Parameters	9094/210/586
Goodness-of-fit (GooF)	1.024
Finale R Indizes [I>=2σ (I)]	R_1 = 0.0483, wR_2 = 0.1253
Finale R Indizes [alle Daten]	R_1 = 0.0555, wR_2 = 0.1298
Größte Diff. Peak/Hole /e Å⁻³	1.21/-1.17

Fehlordnungen sind nicht abgebildet.

4.3.9   [dpfam$_2$Au$_2$Ag$_2$][BF$_4$]$_2$ (7)

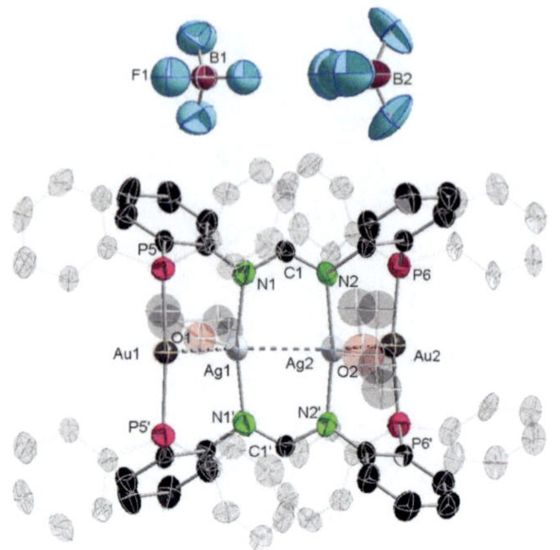

Identifikationskürzel	MD194B
Summenformel	C$_{74}$H$_{58}$Ag$_2$Au$_2$N$_4$P$_4$, 2(BF$_4$), 3 (THF), MeCN
Molekulargewicht/g·mol^{-1}	1982.52
Temperatur/K	220.0
Kristallsystem	Orthorhombisch
Raumgruppe	*Cmc*2$_1$
a/Å	15.3811(3)
b/Å	26.1904(8)
c/Å	23.9036(5)
α/°	
β/°	
γ/°	
Volumen/Å^3	9629.3(4)
Z	4
ρ_{calc}/g·cm^{-3}	1.368
μ/mm^{-1}	3.557
F(000)	3856.0
Kristallmaße/mm^3	0.498 × 0.325 × 0.17
Strahlung	MoKα (λ = 0.71073 Å)
2Θ Bereich Datensammlung/°	3.07 bis 50.604
Indexbereich	-18 ≤ h ≤ 18, -27 ≤ k ≤ 31, -28 ≤ l ≤ 28
Gesammelte Reflexe	23252
Unabhängige Reflexe	9063 [R$_{int}$ = 0.0409, R$_{sigma}$ = 0.0461]
Daten/Restraints/Parameters	9063/101/501
Goodness-of-fit (GooF)	1.050
Finale R Indizes [I>=2σ (I)]	R$_1$ = 0.0535, wR$_2$ = 0.1510
Finale R Indizes [alle Daten]	R$_1$ = 0.0641, wR$_2$ = 0.1558
Größte Diff. Peak/Hole /e Å^{-3}	1.93/-0.87

Fehlordnungen sind nicht abgebildet.

4.3.10 [dpfam₂Au₄][BF₄]₂ (8)

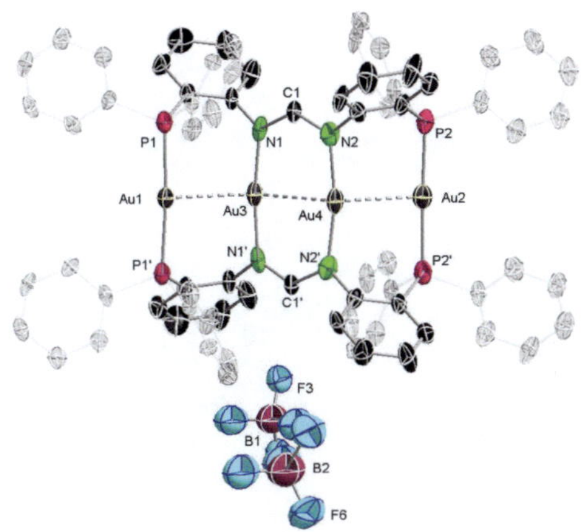

Identifikationskürzel	MD198
Summenformel	$C_{74}H_{58}$ Au₄N₄P₄, 2(BF₄), 6 [THF]
Molekulargewicht/g·mol⁻¹	2521.23
Temperatur/K	150.0
Kristallsystem	Orthorhombisch
Raumgruppe	*Cmc2₁*
a/Å	15.0886(4)
b/Å	25.9067(9)
c/Å	23.7314(6)
α/°	
β/°	
γ/°	
Volumen/Å³	9276.5(5)
Z	4
ρ_{calc}/g·cm⁻³	1.805
μ/mm⁻¹	6.47
F(000)	4912.0
Kristallmaße/mm³	0.299 × 0.191 × 0.081
Strahlung	Mo Kα (λ = 0.71073 Å)
2Θ Bereich Datensammlung/°	3.124 bis 60.524
Indexbereich	-20 ≤ h ≤ 16, -35 ≤ k ≤ 35, -33 ≤ l ≤ 31
Gesammelte Reflexe	59165
Unabhängige Reflexe	12782 [R_{int} = 0.0577, R_{sigma} = 0.0574]
Daten/Restraints/Parameter	12782/122/377
Goodness-of-fit (GooF)	1.008
Finale R Indizes [I>=2σ (I)]	R_1 = 0.0526, wR_2 = 0.1369
Finale R Indizes [alle Daten]	R_1 = 0.0758, wR_2 = 0.1451
Größte Diff. Peak/Hole /e Å⁻³	1.89/-1.64

4.3.11 [dpfam₂Cu₂(AuMes)₂] (9)

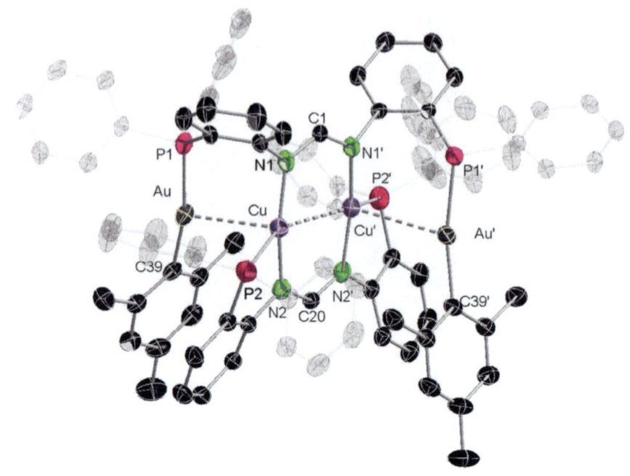

Identifikationskürzel	MD143
Summenformel	$C_{92}H_{80}Au_2Cu_2N_4P_4$, 0.5 (THF), 0.5 ($C_5H_{12}$)
Molekulargewicht/g·mol⁻¹	1958.61
Temperatur/K	150
Kristallsystem	Trigonal
Raumgruppe	$R\overline{3}c$
a/Å	35.0732(3)
b/Å	35.0732(3)
c/Å	39.2104(4)
α/°	
β/°	
γ/°	
Volumen/Å³	41771.7(8)
Z	18
ρ_{calc}/g·cm⁻³	1.401
μ/mm⁻¹	3.717
F(000)	17586.0
Kristallmaße/mm³	0.497 × 0.347 × 0.162
Strahlung	MoKα (λ = 0.71073 Å)
2Θ Bereich Datensammlung/°	3.696 bis 50.684
Indexbereich	-42 ≤ h ≤ 42, -39 ≤ k ≤ 42, -47 ≤ l ≤ 47
Gesammelte Reflexe	74831
Unabhängige Reflexe	8416 [R_{int} = 0.0280, R_{sigma} = 0.0111]
Daten/Restraints/Parameters	8416/48/517
Goodness-of-fit (GooF)	1.120
Finale R Indizes [I>=2σ (I)]	R_1 = 0.0269, wR_2 = 0.0756
Finale R Indizes [alle Daten]	R_1 = 0.0322, wR_2 = 0.0809
Größte Diff. Peak/Hole /e Å⁻³	0.74/-0.30

4.3.12 [dpfam₂Ag₂(AuMes)₂] (10)

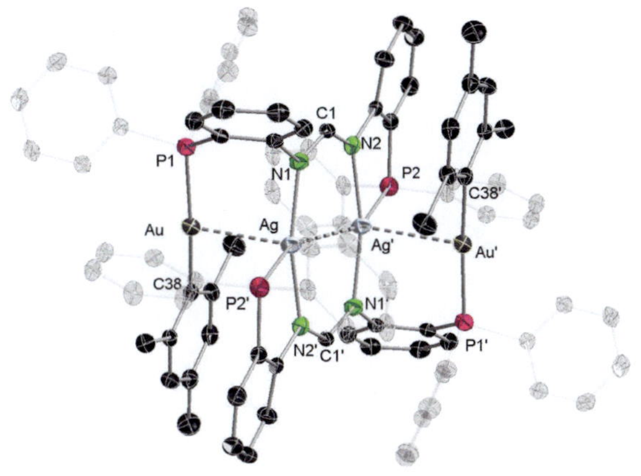

Identifikationskürzel	MD147
Summenformel	$C_{92}H_{80}Ag_2Au_2N_4P_4$, 2 (THF)
Molekulargewicht/g·mol^{-1}	2119.36
Temperatur/K	150
Kristallsystem	Triklin
Raumgruppe	$P\bar{1}$
a/Å	12.1796(5)
b/Å	12.4715(5)
c/Å	15.0606(6)
α/°	85.096(3)
β/°	71.854(3)
γ/°	80.296(3)
Volumen/Å^3	2141.46(16)
Z	1
ρ_{calc}/g·cm^{-3}	1.643
μ/mm^{-1}	3.993
F(000)	1052.0
Kristallmaße/mm^3	0.227 × 0.194 × 0.102
Strahlung	MoKα (λ = 0.71073 Å)
2Θ Bereich Datensammlung/°	3.316 bis 58.982
Indexbereich	$-16 \leq h \leq 16, -14 \leq k \leq 17, -19 \leq l \leq 20$
Gesammelte Reflexe	21888
Unabhängige Reflexe	11667 [R_{int} = 0.0275, R_{sigma} = 0.0417]
Daten/Restraints/Parameters	11667/0/517
Goodness-of-fit (GooF)	1.030
Finale R Indizes [I>=2σ (I)]	R_1 = 0.0323, wR_2 = 0.0747
Finale R Indizes [alle Daten]	R_1 = 0.0476, wR_2 = 0.0792
Größte Diff. Peak/Hole /e Å^{-3}	3.57/-0.93

4.3.13 [dpfam₂Au₂(AuC₆F₅)₄] (11)

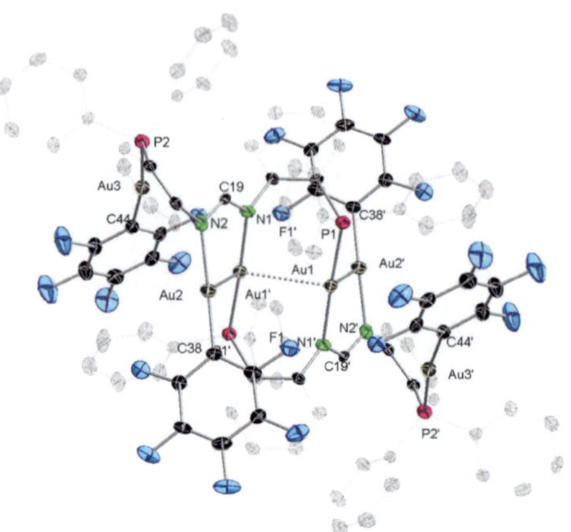

Identifikationskürzel	MD183
Summenformel	$C_{98}H_{58}Au_6F_{20}N_4P_4$, Et_2O
Molekulargewicht/g·mol^{-1}	3051.28
Temperatur/K	100.0
Kristallsystem	Monoklin
Raumgruppe	$P2_1/c$
a/Å	17.0505(7)
b/Å	22.6822(7)
c/Å	13.1960(6)
α/°	
β/°	99.353(3)
γ/°	
Volumen/Å³	5035.6(3)
Z	2
ρ_{calc}/g·cm^{-3}	2.012
μ/mm^{-1}	8.857
F(000)	2860.0
Kristallmaße/mm³	0.272 × 0.141 × 0.043
Strahlung	Mo Kα (λ = 0.71073 Å)
2Θ Bereich Datensammlung/°	3.014 bis 63.012
Indexbereich	-21 ≤ h ≤ 22, -31 ≤ k ≤ 26, -13 ≤ l ≤ 18
Gesammelte Reflexe	27656
Unabhängige Reflexe	13692 [R_{int} = 0.0457, R_{sigma} = 0.0708]
Daten/Restraints/Parameters	13692/24/642
Goodness-of-fit (GooF)	0.980
Finale R Indizes [I>=2σ (I)]	R_1 = 0.0497, wR_2 = 0.1209
Finale R Indizes [alle Daten]	R_1 = 0.0767, wR_2 = 0.1323
Größte Diff. Peak/Hole /e Å^{-3}	2.52/-2.66

4.3.14 [dpfam₃Au₂K] (12)

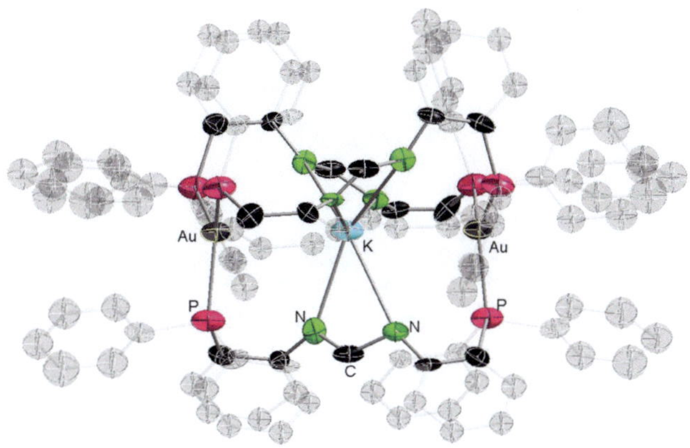

Identifikationskürzel	MD163
Summenformel	$C_{111}H_{87}Au_2KN_6P_6$
Molekulargewicht/g·mol⁻¹	2123.74
Temperatur/K	293(2)
Kristallsystem	trigonal
Raumgruppe	$P\bar{3}$
a/Å	13.7466(8)
b/Å	13.7466(8)
c/Å	28.892(2)
α/°	
β/°	
γ/°	
Volumen/Å³	4728.2(6)
Z	1.99998
ρ_{calc}/g·cm⁻³	1.492
μ/mm⁻¹	3.298
F(000)	2124.0
Kristallmaße/mm³	0.19 × 0.138 × 0.067
Strahlung	MoKα (λ = 0.71073 Å)
2Θ Bereich Datensammlung/°	2.82 bis 50.586
Indexbereich	-16 ≤ h ≤ 14, -9 ≤ k ≤ 16, -31 ≤ l ≤ 34
Gesammelte Reflexe	11917
Unabhängige Reflexe	5703 [R_{int} = 0.0673, R_{sigma} = 0.0909]
Daten/Restraints/Parameters	5703/0/442
Goodness-of-fit (GooF)	0.991
Finale R Indizes [I>=2σ (I)]	R_1 = 0.0563, wR_2 = 0.1521
Finale R Indizes [alle Daten]	R_1 = 0.1122, wR_2 = 0.1711
Größte Diff. Peak/Hole /e Å⁻³	1.20/-0.99

Die sind die Daten einer vorläufigen und daher unvollständigen Lösung (nicht abschließend verfeinert und nicht

absorptionskorrigiert).

4.3.15 [dpfam₃Tb] (13)

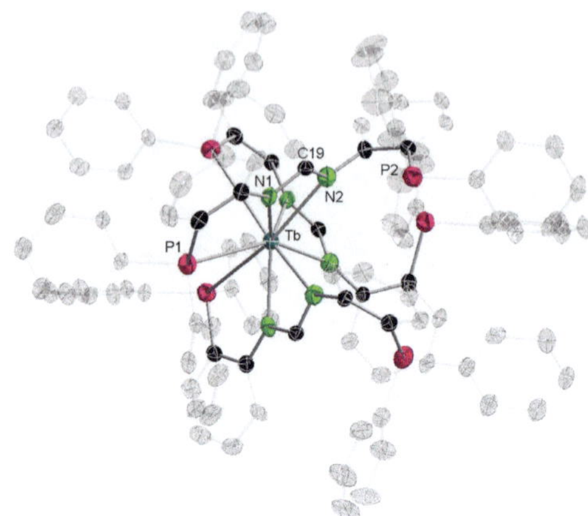

Identifikationskürzel	MD247
Summenformel	$C_{111}H_{87}N_6P_6Tb$, 1.5 (THF), 2.5 [THF]
Molekulargewicht/g·mol⁻¹	2138.01
Temperatur/K	150.0
Kristallsystem	Hexagonal
Raumgruppe	$P6_3$
a/Å	19.4773(5)
b/Å	19.4773(5)
c/Å	18.0250(4)
α/°	
β/°	
γ/°	
Volumen/Å³	5921.9(3)
Z	2
ρ_{calc}/g·cm⁻³	1.199
µ/mm⁻¹	0.731
F(000)	2220.0
Kristallmaße/mm³	0.558 × 0.234 × 0.071
Strahlung	Mo Kα (λ = 0.71073 Å)
2Θ Bereich Datensammlung/°	3.306 bis 59.056
Indexbereich	-26 ≤ h ≤ 23, -26 ≤ k ≤ 26, -24 ≤ l ≤ 24
Gesammelte Reflexe	39097
Unabhängige Reflexe	10989 [R_{int} = 0.0704, R_{sigma} = 0.0653]
Daten/Restraints/Parameters	10989/36/418
Goodness-of-fit (GooF)	1.032
Finale R Indizes [I>=2σ (I)]	R_1 = 0.0627, wR_2 = 0.1439
Finale R Indizes [alle Daten]	R_1 = 0.0938, wR_2 = 0.1608
Größte Diff. Peak/Hole /e Å⁻³	0.78/-1.13

4.3.16 [dpfam₃Nd] (14)

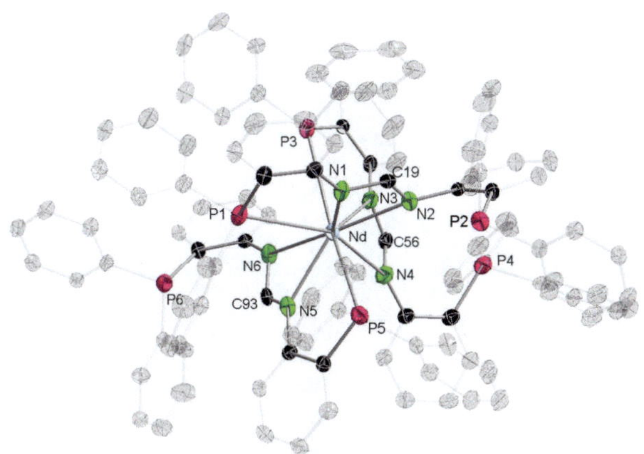

Identifikationskürzel	MDL3Nd
Summenformel	$C_{111}H_{87}N_6NdP_6$, 2.5 (THF)
Molekulargewicht/g·mol⁻¹	2015.18
Temperatur/K	100.0
Kristallsystem	Monoklin
Raumgruppe	*P2₁/n*
a/Å	19.5162(9)
b/Å	17.8929(5)
c/Å	30.4683(13)
α/°	
β/°	97.734(3)
γ/°	
Volumen/Å³	10542.8(7)
Z	4
ρ_calc/g·cm⁻³	1.270
μ/mm⁻¹	0.638
F(000)	4180.0
Kristallmaße/mm³	0.236 × 0.162 × 0.088
Strahlung	Mo Kα (λ = 0.71073 Å)
2Θ Bereich Datensammlung/°	3.494 bis 60.778
Indexbereich	-25 ≤ h ≤ 26, -21 ≤ k ≤ 24, -39 ≤ l ≤ 43
Gesammelte Reflexe	52065
Unabhängige Reflexe	26359 [R_int = 0.0612, R_sigma = 0.1038]
Daten/Restraints/Parameters	26359/70/1229
Goodness-of-fit (GooF)	1.093
Finale R Indizes [I>=2σ (I)]	R₁ = 0.0896, wR₂ = 0.1924
Finale R Indizes [alle Daten]	R₁ = 0.1614, wR₂ = 0.2353
Größte Diff. Peak/Hole /e Å⁻³	1.44/-0.70

4.3.17 [dpfam₃La] (15)

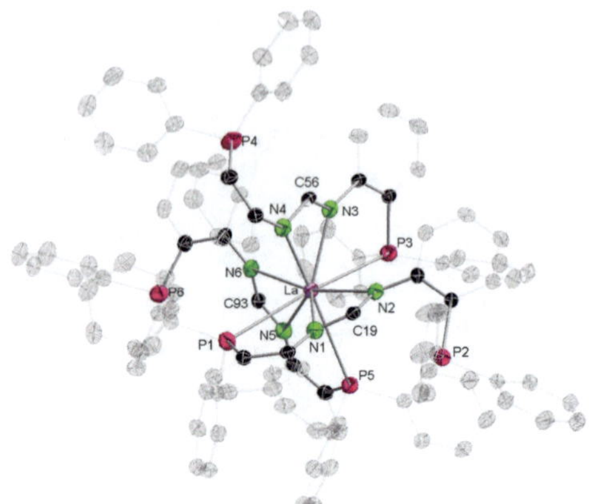

Identifikationskürzel	MD301Csv
Summenformel	$C_{111}H_{87}LaN_6P_6$, THF, 3 [THF]
Molekulargewicht/g·mol⁻¹	2118.13
Temperatur/K	100.0
Kristallsystem	Monoklin
Raumgruppe	$P2_1/n$
a/Å	19.560(3)
b/Å	17.9236(12)
c/Å	30.461(3)
α/°	
β/°	97.510(9)
γ/°	
Volumen/Å³	10587.4(19)
Z	4
ρ_{calc}/g·cm⁻³	1.464
μ/mm⁻¹	0.563
F(000)	4888.0
Kristallmaße/mm³	0.488 × 0.304 × 0.104
Strahlung	Mo Kα (λ = 0.71073 Å)
2Θ Bereich Datensammlung/°	4.2 bis 59.07
Indexbereich	$-26 \le h \le 24, -24 \le k \le 24, -41 \le l \le 40$
Gesammelte Reflexe	64649
Unabhängige Reflexe	25837 [R_{int} = 0.0410, R_{sigma} = 0.0541]
Daten/Restraints/Parameters	25837/0/1162
Goodness-of-fit (GooF)	1.011
Finale R Indizes [I>=2σ (I)]	R_1 = 0.0547, wR_2 = 0.1060
Finale R Indizes [alle Daten]	R_1 = 0.0870, wR_2 = 0.1217
Größte Diff. Peak/Hole /e Å⁻³	1.11/-1.21

4.3.18 [dpfam$_3$NdAg][OTf] (16)

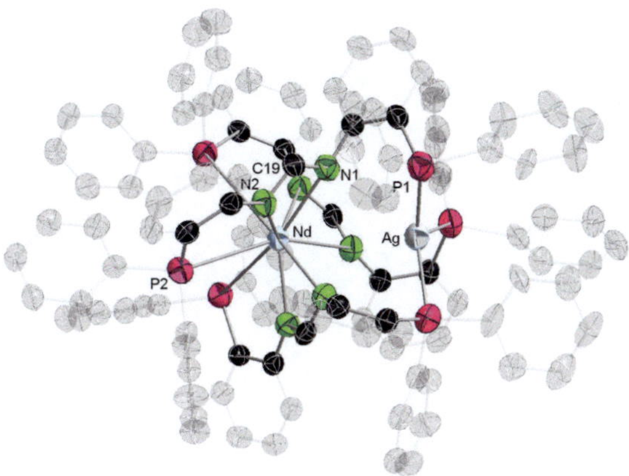

Identifikationskürzel*	MD214c
Summenformel	$C_{111}H_{87}AgNdN_6P_6$, $[CF_3O_3S]$, 8 [THF]
Molekulargewicht/g·mol^{-1}	2668.69
Temperatur/K	150.0
Kristallsystem	Trigonal
Raumgruppe	$P\bar{3}c1$
a/Å	18.854(4)
b/Å	18.854(4)
c/Å	45.605(11)
α/°	
β/°	
γ/°	
Volumen/Å^3	14039(7)
Z	4
ρ_{calc}/g·cm^{-3}	1.263
μ/mm^{-1}	0.651
F(000)	5540.0
Kristallmaße/mm^3	0.539 × 0.39 × 0.217
Strahlung	Mo Kα (λ = 0.71073 Å)
2Θ Bereich Datensammlung/°	2.494 bis 50.396
Indexbereich	-22 ≤ h ≤ 22, -22 ≤ k ≤ 22, -53 ≤ l ≤ 0
Gesammelte Reflexe	43893
Unabhängige Reflexe	8345 [R_{int} = 0.0986, R_{sigma} = 0.0464]
Daten/Restraints/Parameters	8345/72/407
Goodness-of-fit (GooF)	1.067
Finale R Indizes [I>=2σ (I)]	R_1 = 0.0601, wR_2 = 0.1694
Finale R Indizes [alle Daten]	R_1 = 0.0789, wR_2 = 0.1904
Größte Diff. Peak/Hole /e Å^{-3}	1.28/-0.97

*entspricht eigentlich Produkt MD241c. Die Kristallqualität war unzureichend und durch Fehlordnung und Überlagerung konnte das Gegenanion nicht modelliert werden und musste daher gesqueezt werden. Einige Atome der Phenylringe sind auf zwei Positionen fehlgeordnet, nur ein Part ist dargestellt.

4.3.19 [dpfam₃NdAu][OTf] (17)

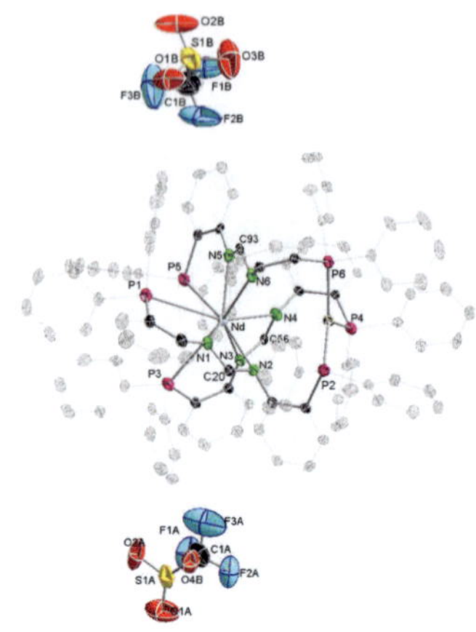

Identifikationskürzel	MD246K
Summenformel	C₁₁₁H₈₇AuN₆Nd, CF₃SO₃, 2 (THF), 2 [THF]
Molekulargewicht/g·mol⁻¹	2469.37
Temperatur/K	100.0
Kristallsystem	Monoklin
Raumgruppe	$P2_1/c$
a/Å	29.2163(4)
b/Å	19.1785(3)
c/Å	20.6435(5)
α/°	
β/°	107.8840(10)
γ/°	
Volumen/Å³	11008.1(4)
Z	4
ρ_{calc}/g·cm⁻³	1.490
μ/mm⁻¹	1.971
F(000)	5028.0
Kristallmaße/mm³	0.291 × 0.23 × 0.135
Strahlung	Mo Kα (λ = 0.71073 Å)
2Θ Bereich Datensammlung/°	3.95 bis 58.082
Indexbereich	-37 ≤ h ≤ 19, -24 ≤ k ≤ 25, -26 ≤ l ≤ 28
Gesammelte Reflexe	57284
Unabhängige Reflexe	25034 [R_{int} = 0.0407, R_{sigma} = 0.0645]
Daten/Restraints/Parameters	25034/148/1357
Goodness-of-fit (GooF)	1.028
Finale R Indizes [I>=2σ (I)]	R_1 = 0.0505, wR_2 = 0.1239
Finale R Indizes [alle Daten]	R_1 = 0.0837, wR_2 = 0.1378
Größte Diff. Peak/Hole /e Å⁻³	4.31/-1.22

4.3.20 [dpfam₃ONdAu][OTf] (17a)

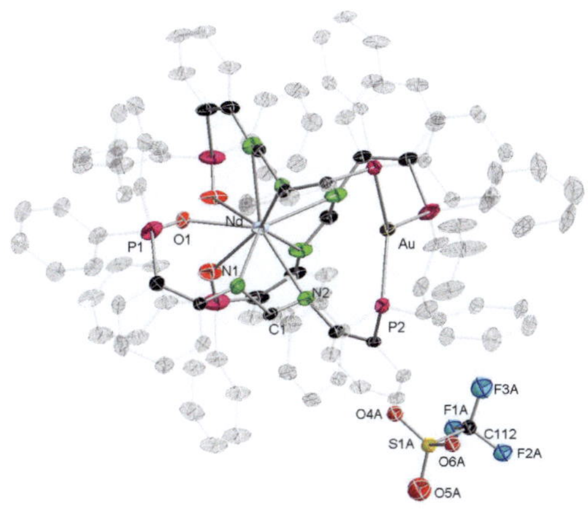

Identifikationskürzel	MD246K
Summenformel	$C_{111}H_{87}NdAuON_6P_6$, $CF_3SO_3 \cdot 2.75$ [C_6H_5F]
Molekulargewicht/g·mol⁻¹	2387.30
Temperatur/K	293(2)
Kristallsystem	Triklin
Raumgruppe	$P\bar{1}$
a/Å	15.4987(7)
b/Å	19.6987(11)
c/Å	20.5127(12)
α/°	86.745(5)
β/°	77.517(4)
γ/°	77.717(4)
Volumen/Å³	5974.2(6)
Z	2
ρ_{calc}/g·cm⁻³	1.327
μ/mm⁻¹	1.814
F(000)	2406.0
Kristallmaße/mm³	0.43 × 0.327 × 0.11
Strahlung	MoKα (λ = 0.71073 Å)
2Θ Bereich Datensammlung/°	4.408 bis 63.232
Indexbereich	-22 ≤ h ≤ 21, -27 ≤ k ≤ 26, -27 ≤ l ≤ 29
Gesammelte Reflexe	74311
Unabhängige Reflexe	31639 [R_{int} = 0.0793, R_{sigma} = 0.0705]
Daten/Restraints/Parameters	31639/90/1341
Goodness-of-fit (GooF)	1.037
Finale R Indizes [I>=2σ (I)]	R_1 = 0.0519, wR_2 = 0.1304
Finale R Indizes [alle Daten]	R_1 = 0.0737, wR_2 = 0.1438
Größte Diff. Peak/Hole /e Å⁻³	1.80/-1.74

Die sind die Daten einer vorläufigen und daher unvollständigen Lösung (nicht abschließend verfeinert und nicht absorptionskorrigiert).

4.3.21 [dpfam₃LaAg][OTf] (18)

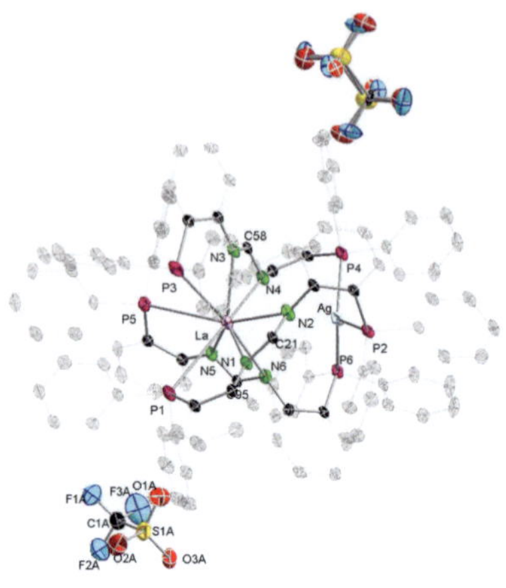

Identifikationskürzel	MD305E
Summenformel	$C_{111}H_{87}AgLaN_6P_6, C_3FO_3S, \cdot 7.5\ (C_6H_5F)$
Molekulargewicht/g·mol⁻¹	2807.28
Temperatur/K	100
Kristallsystem	Triklin
Raumgruppe	$P\bar{1}$
a/Å	15.4353(3)
b/Å	15.9134(3)
c/Å	29.4291(6)
α/°	83.495(2)
β/°	75.5280(10)
γ/°	68.7860(10)
Volumen/Å³	6522.9(2)
Z	2
ρ_{calc}/g·cm⁻³	1.429
μ/mm⁻¹	0.637
F(000)	2874.0
Kristallmaße/mm³	0.442 × 0.291 × 0.214
Strahlung	Mo Kα (λ = 0.71073 Å)
2Θ Bereich Datensammlung/°	4.29 bis 58.964
Indexbereich	-20 ≤ h ≤ 20, -21 ≤ k ≤ 19, -38 ≤ l ≤ 39
Gesammelte Reflexe	62648
Unabhängige Reflexe	31336 [R_{int} = 0.0422, R_{sigma} = 0.0466]
Daten/Restraints/Parameters	31336/428/1939
Goodness-of-fit (GooF)	1.035
Finale R Indizes [I>=2σ (I)]	R_1 = 0.0554, wR_2 = 0.1450
Finale R Indizes [alle Daten]	R_1 = 0.0702, wR_2 = 0.1577
Größte Diff. Peak/Hole /e Å⁻³	2.00/-1.43

4.3.22 [dpfam₃LaAu][OTf] (19)

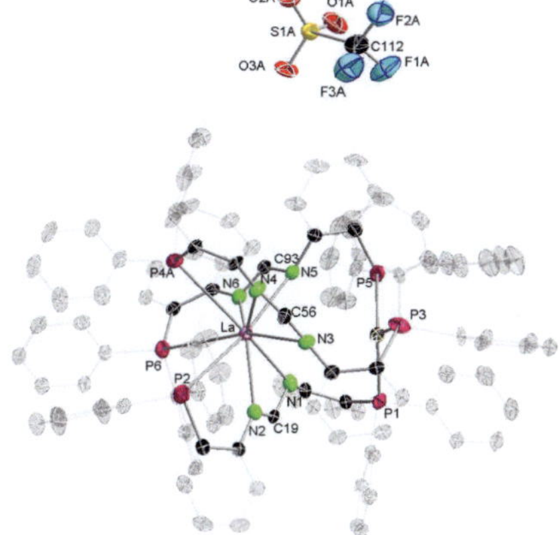

Identifikationskürzel	MD306sv
Summenformel	$C_{111}H_{87}AuLaN_6P_6$, CF_3SO_3, 3.5 [THF]
Molekulargewicht/g·mol^{-1}	2427.99
Temperatur/K	100.0
Kristallsystem	Triklin
Raumgruppe	$P\bar{1}$
a/Å	15.8577(4)
b/Å	18.3048(5)
c/Å	20.9687(5)
α/°	90.985(2)
β/°	107.378(2)
γ/°	110.430(2)
Volumen/Å^3	5393.0(3)
Z	2
ρ_{calc}/g·cm^{-3}	1.495
μ/mm^{-1}	1.925
F(000)	2468.0
Kristallmaße/mm^3	0.274 × 0.187 × 0.079
Strahlung	Mo Kα (λ = 0.71073 Å)
2Θ Bereich Datensammlung/°	3.968 bis 60.444
Indexbereich	-22 ≤ h ≤ 20, -24 ≤ k ≤ 25, -28 ≤ l ≤ 29
Gesammelte Reflexe	59689
Unabhängige Reflexe	27259 [R_{int} = 0.0608, R_{sigma} = 0.0680]
Daten/Restraints/Parameters	27259/438/1580
Goodness-of-fit (GooF)	1.029
Finale R Indizes [I>=2σ (I)]	R_1 = 0.0635, wR_2 = 0.1645
Finale R Indizes [alle Daten]	R_1 = 0.0803, wR_2 = 0.1769
Größte Diff. Peak/Hole /e Å^{-3}	4.54/-3.33

Einige Atome der Phenylringe sowie das Gegenanion sind auf zwei Positionen fehlgeordnet, nur ein Part ist dargestellt.

4.3.23 [dpfam$_2$Eu(thf)] (20)

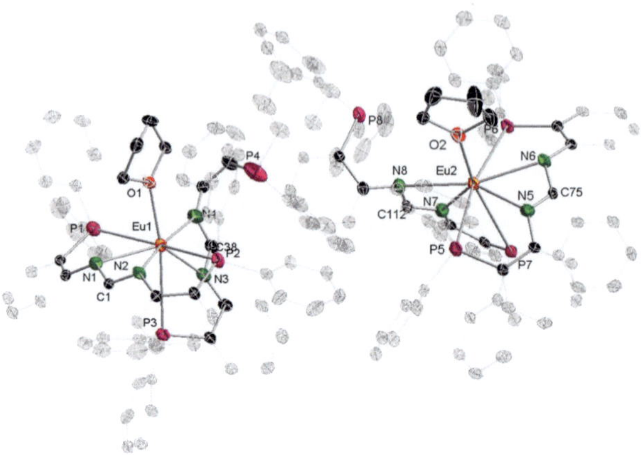

Identifikationskürzel	MD316
Summenformel	$C_{83.8}H_{77.4}EuN_4P_4O_2$
Molekulargewicht/g·mol^{-1}	1447.85
Temperatur/K	293
Kristallsystem	Triklin
Raumgruppe	$P\bar{1}$
a/Å	13.8332(10)
b/Å	22.2397(15)
c/Å	24.548(3)
α/°	82.049(7)
β/°	76.359(8)
γ/°	84.512(6)
Volumen/Å^3	7253.0(11)
Z	4
ρ_{calc}/g·cm^{-3}	1.326
μ/mm^{-1}	1.003
F(000)	2988.0
Kristallmaße/mm^3	0.417 × 0.354 × 0.211
Strahlung	MoKα (λ = 0.71073 Å)
2Θ Bereich Datensammlung/°	4.236 bis 63.532
Indexbereich	19 ≤ h ≤ 18, -29 ≤ k ≤ 30, -36 ≤ l ≤ 35
Gesammelte Reflexe	76619
Unabhängige Reflexe	37361 [R_{int} = 0.0305, R_{sigma} = 0.0597]
Daten/Restraints/Parameters	37361/14/1693
Goodness-of-fit (GooF)	1.037
Finale R Indizes [I>=2σ (I)]	R_1 = 0.0447, wR_2 = 0.1119
Finale R Indizes [alle Daten]	R_1 = 0.0740, wR_2 = 0.1255
Größte Diff. Peak/Hole /e Å^{-3}	1.07/-0.90

Die sind die Daten einer vorläufigen und daher möglicherweise unvollständigen Lösung (nicht abschließend verfeinert).

4.3.24 [Fc(NCN^{DIPP})$_2$Li][Li(thf)$_4$] (21)

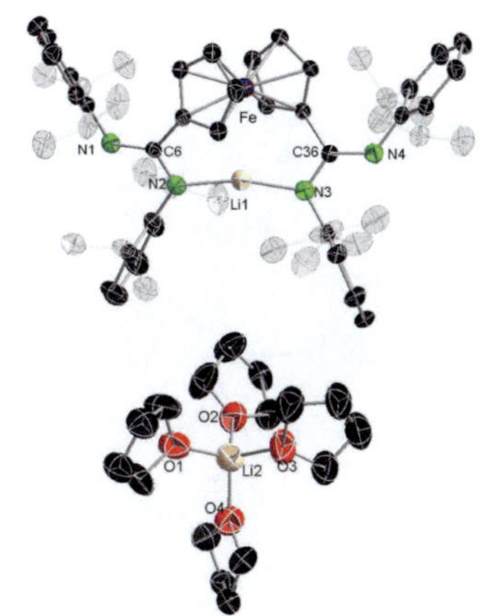

Identifikationskürzel	MD184
Summenformel	C$_{60}$H$_{76}$FeLiN$_4$, C$_{16}$H$_{32}$LiO$_4$, 0.5 [THF]
Molekulargewicht/g·mol^{-1}	1247.44
Temperatur/K	210
Kristallsystem	Monoklin
Raumgruppe	$P2_1/n$
a/Å	18.8349(5)
b/Å	22.0344(4)
c/Å	19.8031(5)
α/°	
β/°	117.804(2)
γ/°	
Volumen/Å^3	7269.7(3)
Z	4
ρ_{calc}/g·cm^{-3}	1.140
μ/mm^{-1}	0.258
F(000)	2704.0
Kristallmaße/mm^3	0.399 × 0.267 × 0.2
Strahlung	Mo Kα (λ = 0.71073 Å)
2Θ Bereich Datensammlung/°	2.466 bis 49.806
Indexbereich	-22 ≤ h ≤ 22, -26 ≤ k ≤ 26, -23 ≤ l ≤ 23
Gesammelte Reflexe	36995
Unabhängige Reflexe	12531 [R_{int} = 0.0418, R_{sigma} = 0.0420]
Daten/Restraints/Parameters	12531/3/829
Goodness-of-fit (GooF)	1.023
Finale R Indizes [I>=2σ (I)]	R_1 = 0.0616, wR_2 = 0.1527
Finale R Indizes [alle Daten]	R_1 = 0.0956, wR_2 = 0.1755
Größte Diff. Peak/Hole /e Å^{-3}	0.54/-0.36

Die Atome der Isopropyleinheiten sind teilweise auf zwei Positionen fehlgeordnet, nur eine Einheit ist dargestellt.

4.3.25 [Fc(NCN^{DIPP})$_2$Cu(CuCl)$_2$Li(thf)$_3$] (22)

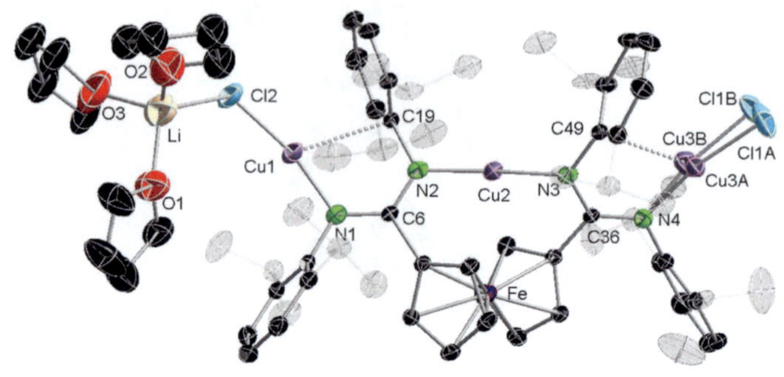

Identifikationskürzel	mdlsc06
Summenformel	C$_{72}$H$_{100}$Cl$_2$Cu$_3$FeLiN$_4$O$_3$, [THF]
Molekulargewicht/g·mol^{-1}	1465.97
Temperatur/K	150.0
Kristallsystem	Triklin
Raumgruppe	$P\bar{1}$
a/Å	10.7764(13)
b/Å	18.7435(14)
c/Å	18.832(2)
α/°	89.055(8)
β/°	85.063(9)
γ/°	85.710(8)
Volumen/Å^3	3779.0(7)
Z	2
ρ$_{calc}$/g·cm^{-3}	1.288
μ/mm^{-1}	1.140
F(000)	1548.0
Kristallmaße/mm^3	0.599 × 0.348 × 0.132
Strahlung	MoKα (λ = 0.71073 Å)
2Θ Bereich Datensammlung/°	3.06 bis 50.616
Indexbereich	-12 ≤ h ≤ 11, -21 ≤ k ≤ 22, -22 ≤ l ≤ 22
Gesammelte Reflexe	24499
Unabhängige Reflexe	13311 [R$_{int}$ = 0.0318, R$_{sigma}$ = 0.0400]
Daten/Restraints/Parameters	13311/170/872
Goodness-of-fit (GooF)	1.040
Finale R Indizes [I>=2σ (I)]	R$_1$ = 0.0471, wR$_2$ = 0.1184
Finale R Indizes [alle Daten]	R$_1$ = 0.0664, wR$_2$ = 0.1282
Größte Diff. Peak/Hole /e Å^{-3}	0.65/-0.68

Die Einheit Cu3-Cl1 ist im Verhältnis 85(A):15(B) fehlgeordnet, beide Einheiten sind abgebildet.

4.3.26 [Fc(NCN^{DIPP})$_2$Ag(AgCl)$_2$Li(thf)$_3$] (23)

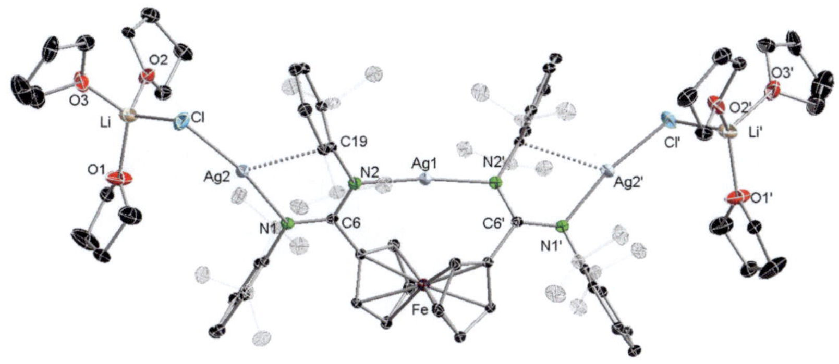

Identifikationskürzel	MDLSC07
Summenformel	C$_{72}$H$_{100}$Ag$_3$Cl$_2$FeLiN$_4$O$_3$, 4 (THF)
Molekulargewicht/g·mol^{-1}	1815.27
Temperatur/K	100
Kristallsystem	Orthorhombisch
Raumgruppe	*Pccn*
a/Å	22.4054(6)
b/Å	19.0463(4)
c/Å	20.5410(4)
α/°	
β/°	
γ/°	
Volumen/Å^3	8765.7(3)
Z	4
ρ$_{calc}$/g·cm^{-3}	1.376
μ/mm^{-1}	0.937
F(000)	3792.0
Kristallmaße/mm^3	0.572 × 0.494 × 0.343
Strahlung	Mo Kα (λ = 0.71073 Å)
2Θ Bereich Datensammlung/°	4.662 bis 58.98
Indexbereich	-26 ≤ h ≤ 30, -21 ≤ k ≤ 25, -25 ≤ l ≤ 28
Gesammelte Reflexe	44771
Unabhängige Reflexe	11274 [R$_{int}$ = 0.0251, R$_{sigma}$ = 0.0281]
Daten/Restraints/Parameters	11274/90/604
Goodness-of-fit (GooF)	1.016
Finale R Indizes [I>=2σ (I)]	R$_1$ = 0.0341, wR$_2$ = 0.0797
Finale R Indizes [alle Daten]	R$_1$ = 0.0481, wR$_2$ = 0.0857
Größte Diff. Peak/Hole /e Å^{-3}	0.84/-1.62

4.3.27 [Fc(NCN^{DIPP})$_2$Ag(AgCl)$_2$Li(thf)$_2$]$_x$ (23a)

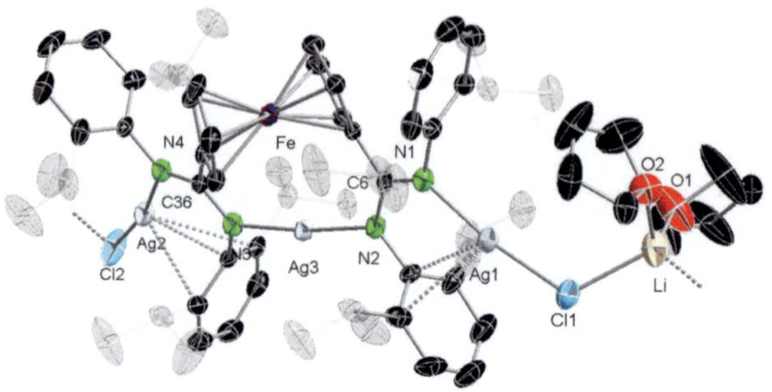

Identifikationskürzel	MDLSC07C
Summenformel	C$_{68}$H$_{92}$Ag$_3$Cl$_2$FeLiN$_4$O$_2$, 2 THF
Molekulargewicht/g·mol^{-1}	1598.96
Temperatur/K	293(2)
Kristallsystem	Monoklin
Raumgruppe	$P2_1$
a/Å	14.258(3)
b/Å	20.210(4)
c/Å	14.261(3)
α/°	
β/°	99.77(3)
γ/°	
Volumen/Å^3	4049.9(15)
Z	2
ρ$_{calc}$/g·cm^{-3}	1.311
μ/mm^{-1}	1.001
F(000)	1656.0
Kristallmaße/mm^3	0.679 × 0.494 × 0.359
Strahlung	MoKα (λ = 0.71073 Å)
2Θ Bereich Datensammlung/°	3.53 bis 52.01
Indexbereich	-17 ≤ h ≤ 17, -22 ≤ k ≤ 24, -17 ≤ l ≤ 17
Gesammelte Reflexe	67001
Unabhängige Reflexe	15225 [R$_{int}$ = 0.0640, R$_{sigma}$ = 0.0355]
Daten/Restraints/Parameters	15225/1/836
Goodness-of-fit (GooF)	1.104
Finale R Indizes [I>=2σ (I)]	R$_1$ = 0.0363, wR$_2$ = 0.1090
Finale R Indizes [alle Daten]	R$_1$ = 0.0383, wR$_2$ = 0.1117
Größte Diff. Peak/Hole /e Å^{-3}	1.09/-0.70

Die Struktur wurde nicht reproduziert und nicht abschließend verfeinert.

4.3.28 [Fc(NCN^{DIPP})$_2$Cu(CuPPh$_3$)] (24)

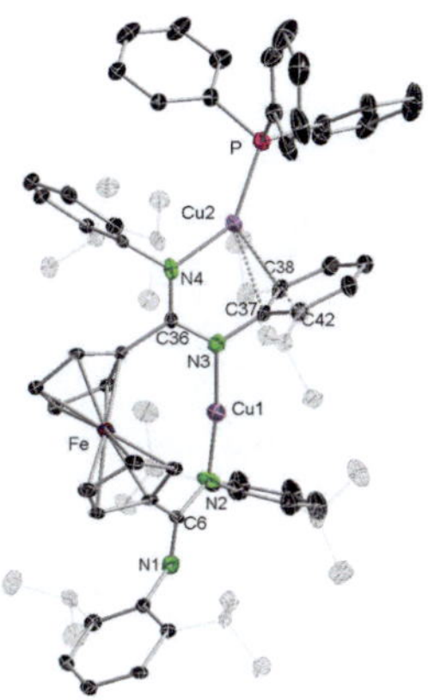

Identifikationskürzel	MD268D
Summenformel	C$_{78}$H$_{91}$Cu$_2$FeN$_4$P
Molekulargewicht/g·mol^{-1}	1297.81
Temperatur/K	293(2)
Kristallsystem	Triklin
Raumgruppe	$P\bar{1}$
a/Å	11.0946(16)
b/Å	18.069(3)
c/Å	18.891(5)
α/°	97.007(17)
β/°	97.218(15)
γ/°	101.822(12)
Volumen/Å^3	3634.7(12)
Z	2
ρ$_{calc}$/g·cm^{-3}	1.186
μ/mm^{-1}	0.839
F(000)	1371.0
Kristallmaße/mm^3	0.448 × 0.235 × 0.084
Strahlung	MoKα (λ = 0.71073 Å)
2Θ Bereich Datensammlung/°	4.398 bis 63.324
Indexbereich	-15 ≤ h ≤ 16, -26 ≤ k ≤ 25, -24 ≤ l ≤ 24
Gesammelte Reflexe	52012
Unabhängige Reflexe	19355 [R$_{int}$ = 0.0883, R$_{sigma}$ = 0.0677]
Daten/Restraints/Parameters	19355/0/791
Goodness-of-fit (GooF)	1.094
Finale R Indizes [I>=2σ (I)]	R$_1$ = 0.1466, wR$_2$ = 0.3943
Finale R Indizes [alle Daten]	R$_1$ = 0.1706, wR$_2$ = 0.4113
Größte Diff. Peak/Hole /e Å^{-3}	9.86/-1.48

Der verwendete Kristall enthält mehrere Domänen. Der Datensatz konnte daher nicht vollständig gelöst werden.

Es erfolgte keine Absorptionskorrektur.

4.3.29 [Fc(NCN^{DIPP}AgPPh$_3$)$_2$] (25)

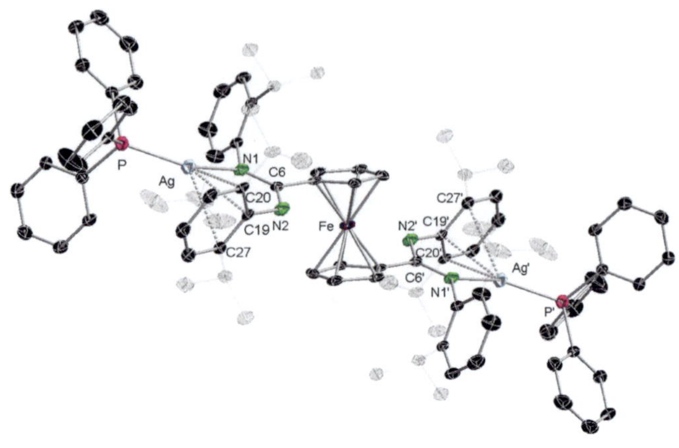

Identifikationskürzel	MD269-F
Summenformel	C$_{96}$H$_{106}$Ag$_2$FeN$_4$P$_2$, 3 (THF)
Molekulargewicht/g·mol^{-1}	1865.68
Temperatur/K	100
Kristallsystem	Triklin
Raumgruppe	$P\bar{1}$
a/Å	10.8281(5)
b/Å	14.0873(7)
c/Å	16.6427(8)
α/°	100.730(4)
β/°	100.786(4)
γ/°	95.782(4)
Volumen/Å^3	2425.9(2)
Z	1
ρ$_{calc}$/g·cm^{-3}	1.277
μ/mm^{-1}	0.632
F(000)	980.0
Kristallmaße/mm^3	0.418 × 0.254 × 0.089
Strahlung	Mo Kα (λ = 0.71073 Å)
2Θ Bereich Datensammlung/°	4.16 bis 62.908
Indexbereich	-15 ≤ h ≤ 15, -20 ≤ k ≤ 19, -23 ≤ l ≤ 24
Gesammelte Reflexe	28479
Unabhängige Reflexe	12861 [R$_{int}$ = 0.0368, R$_{sigma}$ = 0.0437]
Daten/Restraints/Parameters	12861/180/636
Goodness-of-fit (GooF)	1.031
Finale R Indizes [I>=2σ (I)]	R$_1$ = 0.0539, wR$_2$ = 0.1470
Finale R Indizes [alle Daten]	R$_1$ = 0.0674, wR$_2$ = 0.1582
Größte Diff. Peak/Hole /e Å^{-3}	1.18/-1.62

4.3.30 [Fc(NCN^{DIPP}AuPPh$_3$)$_2$] (26)

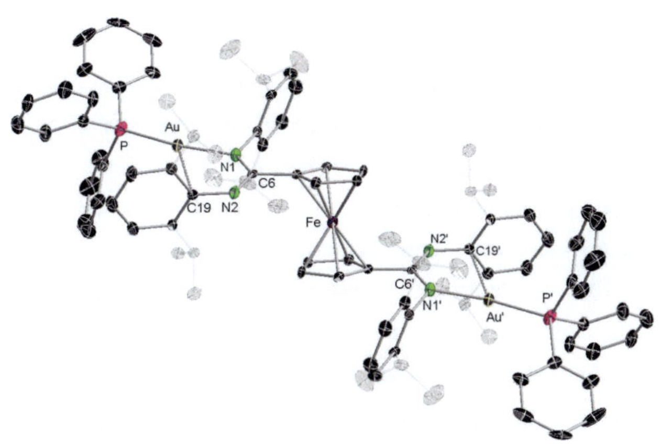

Identifikationskürzel	MDLSC016
Summenformel	C$_{96}$H$_{106}$Au$_2$FeN$_4$P$_2$
Molekulargewicht/g·mol^{-1}	1827.56
Temperatur/K	150
Kristallsystem	Monoklin
Raumgruppe	$P2_1/n$
a/Å	10.8412(3)
b/Å	18.5898(5)
c/Å	20.9083(5)
α/°	
β/°	94.825(2)
γ/°	
Volumen/Å^3	4198.84(19)
Z	2
ρ_{calc}/g·cm^{-3}	1.446
μ/mm^{-1}	3.742
F(000)	1848.0
Kristallmaße/mm^3	0.122 × 0.094 × 0.074
Strahlung	Mo Kα (λ = 0.71073 Å)
2Θ Bereich Datensammlung/°	3.91 bis 58.516
Indexbereich	-13 ≤ h ≤ 14, -21 ≤ k ≤ 25, -28 ≤ l ≤ 28
Gesammelte Reflexe	24697
Unabhängige Reflexe	11282 [R$_{int}$ = 0.0505, R$_{sigma}$ = 0.0820]
Daten/Restraints/Parameters	11282/48/533
Goodness-of-fit (GooF)	1.064
Finale R Indizes [I>=2σ (I)]	R$_1$ = 0.0477, wR$_2$ = 0.0686
Finale R Indizes [alle Daten]	R$_1$ = 0.1017, wR$_2$ = 0.0825
Größte Diff. Peak/Hole /e Å^{-3}	0.94/-0.70

Einige Atome der Phenylringe sowie eine Isopropyleinheit sind auf zwei Positionen fehlgeordnet, nur eine Einheit ist dargestellt.

5   Zusammenfassung

Die vorliegende Arbeit beschäftigt sich vorwiegend mit der Frage nach einer Korrelation der lumineszenten Eigenschaften mit einigen der strukturellen Parameter der entsprechend untersuchten Komplexe, d.h. Art, Anzahl und Abstand der Metallatome. Zu diesem Zweck wurden zunächst verschiedene Münzmetallkomplexe innerhalb eines strukturgebenden PNNP-Ligandensystems synthetisiert. Hierbei konnten selektiv verschiedene Kombinationen aus Anzahl und Art der Metalle unter Ausnutzung des HSAB-Prinzips realisiert werden (Abbildung 5-1). Zusätzlich gelang die Darstellung mehrerer Lanthanoid-Münzmetallkomplexe. Die Analytik wurde mit Untersuchungen zur Photolumineszenz und teilweise zusätzlichen theoretischen Studien komplettiert.

In einem kleineren Teil der Arbeit wurde ein Ferrocenylbisamidinatligand synthetisiert, der unter anderem in der Lage ist, ein Münzmetallkation in vergleichsweise kurzer Distanz zum Eisenatom zu stabilisieren. Interessenschwerpunkt dieses Abschnitts waren mögliche Metall-Metall-Wechselwirkungen, die zur Stabilisierung der Komplexe beitragen.

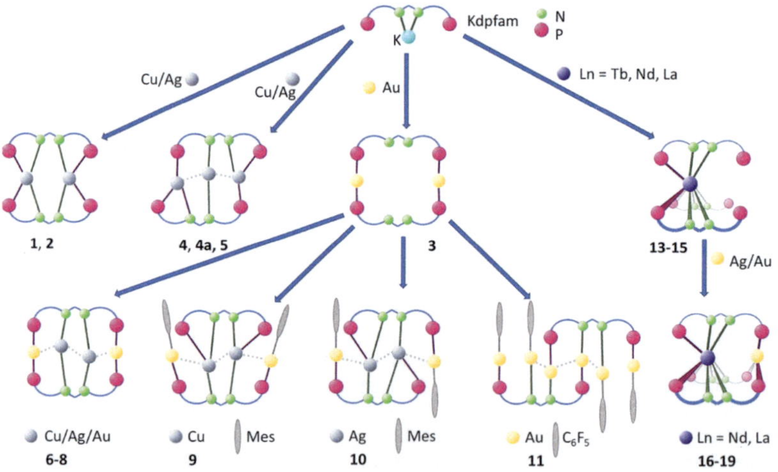

Abbildung 5-1: Überblick der in den Kapiteln 3.1 und 3.2 vorgestellten Komplexe als schematische Darstellung.

Kapitel 3.1 beschäftigt sich hauptsächlich mit dem Aufbau verschiedener lumineszenter Komplexe, die für die angestrebte vergleichende Betrachtung in Frage kommen. Ausgehend vom monoanionischen tetradentaten PNNP-Liganden N,N'-Bis[(2-

diphenylphosphino)phenyl]-formamidinat (dpfam⁻), wurden diverse Komplexe der Münzmetalle dargestellt. Diese weisen, bis auf zwei Ausnahmen, kurze Metallabstände im Bereich metallophiler Wechselwirkungen auf. Durch Anpassung der Stöchiometrie konnten zwei- bis sechskernige Komplexe sowie durch Ausnutzung der unterschiedlichen Koordinationsstellen zudem gezielt verschiedene Metallkombinationen realisiert werden (**1-11,** Abbildung 5-1). Die Verbindungen mit vier oder mehr Metallatomen wurden durch den Einsatz von **3** als Metalloligand ermöglicht (Abbildung 5-1). Alle dargestellten Verbindungen wurden bezüglich ihrer Photolumineszenz (Festkörper) in einem Temperaturbereich von 20 K bis 295 K untersucht. Besonders hervorzuheben sind an dieser Stelle die vierkernigen kationischen Komplexe **6** und **8**. Beide sind intensiv lumineszent mit Quantenausbeuten von 55 % bzw. 32 % bei Raumtemperatur (Festkörper). Außerdem konnten neben zusätzlichen Spektren in Lösung, erfolgreich Emissionsspektren und Lebensdauern in der Gasphase aufgenommen werden. Hierbei konnte eine große Übereinstimmung zwischen Experiment (Gasphase) und den theoretischen Erwartungswerten aus den begleitenden quantenchemischen Studien feststellt werden (Abbildung 5-2). Diese ergaben, dass die Anregung der Elektronen vermutlich aus den 3d/4d/5d-Orbitalen der Metallkette in die π^*-Molekülorbitale des verbrückenden R-N^N-R Fragments und in die π^*-Molekülorbitale der benachbarten Phenylgruppen erfolgt.

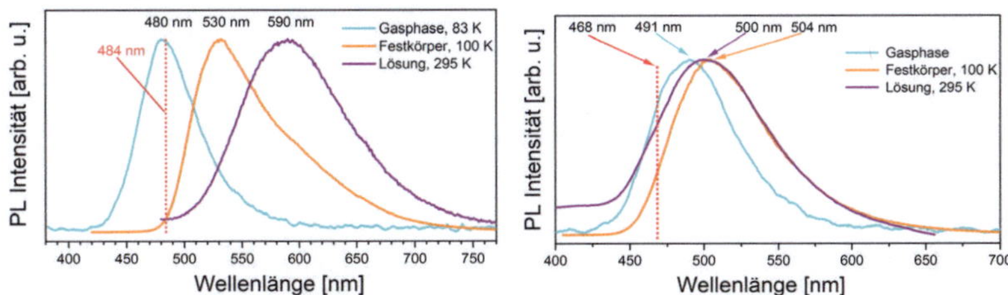

Abbildung 5-2: PL Emissionsspektren von **6** (links) und **8** (rechts) im Festköper, Acetonitrillösung und Gasphase (als Kation [dpfam₂Au₂Cu₂]²⁺ bzw. [dpfam₂Au₄]²⁺). Die rote gestrichelte Linie markiert den jeweiligen berechneten $S_0{\leftarrow}T_1$ Übergang. Grafik adaptiert aus Ref. [122] mit Erlaubnis von John Wiley and Sons (Lizenznummer 5166390801357).

Auf Basis der in dieser Arbeit vorgestellten Verbindungen konnten folgende Trends hinsichtlich Struktur-Eigenschaftsbeziehungen beobachtet werden:

Eine hohe Quantenausbeute scheint mit zunehmender Anzahl von Metallatomen, sowie der Auswahl verschiedener Metalle und der speziellen Kombination aus Gold und Kupfer besonders begünstigt zu werden. Das Element Silber scheint in diesem Zusammenhang hingegen einen negativen Einfluss zu haben. Für die maximale Lebensdauer ergeben sich zwei positive Faktoren: das Element Silber, sowie vergleichsweise lange intermetallische Abstände. Bezüglich der beobachteten maximalen Emissionswellenlänge kann im Allgemeinen konstatiert werden, dass die kupferhaltigen Verbindungen bei niedrigeren Energien, also höheren Wellenlängen, emittieren als die silberhaltigen Komplexe.

Da die Elemente der Lanthanoidgruppe ebenfalls für ihre lumineszenten Verbindungen bekannt sind, sollten anschließend die vorigen Ergebnisse mit diesen kombiniert werden, um auch hier den möglichen Einfluss der Metallkonstellation auf die lumineszenten Eigenschaften zu untersuchen. Im zweiten Kapitel wurden daher zunächst aus der Umsetzung von Kdpfam mit den entsprechenden Lanthanoid(III)chloriden drei neutrale Lanthanoidvorstufen der Zusammensetzung [dpfam$_3$Ln] mit Ln = Tb (**13**), Nd (**14**) und La (**15**) synthetisiert. Der entsprechende Neodym- bzw. Lanthankomplex konnte anschließend erfolgreich mit AgOTf und [Au(thf)$_2$][OTf] zu den vier gemischtmetallischen Komplexen **16-19** umgesetzt werden (Abbildung 5-1). Trotz vergleichsweise kurzer Ln-M Abstände, deuten bislang weder die Molekülstrukturen im Festkörper noch die Ergebnisse der Photolumineszenzspektroskopie auf eine attraktive Wechselwirkung der Metallzentren hin.

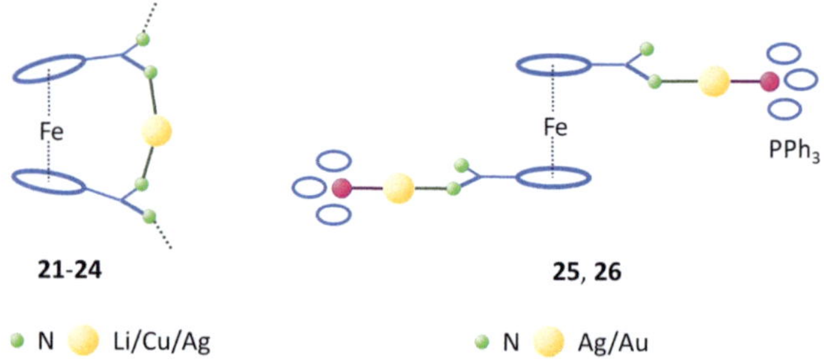

Abbildung 5-3: Schematische Darstellung der beiden verschiedenen Strukturmotive aus Kapitel 3.3.

Im Rahmen des letzten Kapitels wurde ein neuer Ferrocenylbisamidinatligand vorgestellt, welcher anschließend erfolgreich mit verschiedenen Münzmetallvorstufen umgesetzt wurde. Für alle Kupferverbindungen (**22**, **24**) sowie die Silberverbindung **23** wurde ein verbrücktes „ansa"-Strukturmotiv erhalten (Abbildung 5-3, links), welches sich durch kurze Eisen-Metallabstände (z.B. Fe-Ag 3.1506(6)Å in **23**) auszeichnet. Als zweites Strukturmotiv (**25** und **26**) ergab sich die entgegengesetzte Orientierung der Substituenten mit keiner möglichen direkten Interaktion der Metallzentren (Abbildung 5-3, rechts). Begleitende theoretische Studien ergaben keine signifikanten Fe-M-Wechselwirkungen. Vielmehr scheinen Dispersionswechselwirkungen innerhalb des Liganden sowie zwischen dem Liganden und den Metallzentren maßgeblich zur Stabilisierung der Komplexe beizutragen.

Summary

This work mainly deals with the question upon a possible correlation of a complex' exhibited luminescence properties with it's structural parameters such as sort, number and distance of metal atoms. Within this context, the first task addressed was the synthesis of different coinage metal complexes within a tetradentate PNNP ligand scaffold. Herein a number of different combinations regarding sort and number of metals could be selectively incorporated exploiting Pearson's HSAB principle. Additionally, a number of mixed lanthanide coinage metal complexes could be obtained (Figure 5-1). Analytics were complemented by photoluminescence studies and in parts by theoretical investigations.

In a smaller part of this work a ferrocenyl bisamidinate ligand was presented which showed the ability to stabilize a coinage metal cation in a short distance to the iron atom. Point of interest were possibly present intermetallic interactions stabilizing such complexes.

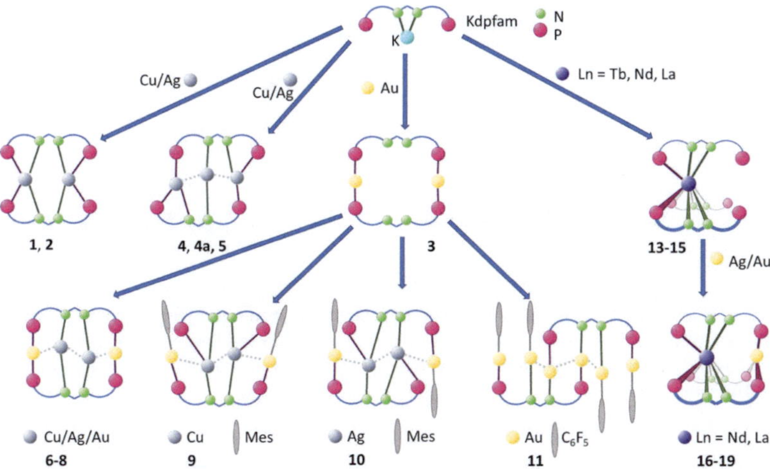

Figure 5-1: Summary of the synthesized complexes presented in chapters 3.1 and 3.2 as schematic drawings.

Within chapter 3.1, synthesis of different luminescent complexes suitable for the attempted comparative contemplation was pursued. By using the tetradentate monoanionic PNNP ligand N,N'-bis[(2-diphenylphosphine)phenyl] formamidinate (dpfam⁻), a variety of copper, silver and gold complexes were obtained. Most express metal distances within the range of metallophilic interactions. Selective incorporation of different sorts of metals in numbers from two up to six metal atoms were obtained by adjusting the reaction stoichiometry and exploiting the ligand's different coordination sites (**1-11**, Figure 5-1). Herein use of **3** as metalloligand allowed the synthesis of complexes with metal loadings of four and higher. All compounds were subject of photoluminescence investigations (solid state) in a temperature range from 20 K to 295 K. At this point, tetranuclear complexes **6** to **8** shall be emphasized whose synthesis and analytics were accompanied by extensive theoretical investigations. From those three, **6** and **8** are highly luminescent with room temperature solid state quantum yields of 55% and 32%, respectively. Next to investigations in solid state and solution, **6** and **8** both allowed gas phase luminescence spectroscopy. Herein a large agreement between experiment and theory could be observed (Figure 5-2). Latter determined the most likely excitation mechanism to occur from the 3d/4d/5d orbitals of the central metal chain into the π* molecular orbitals of the bridging R-N^N-R fragments and the π* molecular orbitals of the neighboring phenyl groups.

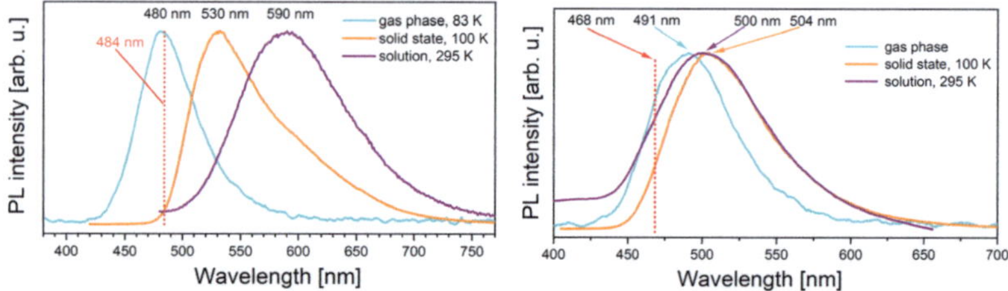

Figure 5-2: PL emission spectra of **6** and **8** in solid state, solution (acetonitrile) and gas phase (as cation [dpfam₂Au₂Cu₂]²⁺ (**6**, left) and [dpfam₂Au₄]²⁺ (**8**, right)). The red dotted line indicates the respective calculated S₀←T₁ transition. Graphic adapted from ref. [122] with permission from John Wiley and Sons (license 5166390801357).

Evaluation of the results for **1-11** led to following observed trends within structure properties relation:

Quantum yields seem to be notably higher with heterometallic complexes and particularly when combining gold and copper in one complex. However, presence of silver showed a negative influence. On the other side latter could be correlated with long decay times along with larger intermetallic distances. Regarding the maximum emission wavelengths in general, longer wavelengths, hence at lower energies, were observed whenever copper was contained in a compound.

Seen that the group of lanthanides are known for luminescent compounds, too, results from the first chapter were attempted to be combined with this class of elements. As above, the influence of the different metal composition on expressed luminescence properties were of interest. In chapter 3.2 therefore, three lanthanoid precursors were synthesized from Kdpfam using lanthanide(III) chlorides from terbium (**13**), neodymium (**14**) and lanthanum (**15**). Latter two could successfully been used in reactions with AgOTf and [Au(thf)₂][OTf] to yield four new heterometallic compounds **16-19** (Figure 5-1). At this point neither the Ln-M distances in the solid state, although rather short, nor accompanying photoluminescence studies have implicated an interaction.

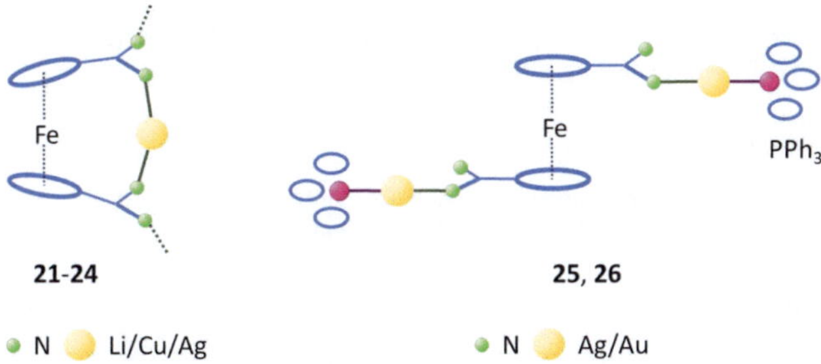

Figure 5-3: Schematic drawing of both obtained structural motifs from chapter 3.3.

In the last chapter 3.3 a new ferrocenyl bisamidinate ligand was presented which was successfully reacted with different coinage metal precursors. For both obtained copper compounds (**22** and **24**) as well as silver complex **24**, a bridging 'ansa' structural motif was observed (Figure 5-3, left). A characteristic feature are the short iron-metal distances of e.g. Fe-Ag 3.1506(6) Å for **23**. Second obtained motif (**25** and **26**) featured amidinate units oriented opposite to each other and therefore excluded any direct metal interaction (Figure 5-3, right). However, theoretical investigations did not give evidence for a stabilizing Fe-M interaction. Instead, dispersion energies arising within the ligand and between ligand and metals seem to have a major influence on the complex stabilization.

6   Literaturverzeichnis

[1]   (a) S. Hong, J.-P. Candelone, C. C. Patterson, C. F. Boutron, *Science* **1996**, *272*, 246; (b) G. M. Ingo, C. Riccucci, F. Faraldi, M. Pascucci, E. Messina, G. Fierro, G. Di Carlo, *Appl. Surf. Sci.* **2017**, *421*, 109-119; (c) T. Higham, J. Chapman, V. Slavchev, B. Gaydarska, N. Honch, Y. Yordanov, B. Dimitrova, *Antiquity* **2007**, *81*, 640-654; (d) T. Higham, J. Chapman, V. Slavchev, B. Gaydarska, N. Honch, Y. Yordanov, *Acta Musei Varnaensis* **2008**, *6*, 95-111.

[2]   https://www.boerse-online.de/rohstoffe/kupferpreis/euro;   https://www.boerse-online.de/rohstoffe/silberpreis;   https://www.boerse-online.de/rohstoffe/goldpreis/euro, Zugriffsdatum: 15.04.2021.

[3]   https://www.technik-einkauf.de/rohstoffe/die-10-groessten-kupferproduzenten-der-welt-255.html, Zugriffsdatum: 15.04.2021.

[4]   (a) J. A. Zipper, H. J. Tatum, L. Pastene, M. Medel, M. Rivera, *Am. J. Obstet. Gynecol.* **1969**, *105*, 1274-1278; (b) S. Ferraris, S. Spriano, *Mater. Sci. Eng. C* **2016**, *61*, 965-978; (c) M. Vincent, R. E. Duval, P. Hartemann, M. Engels-Deutsch, *J. Appl. Microbiol.* **2018**, *124*, 1032-1046.

[5]   C. W. Li, J. Ciston, M. W. Kanan, *Nature* **2014**, *508*, 504-507.

[6]   E. J. Underwood, in *Trace Elements in Human and Animal Nutrition (Fourth Edition)* (Ed.: E. J. Underwood), Academic Press, **1977**, pp. 56-108.

[7]   D. López de Romaña, M. Olivares, R. Uauy, M. Araya, *Perspect. Med.* **2014**, *2*, 40-55.

[8]   F. Grosse-Brockhoff, in *Pathologische Physiologie* (Ed.: F. Grosse-Brockhoff), Springer Berlin Heidelberg, Berlin, Heidelberg, **1969**, pp. 479-482.

[9]   A. F. Hollemann, E. Wiberg, N. Wiberg, Lehrbuch der Anorganischen Chemie, 102 ed., de Gruyter, Berlin, **2007**.

[10]   (a)   https://www.silverinstitute.org/wp-content/uploads/2020/04/World-Silver-Survey-2020.pdf, Zugriffsdatum: 27.01.2021; (b) S. Lo Piano, A. Saltelli, J. P. van der Sluijs, *Front. Energy Res.* **2019**, *7*, 56.

[11]   J. von Liebig, *Philos. Mag.* **1868**, *35*, 146-147.

[12]   (a)   A.   S.   David,   in   *Proc.SPIE,   Vol.   9912,   **2016**;   (b) https://jwst.nasa.gov/content/observatory/ote/mirrors/index.html,   Zugriffsdatum: 27.01.2021.

[13]   C. A. Asiaghi; Gloves for touchscreen use; US8528117B2; 2013.

[14]   C. Graham, *Br. J. Nurs.* **2005**, *14*, S22-S28.

[15]   (a) C. O. Enwonwu, *Environ. Res.* **1987**, *42*, 257-274; (b) J. E. Abraham, C. W. Svare, C. W. Frank, *J. Dent. Res.* **1984**, *63*, 71-73.

[16]   P. J. Sadler, *Gold Bull.* **1976**, *9*, 110-118.

[17]   (a) R. de la Rica, M. M. Stevens, *Nat. Nanotechnol.* **2012**, *7*, 821-824; (b) D. A. Giljohann, D. S. Seferos, W. L. Daniel, M. D. Massich, P. C. Patel, C. A. Mirkin, *Angew. Chem., Int. Ed.* **2010**, *49*, 3280-3294; (c) N. R. Panyala, E. M. Peña-Méndez, J. Havel, *J. Appl. Biomed.* **2009**, *7*, 75-91.

[18]   (a) I. Ott, *Coord. Chem. Rev.* **2009**, *253*, 1670-1681; (b) C. I. Yeo, K. K. Ooi, E. R. T. Tiekink, *Molecules* **2018**, *23*; (c) B. Bertrand, A. Casini, *Dalton Trans.* **2014**, *43*, 4209-4219; (d) S. J. Berners-Price, A. Filipovska, *Metallomics* **2011**, *3*, 863-873; (e) C. F. Shaw, *Chem. Rev.* **1999**, *99*, 2589-2600.

[19]   (a) F. E. Kühn, A. Schmidt, *Chem. Unserer Zeit* **2017**, *51*, 86-95; (b) B. Rosenberg, L. Van Camp, T. Krigas, *Nature* **1965**, *205*, 698-699; (c) R. V. Parish, B. P. Howe, J. P. Wright, J. Mack, R. G.

Pritchard, R. G. Buckley, A. M. Elsome, S. P. Fricker, *Inorg. Chem.* **1996**, *35*, 1659-1666; (d) R. G. Buckley, A. M. Elsome, S. P. Fricker, G. R. Henderson, B. R. C. Theobald, R. V. Parish, B. P. Howe, L. R. Kelland, *J. Med. Chem.* **1996**, *39*, 5208-5214; (e) C.-M. Che, R. W.-Y. Sun, *Chem. Commun.* **2011**, *47*, 9554-9560.

[20]   (a) T. Zou, C. T. Lum, C.-N. Lok, J.-J. Zhang, C.-M. Che, *Chem. Soc. Rev.* **2015**, *44*, 8786-8801; (b) C. Roder, M. J. Thomson, *Drugs R&D* **2015**, *15*, 13-20.

[21]   (a) N. Tejman-Yarden, Y. Miyamoto, D. Leitsch, J. Santini, A. Debnath, J. Gut, J. H. McKerrow, S. L. Reed, L. Eckmann, *Antimicrob. Agents Chemother.* **2013**, *57*, 2029; (b) H. Lu, W. Lu, Y. Zhu, C. Wang, L. Shi, X. Li, Z. Wu, G. Wang, W. Dong, C. Tan, M. Liu, *Antibiotics* **2020**, *10*.

[22]   H. A. Rothan, S. Stone, J. Natekar, P. Kumari, K. Arora, M. Kumar, *Virology* **2020**, *547*, 7-11.

[23]   (a) E. García-Moreno, S. Gascón, M. J. Rodriguez-Yoldi, E. Cerrada, M. Laguna, *Organometallics* **2013**, *32*, 3710-3720; (b) E. Barreiro, J. S. Casas, M. D. Couce, A. Sánchez, J. Sordo, E. M. Vázquez-López, *J. Inorg. Biochem.* **2014**, *131*, 68-75.

[24]   A. Johnson, I. Marzo, M. Concepción Gimeno, *Dalton Trans.* **2020**, *49*, 11736-11742.

[25]   E. Rutherford, *Nature* **1913**, *92*, 423-423.

[26]   (a) Y. K. Maurya, K. Noda, K. Yamasumi, S. Mori, T. Uchiyama, K. Kamitani, T. Hirai, K. Ninomiya, M. Nishibori, Y. Hori, Y. Shiota, K. Yoshizawa, M. Ishida, H. Furuta, *J. Am. Chem. Soc.* **2018**, *140*, 6883-6892; (b) B. Adinarayana, A. P. Thomas, C. H. Suresh, A. Srinivasan, *Angew. Chem., Int. Ed.* **2015**, *54*, 10478-10482; (c) X. Ribas, D. A. Jackson, B. Donnadieu, J. Mahía, T. Parella, R. Xifra, B. Hedman, K. O. Hodgson, A. Llobet, T. D. P. Stack, *Angew. Chem., Int. Ed.* **2002**, *41*, 2991-2994; (d) H. Zhang, B. Yao, L. Zhao, D.-X. Wang, B.-Q. Xu, M.-X. Wang, *J. Am. Chem. Soc.* **2014**, *136*, 6326-6332; (e) X.-S. Ke, Y. Hong, P. Tu, Q. He, V. M. Lynch, D. Kim, J. L. Sessler, *J. Am. Chem. Soc.* **2017**, *139*, 15232-15238.

[27]   (a) Z. S. Ghavami, M. R. Anneser, F. Kaiser, P. J. Altmann, B. J. Hofmann, J. F. Schlagintweit, G. Grivani, F. E. Kühn, *Chem. Sci.* **2018**, *9*, 8307-8314; (b) R. Santo, R. Miyamoto, R. Tanaka, T. Nishioka, K. Sato, K. Toyota, M. Obata, S. Yano, I. Kinoshita, A. Ichimura, T. Takui, *Angew. Chem., Int. Ed.* **2006**, *45*, 7611-7614; (c) A. Casitas, X. Ribas, *Chem. Sci.* **2013**, *4*, 2301-2318.

[28]   Y. Liu, S. G. Resch, I. Klawitter, G. E. Cutsail Iii, S. Demeshko, S. Dechert, F. E. Kühn, S. DeBeer, F. Meyer, *Angew. Chem., Int. Ed.* **2020**, *59*, 5696-5705.

[29]   D. S. Weinberger, N. Amin Sk, K. C. Mondal, M. Melaimi, G. Bertrand, A. C. Stückl, H. W. Roesky, B. Dittrich, S. Demeshko, B. Schwederski, W. Kaim, P. Jerabek, G. Frenking, *J. Am. Chem. Soc.* **2014**, *136*, 6235-6238.

[30]   P. Jerabek, H. W. Roesky, G. Bertrand, G. Frenking, *J. Am. Chem. Soc.* **2014**, *136*, 17123-17135.

[31]   C. R. Landis, R. P. Hughes, F. Weinhold, *Organometallics* **2015**, *34*, 3442-3449.

[32]   G. D. Frey, B. Donnadieu, M. Soleilhavoup, G. Bertrand, *Chem. Asian J.* **2011**, *6*, 402-405.

[33]   N. P. Mankad, D. S. Laitar, J. P. Sadighi, *Organometallics* **2004**, *23*, 3369-3371.

[34]   (a) S. Riedel, M. Kaupp, *Coord. Chem. Rev.* **2009**, *253*, 606-624; (b) T. V. Popova, N. V. Aksenova, *Russ. J. Coord. Chem.* **2003**, *29*, 743-765; (c) R. Hoppe, *Angew. Chem., Int. Ed.* **1981**, *20*, 63-87; (d) S. Darracq, S. G. Kang, J. H. Choy, G. Demazeau, *J. Solid State Chem.* **1995**, *114*, 88-94.

[35]   (a) A. Williams, *J. Phys.: Condens. Matter* **1989**, *1*, 2569-2574; (b) L. Poyer, M. Fielder, H. Harrison, B. E. Bryant, H. H. Hyman, J. J. Katz, L. A. Quarterman, *Inorg. Synth.* **1957**, 18-21.

[36]   (a) A. Straube, P. Coburger, M. R. Ringenberg, E. Hey-Hawkins, *Chem. Eur. J.* **2020**, *26*, 5758-5764; (b) S. Bestgen, M. T. Gamer, S. Lebedkin, M. M. Kappes, P. W. Roesky, *Chem. Eur. J.* **2015**, *21*, 601-614.

[37] C. Kaub, S. Lebedkin, S. Bestgen, R. Köppe, M. M. Kappes, P. W. Roesky, *Chem. Commun.* **2017**, *53*, 9578-9581.

[38] J. Jimenez, I. Chakraborty, A. M. Del Cid, P. K. Mascharak, *Inorg. Chem.* **2017**, *56*, 4784-4787.

[39] G. Kleinhans, A. K. W. Chan, M.-Y. Leung, D. C. Liles, M. A. Fernandes, V. W. W. Yam, I. Fernández, D. I. Bezuidenhout, *Chem. Eur. J.* **2020**, *26*, 6993-6998.

[40] A. K. Singh, F. S. T. Khan, S. P. Rath, *Angew. Chem., Int. Ed.* **2017**, *56*, 8849-8854.

[41] (a) D. I. Bezuidenhout, G. Kleinhans, G. Guisado-Barrios, D. C. Liles, G. Ung, G. Bertrand, *Chem. Commun.* **2014**, *50*, 2431-2433; (b) G. Kleinhans, M. M. Hansmann, G. Guisado-Barrios, D. C. Liles, G. Bertrand, D. I. Bezuidenhout, *J. Am. Chem. Soc.* **2016**, *138*, 15873-15876.

[42] B. Patra, S. Sobottka, W. Sinha, B. Sarkar, S. Kar, *Chem. Eur. J.* **2017**, *23*, 13858-13863.

[43] L. E. Orgel, *J. Chem. Soc.* **1958**.

[44] (a) M. Concepción Gimeno, A. Laguna, C. Sarroca, P. G. Jones, *Inorg. Chem.* **1993**, *32*, 5926-5932; (b) M. N. I. Khan, R. J. Staples, C. King, J. P. Fackler, R. E. P. Winpenny, *Inorg. Chem.* **1993**, *32*, 5800-5807.

[45] (a) J.-U. Kim, S.-H. Cha, K. Shin, J. Y. Jho, J.-C. Lee, *J. Am. Chem. Soc.* **2005**, *127*, 9962-9963; (b) B. K. Teo, X. Shi, H. Zhang, *J. Am. Chem. Soc.* **1992**, *114*, 2743-2745; (c) S. Kenzler, F. Fetzer, C. Schrenk, N. Pollard, A. R. Frojd, A. Z. Clayborne, A. Schnepf, *Angew. Chem., Int. Ed.* **2019**, *58*, 5902-5905; (d) S. Kenzler, A. Schnepf, *Chem. Sci.* **2021**.

[46] (a) R. Jazzar, M. Soleilhavoup, G. Bertrand, *Chem. Rev.* **2020**, *120*, 4141-4168; (b) D. S. Weinberger, M. Melaimi, C. E. Moore, A. L. Rheingold, G. Frenking, P. Jerabek, G. Bertrand, *Angew. Chem., Int. Ed.* **2013**, *52*, 8964-8967.

[47] (a) A. Laguna, M. Laguna, *Coord. Chem. Rev.* **1999**, *193-195*, 837-856; (b) S. Preiß, C. Förster, S. Otto, M. Bauer, P. Müller, D. Hinderberger, H. Hashemi Haeri, L. Carella, K. Heinze, *Nat. Chem.* **2017**, *9*, 1249-1255; (c) A. J. Blake, J. A. Greig, A. J. Holder, T. I. Hyde, A. Taylor, M. Schröder, *Angew. Chem., Int. Ed.* **1990**, *29*, 197-198; (d) S. H. Elder, G. M. Lucier, F. J. Hollander, N. Bartlett, *J. Am. Chem. Soc.* **1997**, *119*, 1020-1026.

[48] S. Seidel, K. Seppelt, *Science* **2000**, *290*, 117.

[49] T. Drews, S. Seidel, K. Seppelt, *Angew. Chem., Int. Ed.* **2002**, *41*, 454-456.

[50] K. Heinze, *Angew. Chem., Int. Ed.* **2017**, *56*, 16126-16134.

[51] W. Lu, H. Hu, Y. Li, R. Ganguly, R. Kinjo, *J. Am. Chem. Soc.* **2016**, *138*, 6650-6661.

[52] J. Hicks, A. Mansikkamäki, P. Vasko, J. M. Goicoechea, S. Aldridge, *Nat. Chem.* **2019**, *11*, 237-241.

[53] J. Hicks, P. Vasko, J. M. Goicoechea, S. Aldridge, *Nature* **2018**, *557*, 92-95.

[54] A. Suzuki, X. Guo, Z. Lin, M. Yamashita, *Chem. Sci.* **2021**.

[55] P. Pyykkö, J. P. Desclaux, *Acc. Chem. Res.* **1979**, *12*, 276–281.

[56] B. Sonne, R. Weiß, *Einsteins Theorien*, Springer Berlin Heidelberg, Berlin, Heidelberg, **2013**.

[57] P. Pyykkö, *Angew. Chem., Int. Ed.* **2004**, *43*, 4412-4456.

[58] P. Schwerdtfeger, M. Dolg, W. H. E. Schwarz, G. A. Bowmaker, P. D. W. Boyd, *J. Chem. Phys.* **1989**, *91*, 1762-1774.

[59] (a) H. Schmidbaur, A. Schier, *Chem. Soc. Rev.* **2008**, *37*, 1931-1951; (b) M. Jansen, *J. Less-Common Met.* **1980**, *76*, 285-292; (c) M. Jansen, *Angew. Chem., Int. Ed.* **1987**, *26*, 1098–1110.

[60]   (a) V. G. Andrianov, Y. T. Struchkov, E. R. Rossinskaja, *J. Chem. Soc., Chem. Commun.* **1973**, 338-339; (b) P. G. Jones, *Gold Bull.* **1981**, *14*, 102-118; (c) M. Melnínk, R. V. Parish, *Coord. Chem. Rev.* **1986**, *70*, 157-257.

[61]   (a) F. Scherbaum, A. Grohmann, G. Müller, H. Schmidbaur, *Angew. Chem., Int. Ed.* **1989**, *28*, 463-465; (b) H. Schmidbaur, *Gold Bull.* **1990**, *23*, 11-21.

[62]   H. Schmidbaur, A. Schier, *Chem. Soc. Rev.* **2012**, *41*, 370–412.

[63]   S. Alvarez, *Dalton Trans.* **2013**, *42*, 8617-8636.

[64]   (a) P. Schwerdtfeger, A. E. Bruce, M. R. M. Bruce, *J. Am. Chem. Soc.* **1998**, *120*, 6587-6597; (b) E. Andris, P. C. Andrikopoulos, J. Schulz, J. Turek, A. Růžička, J. Roithová, L. Rulíšek, *J. Am. Chem. Soc.* **2018**, *140*, 2316-2325.

[65]   (a) H. Schmidbaur, A. Schier, *Angew. Chem., Int. Ed.* **2015**, *54*, 746-784; (b) A. K. Jassal, *Inorg. Chem. Front.* **2020**, *7*, 3735-3764.

[66]   (a) H. L. Hermann, G. Boche, P. Schwerdtfeger, *Chem. Eur. J.* **2001**, *7*, 5333-5342; (b) N. V. S. Harisomayajula, B.-H. Wu, D.-Y. Lu, T.-S. Kuo, I. C. Chen, Y.-C. Tsai, *Angew. Chem., Int. Ed.* **2018**, *57*, 9925-9929; (c) M. A. Carvajal, S. Alvarez, J. J. Novoa, *Chemistry* **2004**, *10*, 2117-2132.

[67]   P. Pyykkö, J. Li, N. Runeberg, *Chem. Phys. Lett.* **1994**, *218*, 133-138.

[68]   (a) M. J. Calhorda, C. Ceamanos, O. Crespo, M. Concepción Gimeno, A. Laguna, C. Larraz, P. D. Vaz, M. D. Villacampa, *Inorg. Chem.* **2010**, *49*, 8255–8269; (b) B. Singh, A. Thakur, M. Kumar, D. Jasrotia, *Mater. Chem. Phys.* **2017**, *196*, 52-61; (c) S. Sculfort, P. Croizat, A. Messaoudi, M. Benard, M. M. Rohmer, R. Welter, P. Braunstein, *Angew. Chem., Int. Ed.* **2009**, *48*, 9663-9667; (d) P. Ai, A. A. Danopoulos, P. Braunstein, K. Y. Monakhov, *Chem. Commun.* **2014**, *50*, 103-105; (e) A. Burini, J. P. Fackler, R. Galassi, T. A. Grant, M. A. Omary, M. A. Rawashdeh-Omary, B. R. Pietroni, R. J. Staples, *J. Am. Chem. Soc.* **2000**, *122*, 11264–11265; (f) S. Sculfort, P. Braunstein, *Chem. Soc. Rev.* **2011**, *40*, 2741-2760; (g) J. Echeverría, *Chem. Commun.* **2018**, *54*, 6312-6315.

[69]   (a) M. Kim, T. J. Taylor, F. P. Gabbai, *J. Am. Chem. Soc.* **2008**, *130*, 6332-6333; (b) R. J. Oeschger, P. Chen, *J. Am. Chem. Soc.* **2017**, *139*, 1069-1072.

[70]   (a) A. Aliprandi, D. Genovese, M. Mauro, L. De Cola, *Chem. Lett.* **2015**, *44*, 1152-1169; (b) N. Masciocchi, M. Moret, P. Cairati, F. Ragaini, A. Sironi, *J. Chem. Soc., Dalton Trans.* **1993**; (c) E. M. Gussenhoven, M. M. Olmstead, J. C. Fettinger, A. L. Balch, *Inorg. Chem.* **2008**, *47*, 4570-4578; (d) C. Yin, F. Huo, W. Wang, R.-H. Ismayiloy, G. Lee, C. Yeh, S. Peng, P. Yang, *Chin. J. Chem.* **2009**, *27*, 1295-1299; (e) J. Zhang, L.-G. Zhu, *Synth. React. Inorg., Met.-Org., Nano-Met. Chem.* **2012**, *42*, 1071-1077; (f) L. Oresmaa, M. A. Moreno, M. Jakonen, S. Suvanto, M. Haukka, *Appl. Catal., A* **2009**, *353*, 113-116; (g) M. A. Ciriano, S. Sebastián, L. A. Oro, A. Tiripicchio, M. T. Camellini, F. J. Lahoz, *Angew. Chem., Int. Ed.* **1988**, *27*, 402-403; (h) E. Laurila, R. Tatikonda, L. Oresmaa, P. Hirva, M. Haukka, *CrystEngComm* **2012**, *14*, 8401-8408.

[71]   C. Janiak, R. Hoffmann, *J. Am. Chem. Soc.* **1990**, *112*, 5924-5946.

[72]   (a) E. J. Fernandez, P. G. Jones, A. Laguna, J. M. Lopez-De-Luzuriaga, M. Monge, J. Perez, M. E. Olmos, *Inorg. Chem.* **2002**, *41*, 1056-1063; (b) T. P. Seifert, N. D. Knoefel, T. J. Feuerstein, K. Reiter, S. Lebedkin, M. T. Gamer, A. C. Boukis, F. Weigend, M. M. Kappes, P. W. Roesky, *Chemistry* **2019**, *25*, 3799-3808; (c) M. Bardajía, A. Laguna, *Eur. J. Inorg. Chem.* **2003**, *2003*, 3069-3079; (d) S. Raju, H. B. Singh, R. J. Butcher, *Dalton Trans.* **2020**, *49*, 9099-9117; (e) L. H. Doerrer, *Comments Inorg. Chem.* **2008**, *29*, 93-127.

[73]   L. H. Doerrer, *Dalton Trans.* **2010**, *39*, 3543-3553.

[74]   J. Lewiński, J. Zachara, K. B. Starowieyski, I. Justyniak, J. Lipkowski, W. Bury, P. Kruk, R. Woźniak, *Organometallics* **2005**, *24*, 4832-4837.

[75] V. V. Shatunov, A. A. Korlyukov, A. V. Lebedev, V. D. Sheludyakov, B. I. Kozyrkin, V. Y. Orlov, *J. Organomet. Chem.* **2011**, *696*, 2238-2251.

[76] E. Paenurk, R. Gershoni-Poranne, P. Chen, *Organometallics* **2017**, *36*, 4854-4863.

[77] (a) J. Li, P. Pyykkö, *Chem. Phys. Lett.* **1992**, *197*, 586–590; (b) P. Pyykkö, Y. Zhao, *Angew. Chem., Int. Ed.* **1991**, *30*, 604-605.

[78] N. Runeberg, M. Schütz, H.-J. Werner, *J. Chem. Phys.* **1999**, *110*, 7210-7215.

[79] H. Schmidbaur, *Gold Bull.* **2000**, *33*, 3-10.

[80] (a) P. K. Mehrotra, R. Hoffmann, *Inorg. Chem.* **1978**, *17*, 2187-2189; (b) A. Dedieu, R. Hoffmann, *J. Am. Chem. Soc.* **1978**, *100*, 2074-2079.

[81] Y. Jiang, S. Alvarez, R. Hoffmann, *Inorg. Chem.* **1985**, *24*, 749-757.

[82] Q. Zheng, S. Borsley, G. S. Nichol, F. Duarte, S. L. Cockroft, *Angew. Chem., Int. Ed.* **2019**, *58*, 12617-12623.

[83] M. B. Brands, J. Nitsch, C. F. Guerra, *Inorg. Chem.* **2018**, *57*, 2603-2608.

[84] (a) M. A. Rawashdeh-Omary, M. A. Omary, H. H. Patterson, *J. Am. Chem. Soc.* **2000**, *122*, 10371-10380; (b) J. C. Lin, S. S. Tang, C. S. Vasam, W. C. You, T. W. Ho, C. H. Huang, B. J. Sun, C. Y. Huang, C. S. Lee, W. S. Hwang, A. H. Chang, I. J. Lin, *Inorg. Chem.* **2008**, *47*, 2543-2551; (c) F. Balzano, A. Cuzzola, P. Diversi, F. Ghiotto, G. Uccello-Barretta, *Eur. J. Inorg. Chem.* **2007**, 5556-5562; (d) Z. Lei, J. Y. Zhang, Z. J. Guan, Q. M. Wang, *Chem. Commun.* **2017**, *53*, 10902-10905; (e) H. de la Riva, A. Pintado-Alba, M. Nieuwenhuyzen, C. Hardacre, M. C. Lagunas, *Chem. Commun.* **2005**, 4970-4972.

[85] R. F. Ziolo, S. Lipton, Z. Dori, *J. Chem. Soc. D* **1970**, 1124-1125.

[86] (a) V. W.-W. Yam, E. Chung-Chin Cheng, in *Photochemistry and photophysics of coordination compounds II, Vol. 281* (Eds.: V. Balzani, S. Campagna, A. Barbieri), Springer, Berlin, Heidelberg, **2007**, pp. 269–309; (b) J. C. Koziar, D. O. Cowan, *Acc. Chem. Res.* **2002**, *11*, 334-341.

[87] C.-K. Li, X.-X. Lu, K. M.-C. Wong, C.-L. Chan, N. Zhu, V. W.-W. Yam, *Inorg. Chem.* **2004**, *43*, 7421-7430.

[88] V. W.-W. Yam, T.-F. Lai, C.-M. Che, *J. Chem. Soc., Dalton Trans.* **1990**, 3747-3752.

[89] (a) T. P. Seifert, V. R. Naina, T. J. Feuerstein, N. D. Knöfel, P. W. Roesky, *Nanoscale* **2020**, *12*, 20065-20088; (b) S. K. Chastain, W. R. Mason, *Inorg. Chem.* **1982**, *21*, 3717-3721; (c) M. M. Savas, W. R. Mason, *Inorg. Chem.* **2002**, *26*, 301-307; (d) A. Vogler, *Coord. Chem. Rev.* **2001**, *219-221*, 489-507.

[90] Y. A. Lee, J. E. McGarrah, R. J. Lachicotte, R. Eisenberg, *J. Am. Chem. Soc.* **2002**, *124*, 10662-10663.

[91] (a) N. M.-W. Wu, M. Ng, V. W.-W. Yam, *Angew. Chem., Int. Ed.* **2019**, *58*, 3027-3031; (b) M. Jin, T. Seki, H. Ito, *J. Am. Chem. Soc.* **2017**, *139*, 7452-7455.

[92] (a) J. C. Vickery, M. M. Olmstead, E. Y. Fung, A. L. Balch, *Angew. Chem., Int. Ed.* **1997**, *36*, 1179-1181; (b) D. Rios, D. M. Pham, J. C. Fettinger, M. M. Olmstead, A. L. Balch, *Inorg. Chem.* **2008**, *47*, 3442-3451.

[93] (a) X. He, V. W.-W. Yam, *Coord. Chem. Rev.* **2011**, *255*, 2111–2123; (b) M. A. Malwitz, S. H. Lim, R. L. White-Morris, D. M. Pham, M. M. Olmstead, A. L. Balch, *J. Am. Chem. Soc.* **2012**, *134*, 10885-10893.

[94] C. Jobbágy, A. Deák, *Eur. J. Inorg. Chem.* **2014**, 4434-4449.

[95] (a) R. L. White-Morris, M. M. Olmstead, F. Jiang, D. S. Tinti, A. L. Balch, *J. Am. Chem. Soc.* **2002**, *124*, 2327-2336; (b) M. Saitoh, A. L. Balch, J. Yuasa, T. Kawai, *Inorg. Chem.* **2010**, *49*, 7129-

7134; (c) A. L. Balch, *Angew. Chem., Int. Ed.* **2009**, *48*, 2641-2644; (d) M. T. Dau, J. R. Shakirova, A. J. Karttunen, E. V. Grachova, S. P. Tunik, A. S. Melnikov, T. A. Pakkanen, I. O. Koshevoy, *Inorg. Chem.* **2014**, *53*, 4705-4715.

[96] N. L. Coker, J. A. Krause Bauer, R. C. Elder, *J. Am. Chem. Soc.* **2004**, *126*, 12-13.

[97] J. R. Shakirova, E. V. Grachova, V. V. Gurzhiy, I. O. Koshevoy, A. S. Melnikov, O. V. Sizova, S. P. Tunik, A. Laguna, *Dalton Trans.* **2012**, *41*, 2941-2949.

[98] Q.-M. Wang, Y.-A. Lee, O. Crespo, J. Deaton, C. Tang, H. J. Gysling, M. Concepción Gimeno, C. Larraz, M. D. Villacampa, A. Laguna, R. Eisenberg, *J. Am. Chem. Soc.* **2004**, *126*, 9488-9489.

[99] S. Schäfer, M. T. Gamer, S. Lebedkin, F. Weigend, M. M. Kappes, P. W. Roesky, *Chem. Eur. J.* **2017**, *23*, 12198-12209.

[100] (a) R. G. Pearson, *Coord. Chem. Rev.* **1990**, *100*, 403-425; (b) R. G. Pearson, *J. Am. Chem. Soc.* **1963**, *85*, 3533-3539.

[101] (a) B. Wu, K. M. Gramigna, M. W. Bezpalko, B. M. Foxman, C. M. Thomas, *Inorg. Chem.* **2015**, *54*, 10909-10917; (b) B. Wu, M. W. Bezpalko, B. M. Foxman, C. M. Thomas, *Chem. Sci.* **2015**, *6*, 2044-2049; (c) B. G. Cooper, C. M. Fafard, B. M. Foxman, C. M. Thomas, *Organometallics* **2010**, *29*, 5179-5186; (d) F. Völcker, F. M. Mück, K. D. Vogiatzis, K. Fink, P. W. Roesky, *Chem. Commun.* **2015**, *51*, 11761-11764; (e) T. P. Seifert, S. Bestgen, T. J. Feuerstein, S. Lebedkin, F. Krämer, C. Fengler, M. T. Gamer, M. M. Kappes, P. W. Roesky, *Dalton Trans.* **2019**, *48*, 15427-15434.

[102] (a) P. C. Junk, M. L. Cole, *Chem. Commun.* **2007**, 1579-1590; (b) F. T. Edelmann, *Chem. Soc. Rev.* **2012**, *41*, 7657-7672; (c) D. A. Kissounko, M. V. Zabalov, G. P. Brusova, D. A. Lemenovskii, *Russ. Chem. Rev.* **2006**, *75*, 351-374.

[103] R. Mason, D. W. Meek, *Angew. Chem., Int. Ed.* **1978**, *17*, 183-194.

[104] (a) N. Tsukada, O. Tamura, Y. Inoue, *Organometallics* **2002**, *21*, 2521-2528; (b) L. Wesemann, H. Schubert, H. Mayer, S. Wernitz; Komplexverbindungen mit vierzähnigen Liganden und ihre Verwendung im optoelektronischen Bereich; DE 10 2011 079 857 A1 2011; (c) K.-s. Son, D. M. Pearson, S.-J. Jeon, R. M. Waymouth, *Eur. J. Inorg. Chem.* **2011**, 4256-4261; (d) S. Tanaka, A. Yagyu, M. Kikugawa, M. Ohashi, T. Yamagata, K. Mashima, *Chemistry* **2011**, *17*, 3693-3709; (e) Y. Yamaguchi, K. Yamanishi, M. Kondo, N. Tsukada, *Organometallics* **2013**, *32*, 4837-4842.

[105] M. Dahlen, Master thesis, *Triazol-, Imidazol- und Amidinatbasierte Liganden für mehrkernige Goldkomplexe*, **2017**, Karlsruher Institut für Technology

[106] (a) C. Zovko, S. Bestgen, C. Schoo, A. Görner, J. M. Goicoechea, P. W. Roesky, *Chem. Eur. J.* **2020**, *26*, 13191-13202; (b) G. S. Day, B. Pan, D. L. Kellenberger, B. M. Foxman, C. M. Thomas, *Chem. Commun.* **2011**, *47*, 3634-3636.

[107] G. B. Deacon, P. C. Junk, D. Werner, *Polyhedron* **2016**, *103*, 178-186.

[108] M. L. Cole, D. J. Evans, P. C. Junk, M. K. Smith, *Chem. Eur. J.* **2003**, *9*, 415-424.

[109] S. Preusser, D. Kalden, D. Bevern, A. Oberheide, H. Görls, W. Imhof, M. Westerhausen, S. Krieck, *Eur. J. Inorg. Chem.* **2019**, 1970-1978.

[110] J. Baldamus, C. Berghof, M. L. Cole, D. J. Evans, E. Hey-Hawkins, P. C. Junk, *J. Chem. Soc., Dalton Trans.* **2002**, 4185-4192.

[111] M. Dahlen, M. Kehry, S. Lebedkin, M. M. Kappes, W. Klopper, P. W. Roesky, *Dalton Trans.* **2021**, *50*, 13412-13420.

[112] (a) A. G. Orpen, L. Brammer, F. H. Allen, O. Kennard, D. G. Watson, R. Taylor, *J. Chem. Soc., Dalton Trans.* **1989**, S1-S83; (b) A. C. Lane, M. V. Vollmer, C. H. Laber, D. Y. Melgarejo, G. M. Chiarella, J. P. Fackler, X. Yang, G. A. Baker, J. R. Walensky, *Inorg. Chem.* **2014**, *53*, 11357-11366.

[113] F. A. Cotton, X. Feng, M. Matusz, R. Poli, *J. Am. Chem. Soc.* **1988**, *110*, 7077-7083.

[114] (a) W.-H. Chan, S.-M. Peng, C.-M. Che, *J. Chem. Soc., Dalton Trans.* **1998**, 2867-2872; (b) T. Zhang, C. Chen, Y. Qin, X. Meng, *Inorg. Chem. Commun.* **2006**, *9*, 72-74; (c) Y. Nakajima, Y. Shiraishi, T. Tsuchimoto, F. Ozawa, *Chem. Commun.* **2011**, *47*, 6332-6334; (d) T.-H. Huang, M.-H. Zhang, *Aust. J. Chem.* **2014**, *67*, 887-894; (e) M. Abdul Jalil, T. Yamada, S. Fujinami, T. Honjo, H. Nishikawa, *Polyhedron* **2001**, *20*, 627-633.

[115] (a) M. S. Balakrishna, R. Venkateswaran, S. M. Mobin, *Inorg. Chim. Acta* **2009**, *362*, 271-276; (b) A. Cingolani, Effendy, F. Marchetti, C. Pettinari, R. Pettinari, B. W. Skelton, A. H. White, *Inorg. Chem.* **2004**, *43*, 4387-4399.

[116] B. K. Tate, C. M. Wyss, J. Bacsa, K. Kluge, L. Gelbaum, J. P. Sadighi, *Chem. Sci.* **2013**, *4*, 3068-3074.

[117] (a) A. Pidcock, *Chem. Commun.* **1968**, 92-92; (b) R. H. Crabtree, *The organometallic chemistry of the transition metals*, Sixth edition ed., Wiley, Hoboken, New Jersey, **2014**.

[118] R. Usón, A. Laguna, M. Laguna, E. Fernandez, M. D. Villacampa, P. G. Jones, G. M. Sheldrick, *J. Chem. Soc., Dalton Trans.* **1983**, 1679-1685.

[119] M. Stollenz, *Chem. Eur. J.* **2019**, *25*, 4274-4298.

[120] (a) A. Ghisolfi, C. Fliedel, P. de Frémont, P. Braunstein, *Dalton Trans.* **2017**, *46*, 5571-5586; (b) E. Tomás-Mendivil, R. García-Álvarez, S. E. García-Garrido, J. Díez, P. Crochet, V. Cadierno, *J. Organomet. Chem.* **2013**, *727*, 1-9; (c) C. S. Browning, D. H. Farrar, D. C. Frankel, *Z. Kristallogr. - New Cryst. Struct.* **1997**, *212*, 201-202; (d) S. Porcel, A. M. Echavarren, *Angew. Chem., Int. Ed.* **2007**, *46*, 2672-2676.

[121] (a) Y. Yuan, H.-L. Han, S. Lin, Y.-Z. Cui, M. Liu, Z.-F. Li, Q.-H. Jin, Y.-P. Yang, Z.-W. Zhang, *Polyhedron* **2016**, *119*, 184-193; (b) F. Hung-Low, A. Renz, K. K. Klausmeyer, *Eur. J. Inorg. Chem.* **2009**, 2994-3002.

[122] M. Dahlen, E. H. Hollesen, M. Kehry, M. T. Gamer, S. Lebedkin, D. Schooss, M. M. Kappes, W. Klopper, P. W. Roesky, *Angew. Chem., Int. Ed.* **2021**, *60*, 23365-23372.

[123] (a) M.-M. Zhang, X.-Y. Dong, Z.-Y. Wang, H.-Y. Li, S.-J. Li, X. Zhao, S.-Q. Zang, *Angew. Chem., Int. Ed.* **2020**, *59*, 10052-10058; (b) R. L. White-Morris, M. M. Olmstead, S. Attar, A. L. Balch, *Inorg. Chem.* **2005**, *44*, 5021-5029.

[124] H. de la Riva, M. Nieuwhuyzen, C. Mendicute Fierro, P. R. Raithby, L. Male, M. C. Lagunas, *Inorg. Chem.* **2006**, *45*, 1418-1420.

[125] C. E. Strasser, V. J. Catalano, *J. Am. Chem. Soc.* **2010**, *132*, 10009-10011.

[126] M. Gil-Moles, M. Concepción Gimeno, J. M. López-de-Luzuriaga, M. Monge, M. E. Olmos, D. Pascual, *Inorg. Chem.* **2017**, *56*, 9281-9290.

[127] P. N. Bartlett, F. Cheng, D. A. Cook, A. L. Hector, W. Levason, G. Reid, W. Zhang, *Inorg. Chim. Acta* **2010**, *363*, 1048-1051.

[128] Y. Takemura, H. Takenaka, T. Nakajima, T. Tanase, *Angew. Chem., Int. Ed.* **2009**, *48*, 2157-2161.

[129] (a) T. Tanase, R. Otaki, T. Nishida, H. Takenaka, Y. Takemura, B. Kure, T. Nakajima, Y. Kitagawa, T. Tsubomura, *Chem. Eur. J.* **2014**, *20*, 1577-1596; (b) D. Li, C.-M. Che, S.-M. Peng, S.-T. Liu, Z.-Y. Zhou, T. C. W. Mak, *J. Chem. Soc., Dalton Trans.* **1993**, 189-194.

[130] (a) J. T. Khoury, S. E. Rodriguez-Cruz, J. H. Parks, *J. Am. Soc. Mass Spectrom.* **2002**, *13*, 696-708; (b) J.-F. Greisch, M. E. Harding, M. Kordel, W. Klopper, M. M. Kappes, D. Schooss, *Phys. Chem. Chem. Phys.* **2013**, *15*, 8162-8170.

[131] (a) R. Ahlrichs, M. Bär, M. Haser, H. Horn, C. Kolmel, *Chem. Phys. Lett.* **1989**, *162*, 165-169; (b) F. Furche, R. Ahlrichs, C. Hättig, W. Klopper, M. Sierka, F. Weigend, *Wiley Interdiscip. Rev.: Comput. Mol. Sci.* **2014**, *4*, 91–100.

[132]   (a) C. Adamo, V. Barone, *J. Chem. Phys.* **1999**, *110*, 6158–6170; (b) M. Kuhn, F. Weigend, *J Chem Theory Comput* **2013**, *9*, 5341-5348; (c) F. Weigend, R. Ahlrichs, *Phys. Chem. Chem. Phys.* **2005**, *7*, 3297–3305; (d) F. Weigend, A. Baldes, *J. Chem. Phys.* **2010**, *133*, 174102; (e) D. Figgen, G. Rauhut, M. Dolg, H. Stoll, *Chem. Phys.* **2005**, *311*, 227–244.

[133]   (a) R. Bauernschmitt, M. Haser, O. Treutler, R. Ahlrichs, *Chem. Phys. Lett.* **1997**, *264*, 573-578; (b) R. Bauernschmitt, R. Ahlrichs, *Chem. Phys. Lett.* **1996**, *256*, 454-464; (c) R. Bauernschmitt, R. Ahlrichs, *J Chem Phys* **1996**, *104*, 9047-9052; (d) F. Furche, R. Ahlrichs, *J. Chem. Phys.* **2002**, *117*, 7433-7447; (e) D. Rappoport, F. Furche, *J. Chem. Phys.* **2005**, *122*; (f) C. Holzer, *J Chem Phys* **2020**, *153*; (g) F. Neese, F. Wennmohs, A. Hansen, U. Becker, *Chem. Phys.* **2009**, *356*, 98–109; (h) P. Plessow, F. Weigend, *J. Comput. Chem.* **2012**, *33*, 810–816.

[134]   (a) I. P. Liu, W. Z. Wang, S. M. Peng, *Chem. Commun.* **2009**, 4323-4331; (b) K. Krogmann, *Angew. Chem.* **1969**, *81*, 10-17.

[135]   (a) L. Estévez, *Dalton Trans.* **2020**, *49*, 4797-4804; (b) A. K. Ghosh, V. J. Catalano, *Eur. J. Inorg. Chem.* **2009**, 1832-1843; (c) H. T. Al-Masri, A. A. Almejled, *Z. Anorg. Allg. Chem.* **2020**, *646*, 354-358; (d) Y. Du, H. Sheng, D. Astruc, M. Zhu, *Chem. Rev.* **2020**, *120*, 526-622; (e) Y. Zhao, Y. Zhou, T. Chen, S.-F. Yin, L.-B. Han, *Inorg. Chim. Acta* **2014**, *422*, 36-39.

[136]   (a) S. Grimme, *Angew. Chem., Int. Ed.* **2008**, *47*, 3430-3434; (b) C. A. Hunter, J. K. M. Sanders, *J. Am. Chem. Soc.* **1990**, *112*, 5525-5534.

[137]   (a) T. J. Feuerstein, T. P. Seifert, A. P. Jung, R. Müller, S. Lebedkin, M. M. Kappes, P. W. Roesky, *Chem. Eur. J.* **2020**, *26*, 16676-16682; (b) S. Bestgen, C. Schoo, C. Zovko, R. Köppe, R. P. Kelly, S. Lebedkin, M. M. Kappes, P. W. Roesky, *Chem. Eur. J.* **2016**, *22*, 7115-7126.

[138]   R. Donamaría, V. Lippolis, J. M. López-de-Luzuriaga, M. Monge, M. Nieddu, M. E. Olmos, *Dalton Trans.* **2020**, *49*, 10983-10993.

[139]   M. Dahlen, N. Reinfandt, C. Jin, M. T. Gamer, K. Fink, P. W. Roesky, *Chemistry* **2021**, 10.1002/chem.202102430.

[140]   (a) B. G. Cooper, J. W. Napoline, C. M. Thomas, *Catal. Rev.* **2012**, *54*, 1-40; (b) P. Buchwalter, J. Rosé, P. Braunstein, *Chem. Rev.* **2015**, *115*, 28-126.

[141]   P. Cui, C. Xiong, J. Du, Z. Huang, S. Xie, H. Wang, S. Zhou, H. Fang, S. Wang, *Dalton Trans.* **2020**, *49*, 124-130.

[142]   (a) V. N. Setty, W. Zhou, B. M. Foxman, C. M. Thomas, *Inorg. Chem.* **2011**, *50*, 4647-4655; (b) B. P. Greenwood, G. T. Rowe, C.-H. Chen, B. M. Foxman, C. M. Thomas, *J. Am. Chem. Soc.* **2010**, *132*, 44-45; (c) C. M. Thomas, J. W. Napoline, G. T. Rowe, B. M. Foxman, *Chem. Commun.* **2010**, *46*, 5790-5792.

[143]   C. M. Thomas, *Comments Inorg. Chem.* **2011**, *32*, 14-38.

[144]   F. Völcker, P. W. Roesky, *Dalton Trans.* **2016**, *45*, 9429-9435.

[145]   (a) Q. Xu, Z. Chen, H. Min, F. Song, Y.-X. Wang, W. Shi, P. Cheng, *Inorg. Chem.* **2020**, *59*, 6729-6735; (b) P. B. Glover, P. R. Ashton, L. J. Childs, A. Rodger, M. Kercher, R. M. Williams, L. De Cola, Z. Pikramenou, *J. Am. Chem. Soc.* **2003**, *125*, 9918-9919.

[146]   (a) A. de Bettencourt-Dias, *Dalton Trans.* **2007**, 2229-2241; (b) W. J. Mir, T. Sheikh, H. Arfin, Z. Xia, A. Nag, *NPG Asia Mater.* **2020**, *12*, 9; (c) B. M. Tissue, *Chem. Mater.* **1998**, *10*, 2837-2845; (d) K. Binnemans, *Chem. Rev.* **2009**, *109*, 4283-4374; (e) J. P. Leonard, C. B. Nolan, F. Stomeo, T. Gunnlaugsson, in *Photochemistry and Photophysics of Coordination Compounds II* (Eds.: V. Balzani, S. Campagna), Springer Berlin Heidelberg, Berlin, Heidelberg, **2007**, pp. 1-43.

[147]   (a) P. Dorenbos, *J. Lumin.* **2000**, *91*, 91-106; (b) P. Dorenbos, A. H. Krumpel, E. van der Kolk, P. Boutinaud, M. Bettinelli, E. Cavalli, *Opt. Mater.* **2010**, *32*, 1681-1685.

[148] (a) N. Iki, M. Ohta, T. Horiuchi, H. Hoshino, *Chem. Asian J.* **2008**, *3*, 849-853; (b) M. Maity, M. C. Majee, S. Kundu, S. K. Samanta, E. C. Sañudo, S. Ghosh, M. Chaudhury, *Inorg. Chem.* **2015**, *54*, 9715-9726; (c) R. J. Roberts, X. Li, T. F. Lacey, Z. Pan, H. H. Patterson, D. B. Leznoff, *Dalton Trans.* **2012**, *41*, 6992-6997; (d) N. Iki, S. Hiro-oka, T. Tanaka, C. Kabuto, H. Hoshino, *Inorg. Chem.* **2012**, *51*, 1648-1656; (e) X.-L. Li, K.-J. Zhang, J.-J. Li, X.-X. Cheng, Z.-N. Chen, *Eur. J. Inorg. Chem.* **2010**, 3449-3457.

[149] (a) C. R. Kesavulu, A. C. Almeida Silva, M. R. Dousti, N. O. Dantas, A. S. S. de Camargo, T. Catunda, *J. Lumin.* **2015**, *165*, 77-84; (b) J. H. S. K. Monteiro, A. de Bettencourt-Dias, I. O. Mazali, F. A. Sigoli, *New J. Chem.* **2015**, *39*, 1883-1891.

[150] (a) X. Pang, H. Sun, Y. Zhang, Q. Shen, H. Zhang, *Eur. J. Inorg. Chem.* **2005**, 1487-1491; (b) P. Dröse, S. Blaurock, Cristian G. Hrib, L. Hilfert, Frank T. Edelmann, *Z. Anorg. Allg. Chem.* **2011**, *637*, 186-189; (c) J.-F. Liu, F.-X. Pan, S. Yao, X. Min, D. Cui, Z.-M. Sun, *Organometallics* **2014**, *33*, 1374-1381.

[151] R. N. A. Prasad, R. Praveena, N. Vijaya, P. Babu, N. Krishna Mohan, *Mater. Res. Express* **2019**, *6*.

[152] (a) C. Qian, X. Zhang, J. Li, F. Xu, Y. Zhang, Q. Shen, *Organometallics* **2009**, *28*, 3856-3862; (b) T. S. Brunner, P. Benndorf, M. T. Gamer, N. Knöfel, K. Gugau, P. W. Roesky, *Organometallics* **2016**, *35*, 3474-3487; (c) G. G. Skvortsov, A. O. Tolpygin, D. M. Lyubov, N. M. Khamaletdinova, A. V. Cherkasov, K. A. Lyssenko, A. A. Trifonov, *Russ. Chem. Bull.* **2017**, *65*, 2832-2840.

[153] N. V. Ignat'ev, P. Barthen, A. Kucheryna, H. Willner, P. Sartori, *Molecules* **2012**, *17*, 5319-5338.

[154] A. W. G. Platt, *Coord. Chem. Rev.* **2017**, *340*, 62-78.

[155] T. C. Jenks, M. D. Bailey, Jessica L. Hovey, S. Fernando, G. Basnayake, M. E. Cross, W. Li, M. J. Allen, *Chem. Sci.* **2018**, *9*, 1273-1278.

[156] L. Santos Correa, Bachelor thesis, *Multinukleare Ferrocen Münzmetallkomplexe*, **2019**, Karlsruher Institut für Technology

[157] (a) T. J. Kealy, P. L. Pauson, *Nature* **1951**, *168*, 1039-1040; (b) S. A. Miller, J. A. Tebboth, J. F. Tremaine, *J. Chem. Soc.* **1952**, 632-635.

[158] (a) E. O. Fischer, W. Pfab, *Z. Naturforsch., B* **1952**, *7*, 377-379; (b) G. Wilkinson, M. Rosenblum, M. C. Whiting, R. B. Woodward, *J. Am. Chem. Soc.* **1952**, *74*, 2125-2126.

[159] (a) S. S. Braga, A. M. S. Silva, *Organometallics* **2013**, *32*, 5626-5639; (b) M. Piotrowicz, J. Zakrzewski, *Organometallics* **2013**, *32*, 5709-5712; (c) K. Kumar, S. Carrère-Kremer, L. Kremer, Y. Guérardel, C. Biot, V. Kumar, *Organometallics* **2013**, *32*, 5713-5719; (d) J. Elbert, M. Gallei, C. Rüttiger, A. Brunsen, H. Didzoleit, B. Stühn, M. Rehahn, *Organometallics* **2013**, *32*, 5873-5878.

[160] (a) R. R. Gagne, C. A. Koval, G. C. Lisensky, *Inorg. Chem.* **1980**, *19*, 2854-2855; (b) S. Fery-Forgues, B. Delavaux-Nicot, *J. Photochem. Photobiol., A* **2000**, *132*, 137-159; (c) W. Cao, J. P. Ferrance, J. Demas, J. P. Landers, *J. Am. Chem. Soc.* **2006**, *128*, 7572-7578.

[161] (a) J. Gan, H. Tian, Z. Wang, K. Chen, J. Hill, P. A. Lane, M. D. Rahn, A. M. Fox, D. D. C. Bradley, *J. Organomet. Chem.* **2002**, *645*, 168-175; (b) M. Li, Z. Guo, W. Zhu, F. Marken, T. D. James, *Chem. Commun.* **2015**, *51*, 1293-1296; (c) M. Tropiano, N. L. Kilah, M. Morten, H. Rahman, J. J. Davis, P. D. Beer, S. Faulkner, *J. Am. Chem. Soc.* **2011**, *133*, 11847-11849; (d) J. Wei, P. L. Diaconescu, *Acc. Chem. Res.* **2019**, *52*, 415-424; (e) S. Klenk, S. Rupf, L. Suntrup, M. van der Meer, B. Sarkar, *Organometallics* **2017**, *36*, 2026-2035.

[162] D. Astruc, *Eur. J. Inorg. Chem.* **2017**, 6-29.

[163] M. R. Ringenberg, *Chem. Eur. J.* **2019**, *25*, 2396-2406.

[164] M. R. Ringenberg, F. Wittkamp, U.-P. Apfel, W. Kaim, *Inorg. Chem.* **2017**, *56*, 7501-7511.

[165]   S. Kaufmann, M. Radius, E. Moos, F. Breher, P. W. Roesky, *Organometallics* **2019**, *38*, 1721-1732.

[166]   R. Fischer, H. Schmidt, F. M. Younis, H. Görls, R. Suxdorf, M. Westerhausen, *Z. Anorg. Allg. Chem.* **2020**, *646*, 207-214.

[167]   (a) P. Pérez-Galán, N. Delpont, E. Herrero-Gómez, F. Maseras, A. M. Echavarren, *Chem. Eur. J.* **2010**, *16*, 5324-5332; (b) T. Osako, Y. Tachi, M. Taki, S. Fukuzumi, S. Itoh, *Inorg. Chem.* **2001**, *40*, 6604-6609.

[168]   D. Seyferth, B. W. Hames, T. G. Rucker, M. Cowie, R. S. Dickson, *Organometallics* **1983**, *2*, 472-474.

[169]   (a) S. Akabori, T. Kumagai, T. Shirahige, S. Sato, K. Kawazoe, C. Tamura, M. Sato, *Organometallics* **1987**, *6*, 526-531; (b) K. M. Gramigna, J. V. Oria, C. L. Mandell, M. A. Tiedemann, W. G. Dougherty, N. A. Piro, W. S. Kassel, B. C. Chan, P. L. Diaconescu, C. Nataro, *Organometallics* **2013**, *32*, 5966-5979.

[170]   P. Stegner, C. Färber, J. Oetzel, U. Siemeling, M. Wiesinger, J. Langer, S. Pan, N. Holzmann, G. Frenking, U. Albold, B. Sarkar, S. Harder, *Angew. Chem., Int. Ed.* **2020**, *59*, 14615-14620.

[171]   (a) A. N. Nesmeyanov, Y. T. Struchkov, N. N. Sedova, V. G. Andrianov, Y. V. Volgin, V. A. Sazonova, *J. Organomet. Chem.* **1977**, *137*, 217-221; (b) A. N. Nesmeyanov, E. G. Perevalova, K. I. Grandberg, D. A. Lemenovskii, T. V. Baukova, O. B. Afanassova, *J. Organomet. Chem.* **1974**, *65*, 131-144; (c) A. N. Nesmeyanov, N. N. Sedova, Y. T. Struchkov, V. G. Andrianov, E. N. Stakheeva, V. A. Sazonova, *J. Organomet. Chem.* **1978**, *153*, 115-122.

[172]   (a) J. Silver, *J. Chem. Soc., Dalton Trans.* **1990**, 3513-3516; (b) R. M. G. Roberts, J. Silver, I. E. G. Morrison, *J. Organomet. Chem.* **1981**, *209*, 385-391.

[173]   (a) K. Jess, D. Baabe, T. Bannenberg, K. Brandhorst, M. Freytag, P. G. Jones, M. Tamm, *Inorg. Chem.* **2015**, *54*, 12032-12045; (b) A. G. Green, M. D. Kiesz, J. V. Oria, A. G. Elliott, A. K. Buechler, J. Hohenberger, K. Meyer, J. I. Zink, P. L. Diaconescu, *Inorg. Chem.* **2013**, *52*, 5603-5610.

[174]   M. Halim, R. D. Kennedy, M. Suzuki, S. I. Khan, P. L. Diaconescu, Y. Rubin, *J. Am. Chem. Soc.* **2011**, *133*, 6841-6851.

[175]   G. R. Fulmer, A. J. M. Miller, N. H. Sherden, H. E. Gottlieb, A. Nudelman, B. M. Stoltz, J. E. Bercaw, K. I. Goldberg, *Organometallics* **2010**, *29*, 2176-2179.

[176]   J. C. de Mello, H. F. Wittmann, R. H. Friend, *Adv. Mater.* **1997**, *9*, 230-232.

[177]   https://sphereoptics.de/product/uebersicht-diffus-reflektierende-materialien/, Zugriffsdatum: 07.04.2021.

[178]   (a) S. Ahrland, K. Dreisch, B. Norén, Å. Oskarsson, *Mater. Chem. Phys.* **1993**, *35*, 281-289; (b) C. Kaub, *Synthese multi- und heterometallischer Goldkomplexe mit Ferrocendithiocarboxylat und bipyridyl-funktionalisierten N-heterozyklischen-Carbenliganden*, **2016**, Karlsruhe Institute of Technology

[179]   J. J. Bishop, A. Davison, M. L. Katcher, D. W. Lichtenberg, R. E. Merrill, J. C. Smart, *J. Organomet. Chem.* **1971**, *27*, 241-249.

[180]   G. A. Price, A. K. Brisdon, K. R. Flower, R. G. Pritchard, P. Quayle, *Tetrahedron Lett.* **2014**, *55*, 151-154.

[181]   E. M. Meyer, S. Gambarotta, C. Floriani, A. Chiesi-Villa, C. Guastini, *Organometallics* **1989**, *8*, 1067-1079.

[182]   T. Lauterbach, M. Livendahl, A. Rosellón, P. Espinet, A. M. Echavarren, *Org. Lett.* **2010**, *12*, 3006-3009.

[183] (a) R. Usón, A. Laguna, A. Navarro, R. V. Parish, L. S. Moore, *Inorg. Chim. Acta* **1986**, *112*, 205-208; (b) K. Škoch, I. Císařová, P. Štěpnička, *Chemistry* **2015**, *21*, 15998-16004.

[184] L.-C. Liang, P.-S. Chien, J.-M. Lin, M.-H. Huang, Y.-L. Huang, J.-H. Liao, *Organometallics* **2006**, *25*, 1399-1411.

[185] (a) SHELXS-97, G. M. Sheldrick, 1997, Universität Göttingen T4 - Program for Crystal Structure Solution M4 - Citavi, access date ; (b) G. M. Sheldrick, *Acta Crystallogr., Sect. A: Found. Crystallogr.* **2008**, *64*, 112-122; (c) G. M. Sheldrick, *Acta Crystallogr., Sect. C: Struct. Chem.* **2015**, *71*, 3-8.

[186] O. V. Dolomanov, L. J. Bourhis, R. J. Gildea, J. A. K. Howard, H. Puschmann, *J. Appl. Crystallogr.* **2009**, *42*, 339-341.

[187] Diamond - Crystal and Molecular Structure Visualization, Crystal Impact - Dr. H. Putz & Dr. K. Brandenburg GbR, http://www.crystalimpact.com/diamond, access date

7   Anhang

7.1   Zusätzliche Spektren und Abbildungen

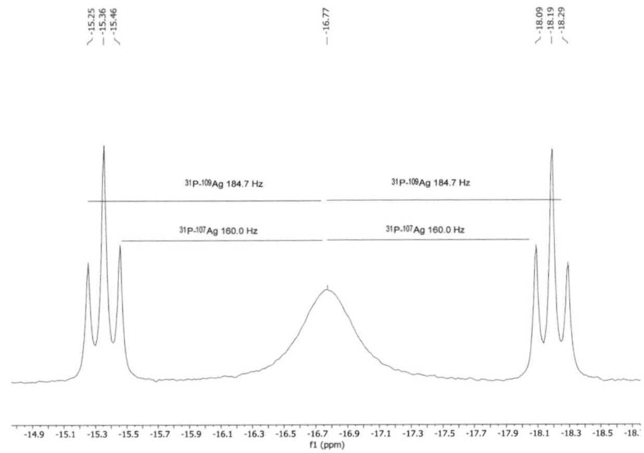

Abbildung S 7-1: $^{31}P\{^{1}H\}$-NMR-Spektrum (162 MHz, C_6D_6) von Verbindung 2.

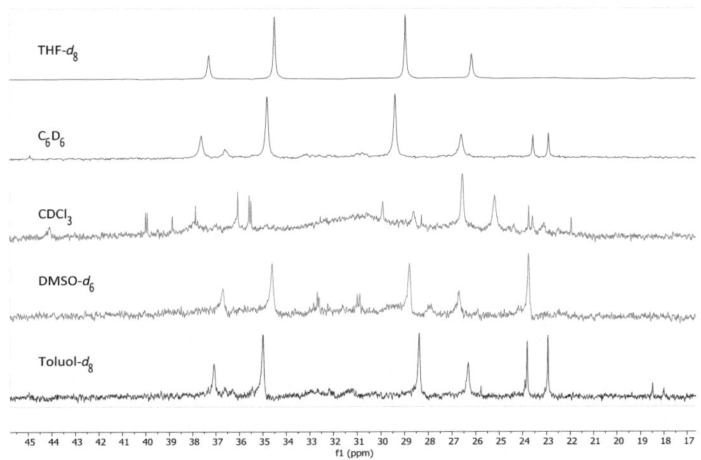

Abbildung S 7-2: $^{31}P\{^{1}H\}$-NMR-Spektrum (121 MHz, THF-d_8, C_6D_6) und $^{31}P\{^{1}H\}$-NMR-Spektrum (162 MHz, CDCl$_3$, DMSO-d_6, Toluo-d_8) von [dpfam$_2$Au$_2$] (3) aufgenommen in den angegeben Lösungsmitteln.

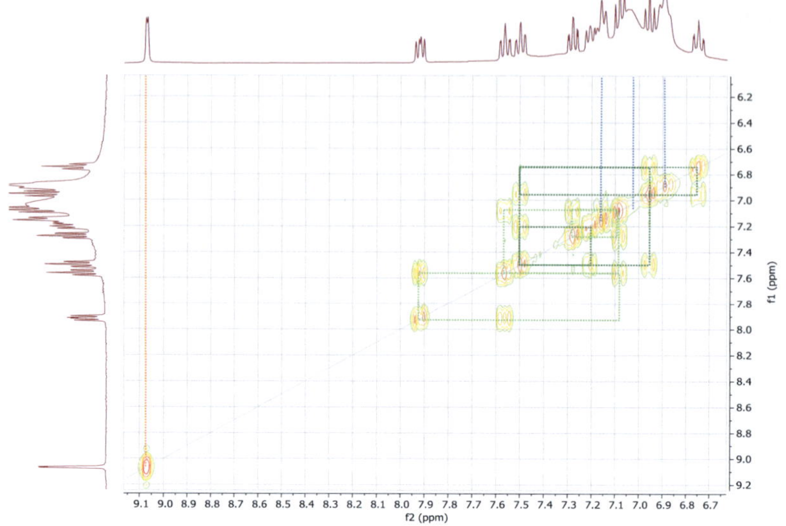

Abbildung S 7-3: COSY ^{1}H-NMR-Spektrum (400 MHz, THF-d_8) von **4a**.

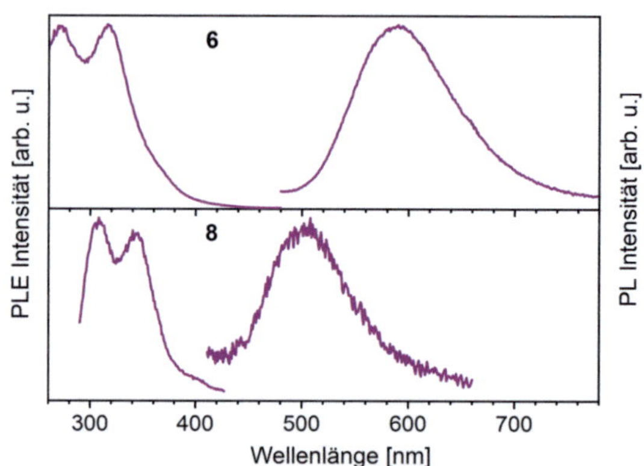

Abbildung S 7-4: Emissions- (PL) und Anregungsspektren (PLE) der vierkernigen Komplexe **6** und **8** in MeCN-Lösung bei Raumtemperatur. PL/PLE Spektren wurden bei den angegebenen Wellenlängen angeregt/aufgenommen (λ_{Exc}/λ_{Em}). **6**: λ_{Exc} = 329 nm; λ_{Em} = 590, **8**: λ_{Exc} = 340 nm, λ_{Em} = 505 nm.

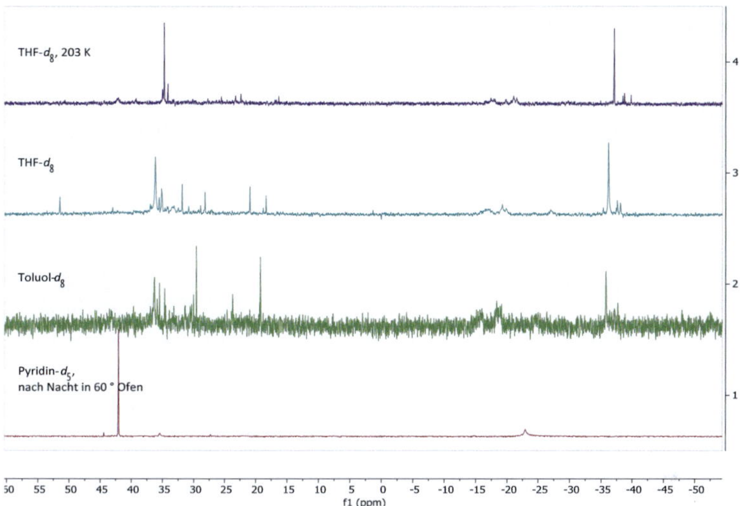

Abbildung S 7-5: $^{31}P\{^1H\}$-NMR-Spektrum (121 MHz, THF-d_8, C_6D_6), $^{31}P\{^1H\}$-NMR-Spektrum (162 MHz, Toluol-d_8) sowie $^{31}P\{^1H\}$-NMR-Spektrum (162 MHz, Pyridin-d_5) von **9**.

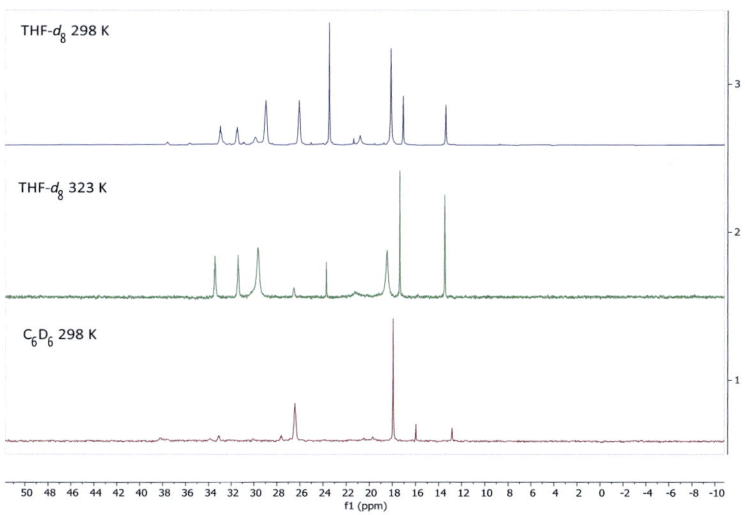

Abbildung S 7-6: $^{31}P\{^1H\}$-NMR-Spektrum (121 MHz, THF-d_8) bei 298 K und 323 K sowie $^{31}P\{^1H\}$-NMR-Spektrum (121 MHz, C_6D_6) von **11** bei 298 K.

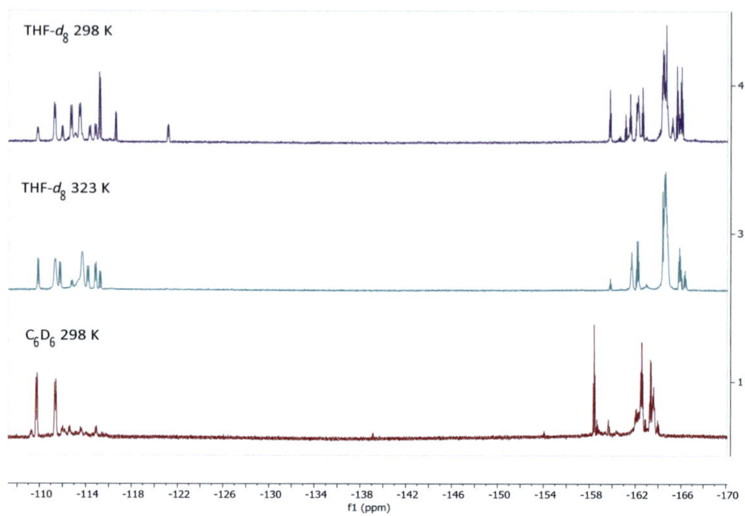

Abbildung S 7-7: ^{19}F{^{1}H}-NMR-Spektrum (282 MHz, THF-d_8) bei 298 K und 323 K sowie ^{19}F{^{1}H}-NMR-Spektrum (282 MHz, C$_6$D$_6$) von **11** bei 298 K.

Verbindung	n	Cu	Ag	Au	AuCu	AuAg	d(M-M)	α	MM'	QY [%]	λEm(max) [nm]	τ(max)
1	2	1	0	0	0	0	3.628		0	1	530	610
2	2	0	1	0	0	0	3.435		0	1	515	11900
3	2	0	0	1	0	0			0	1	490	1200
4	3	1	0	0	0	0	2.689	117.84	0	1	500	840
4a	3	1	0	0	0	0	2.566	122.07	0	1	500	140
5	3	0	1	0	0	0	2.894	133.86	0	1	460	690
6	4	1	0	1	1	0	2.744	121.92	1	55	530	440
7	4	0	1	1	0	1	2.837	119.42	1	7	430	390
8	4	0	0	1	0	0	2.814	131.63	0	32	490	520
9	4	1	0	1	1	0	2.895	111.62	1	23	620	310
10	4	0	1	1	0	1	2.938	102.17	1	7	480	840
11	6	0	0	1	0	0	2.9616	103.118	0	8	465	930

	n	Cu	Ag	Au	AuCu	AuAg	d(M-M)	α	MM'	QY	λEm(max)	τ(max)
n	1											
Cu	-0.2	1										
Ag	-0.1	-0.6	1									
Au	0.6	-0.3	-0.1	1								
AuCu	0.2	0.5	-0.3	0.4	1							
AuAg	0.2	-0.4	0.6	0.4	-0.2	1						
d(M-M)	-0.5	-0.1	0.2	-0.3	-0.2	-0.1	1					
α	-0.6	0.0	0.0	-0.4	-0.1	-0.4	-0.4	1				
MM'	0.4	0.1	0.3	0.6	0.6	0.6	-0.2	-0.4	1			
QY	0.4	0.2	-0.3	0.5	0.8	-0.1	-0.3	0.2	0.5	1		
λEm(max)	-0.2	0.7	-0.5	0.0	0.7	-0.5	0.2	-0.1	0.2	0.3	1	
τ(max)	-0.4	-0.3	0.4	-0.3	-0.2	-0.1	0.5	-0.4	-0.2	-0.2	0.1	1

Tabelle S 7-1: Oben: Werte für die Korrelationsmatrix für die Verbindungen **1-11**. Unten: Korrelationsmatrix mit farbig markierten Korrelationsfaktoren.

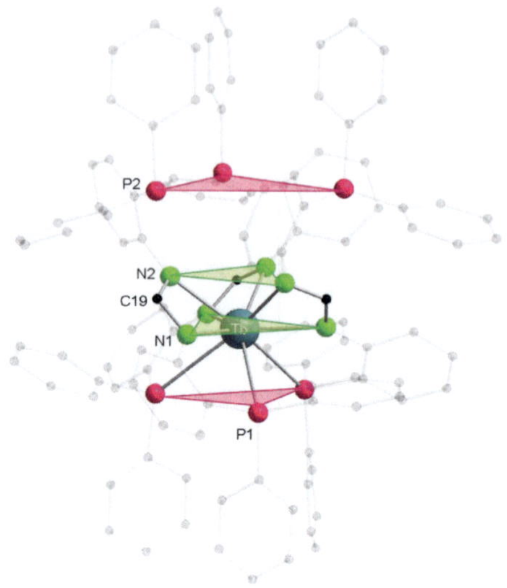

Abbildung S 7-8: Darstellung der Anordnung der koordinierenden Atome in zueinander parallelen Ebenen in Verbindung **12**.

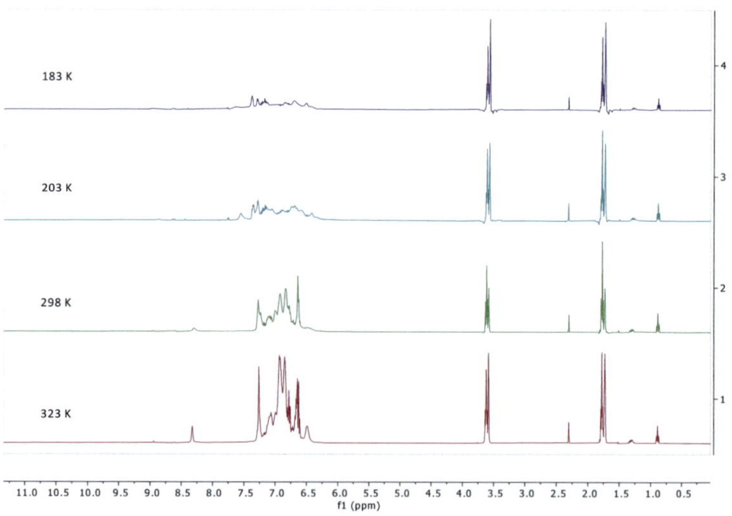

Abbildung S 7-9: ^{1}H-NMR-Spektrum (162 MHz, THF-d_8) von **15** aufgenommen bei verschiedenen Temperaturen.

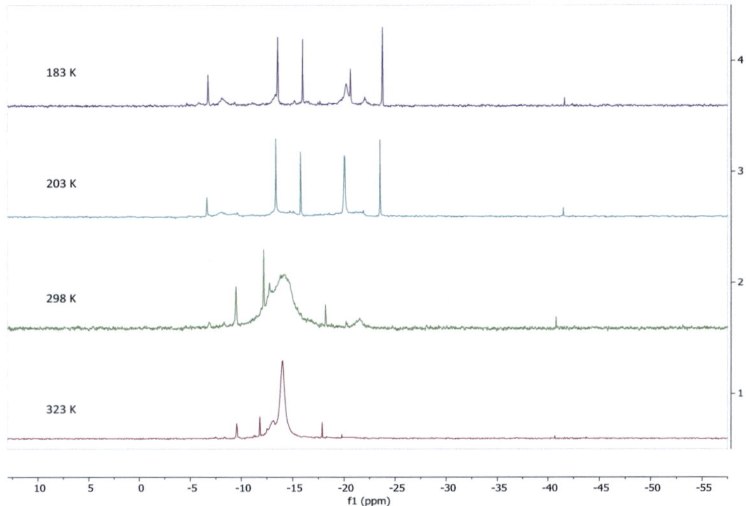

Abbildung S 7-10: $^{31}P\{^1H\}$-NMR-Spektren (162 MHz, THF-d_8) von **15** aufgenommen bei verschiedenen Temperaturen.

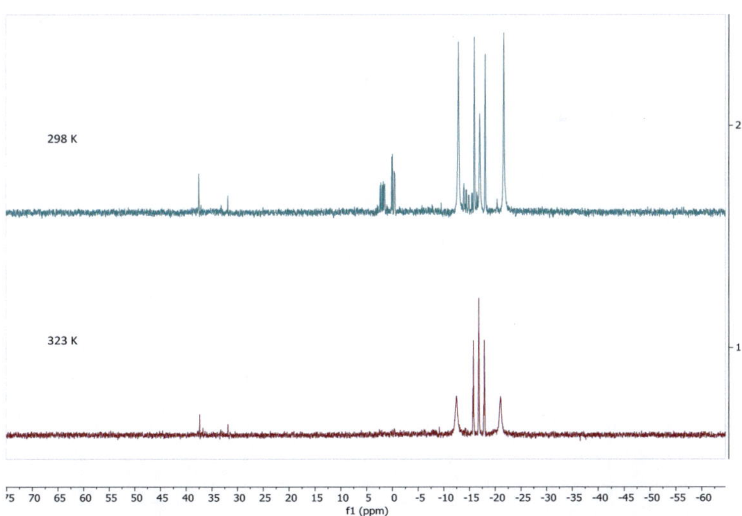

Abbildung S 7-11: $^{31}P\{^1H\}$-NMR-Spektren (162 MHz, THF-d_8) von **18** aufgenommen bei verschiedenen Temperaturen.

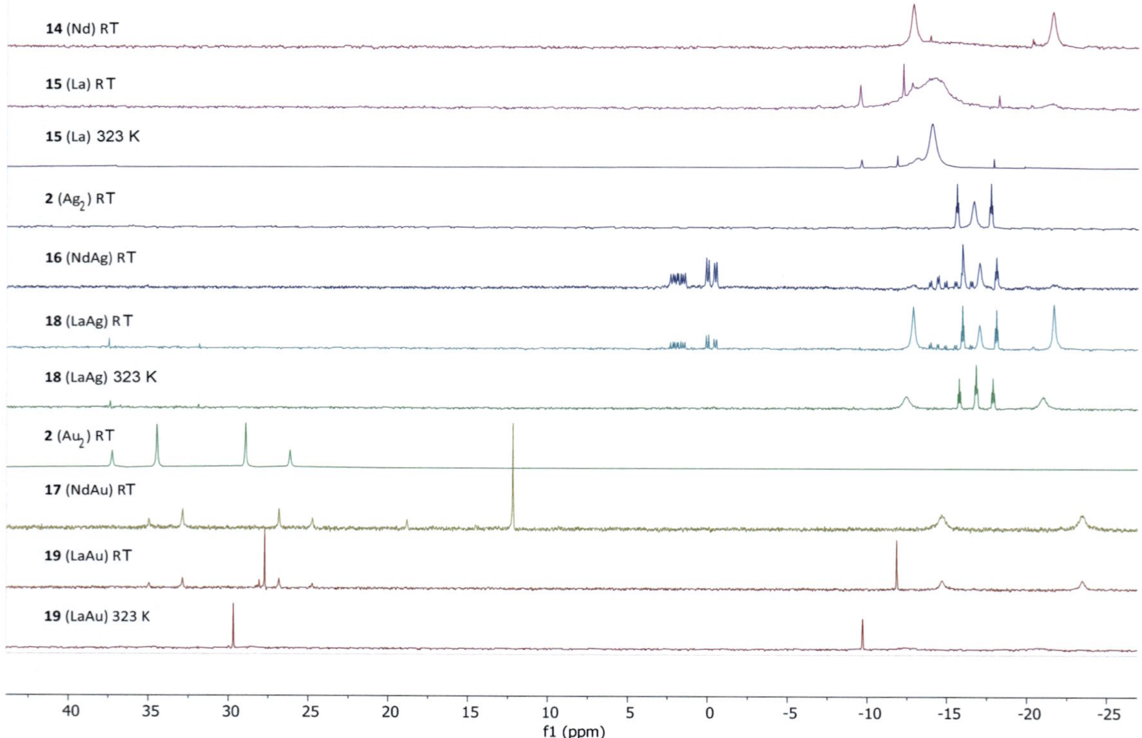

Abbildung S 7-12: $^{31}P\{^{1}H\}$-NMR-Spektren der Verbindungen aus Kapitel 3.2 sowie die der bimetallischen Verbindungen **2** und **3** zum Vergleich.

Tabelle S 7-2: Abklingkurven der Emission der Komplexe **14-19** sowie von Kdpfam und die entsprechend angepassten Exponentialfunktionen.

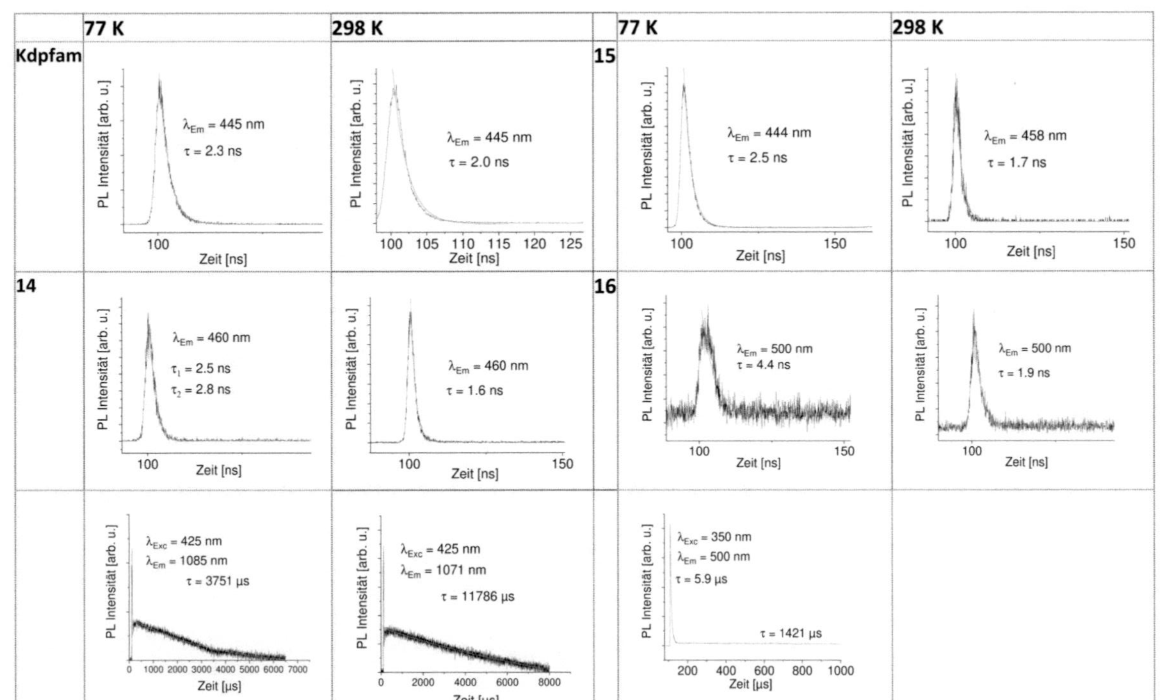

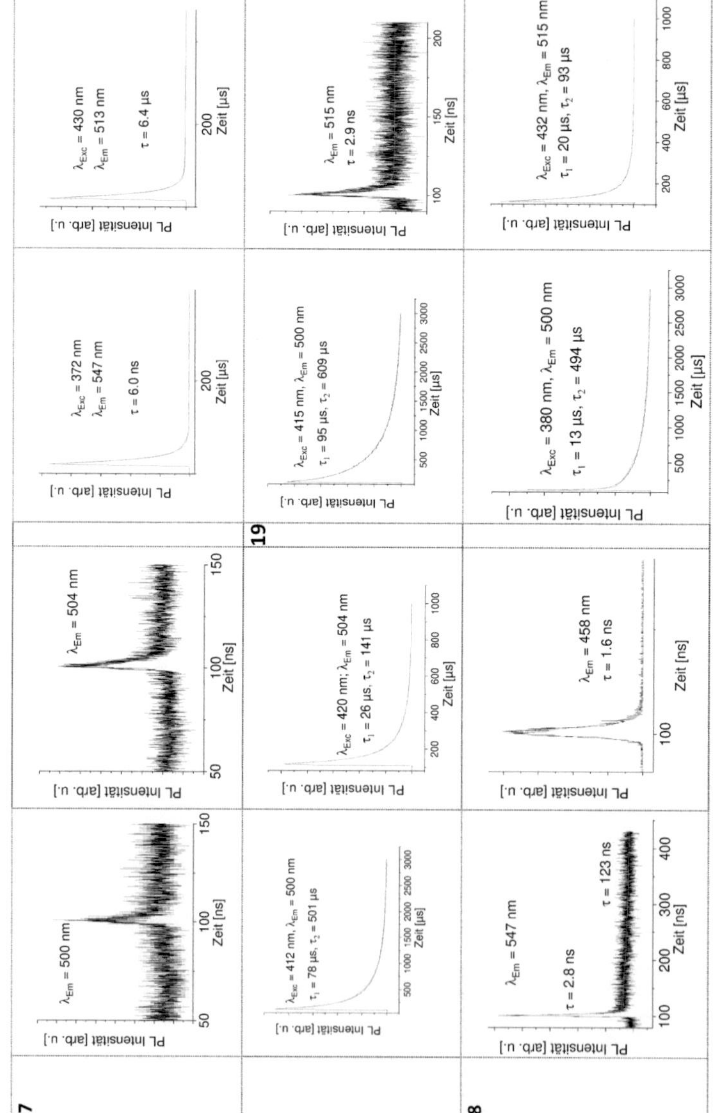

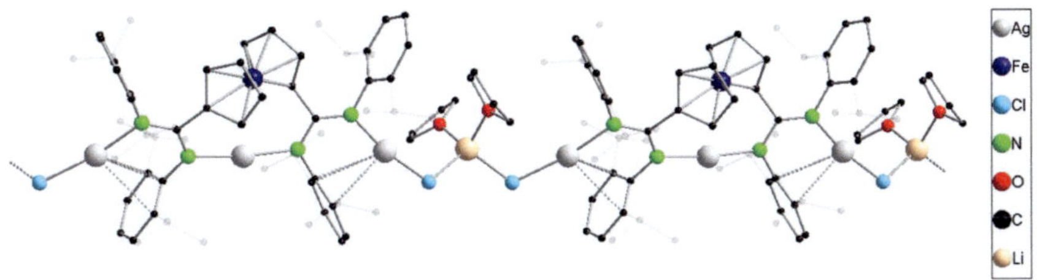

Abbildung S 7-13: Molekülstruktur von **23a** im Festkörper. Nicht koordinierendes Lösungsmittel und Protonen sind der Übersichtlichkeit wegen nicht abgebildet.

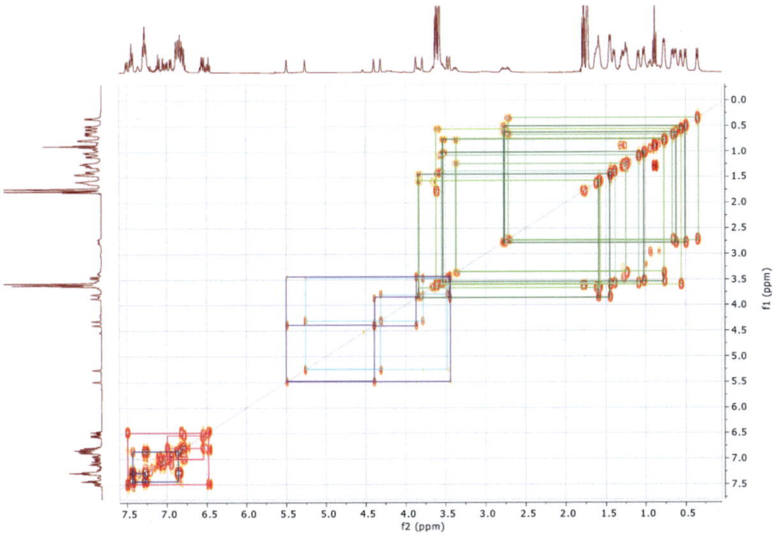

Abbildung S 7-14: ^{1}H-COSY-NMR-Spektrum (223 K, 400 MHz, THF-d_8) von [Fc(NCN^{DIPP})$_2$Cu(CuPPh$_3$)] (**24**).

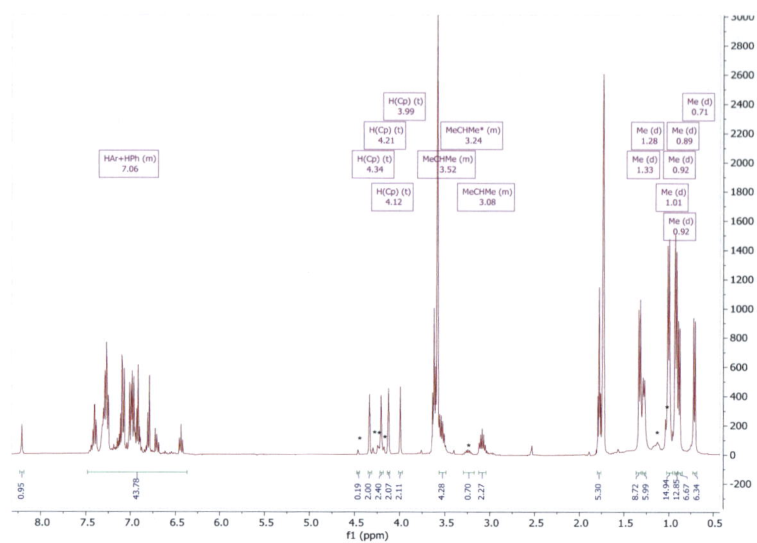

Abbildung S 7-15: ^{1}H-NMR-Spektrum (400-MHz, THF-d_8) von **25**. Die vermuteten Resonanzen des Nebenprodukts/Zerfallprodukts sind mit * gekennzeichnet.

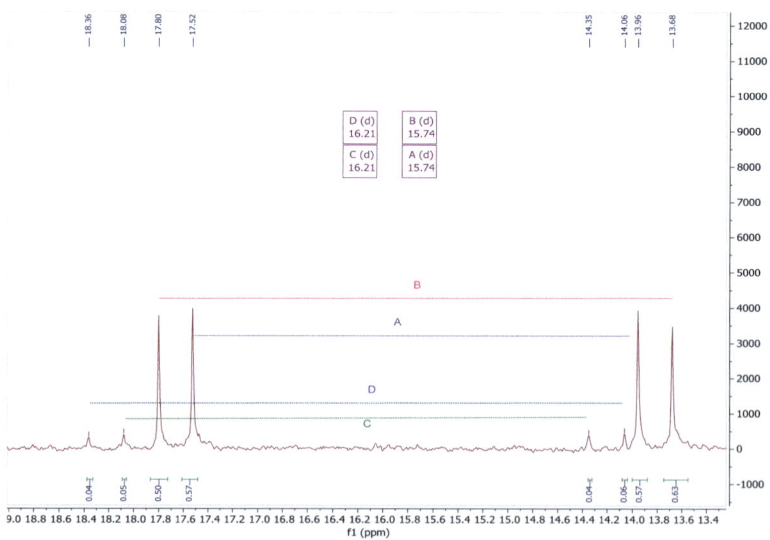

Abbildung S 7-16: ^{31}P{^{1}H}-NMR-Spektrum (162 MHz, THF-d_8) von [Fc(NCN^{DIPP}AgPPh$_3$)$_2$] (**25**).

7.2 Abkürzungsverzeichnis

Å	Ångström		FT	Fourier Transformation
AK	Arbeitskreis		g	Gramm
C	Grad Celsius		h	Hour(s)/Stunden
Abb.	Abbildung		HOMO	Höchstes besetztes Molekülorbital, engl.: highest occupied molecule orbital
AK	Arbeitskreis			
ATR	Attenuated total reflection		HSAB	Harte und weiche Säuren und Basen, engl. hard and soft acids and bases
Äq.	Äquivalent(e)			
arb. u.	willkürliche Einheit, engl. arbitrary unit.		Hz	Hertz
			IR	Infrarot
bs	Breites Singulet (NMR)		K	Kelvin
calc.	berechnet (engl. calculated)		kat.	Katalytisch
CAAC	Zyklisches Alkylaminocarben, engl. cyclic alkyl amino carbene		LMCT	Ligand zu Metall Ladungsübertrag, engl. ligand to metal charge transer
cm^{-1}	reziproke Zentimeter		LMMCT	Ligand zu Metall zu Metall Ladungsübertrag, engl. ligand to metal to metal charge transer; Deutsch:
d	Dublett (NMR); Tage, *engl.* days			
DCM	Dichlormethan			
DIPP	2,6-Diisopropylphenyl		mbar	Millibar
DMSO	Dimethylsulfoxid		mg	Milligramm
EA	Elementaranalyse		MHz	Megahertz
engl.	Englisch		min	Minute(n)
ESI	Elektronensprayionisierung		μL	Microliter
et al.	und Mitarbeiter		mL	Milliliter
evtl.	eventuell		MLCT	Metall zu Ligand Ladungsübertrag, engl. metal to ligand charge transfer
exp.	experimentell			
Fc	Ferrocenyl		MS	Massenspektrometrie

*n*Buli	*n*-Butyllithium
ns	Nanosekunden
NMR	Kernspinresonanz, engl. nuclear magnetic resonance
OH	Hydroxy
OLED	Organische Leuchtdiode, engl. organic light emitting diode
OTf	Triflat (Trifluoromethylsulfonat)
p.a.	pro analysis
Ph	Phenyl
PL	Photolumineszenz
PLE	Photolumineszenzanregung, engl. photluminescence excitation
ppm	Parts per million
PTFE	Polytetrafluoroethylen
q	Quartett (NMR)
R	Rest
RT	Raumtemperatur
s	Singulett (NMR); stark (IR)
t	Triplett (NMR)
T	Transmission (IR), Tesla (Einheit)
THF	Tetrahydrofuran
THT	Tetrahydrothiophen
TMEDA	N,N,N',N'-Tetramethyethylendiamin
UV	Ultraviolett
V	Volt
v. a.	vor allem
vs.	versus
vs	Sehr stark, engl. very strong (IR)
VT	Variable temperature, engl. veränderliche Temperatur
vw	Sehr schwach, engl. very weak (IR)
w	Schwach, engl. weak (IR)
X-ray	Röntgenstrahlung
XRD	Röntgenbeugung, engl. X-ray diffraction
τ	Griechischer Buchstabe „tau" verwendet für Lebensdauer

8   Persönliche Angaben

8.1   Lebenslauf

Name: Milena Dahlen

Geburtsdatum: 30.06.1993

Geburtsort: Karlsruhe

Familienstand: ledig

Schulbindung:

1999–2003   Hans-Thoma Grundschule, Ettlingen Spessart

2003–2012   Eichendorffgymnasium Ettlingen

2012   Schulabschluss: Abitur (Allgemeine Hochschulreife)

Studium:

10/2012–10/2017   Bachelor- und Masterstudium Chemie, Karlsruher Institut für Technologie (KIT)

07/2015   Abschluss: Bachelor of Science (B.Sc.)

07–12/2015   Forschungspraktikum an der Queensland University of Technology (QUT), Brisbane, Australien. Betreuer: Dr. James Blinco und Prof. Dr. Christopher Barner-Kowollik

10/2017   Abschluss: Master of Science (M.Sc.) (mit Auszeichnung)

Seit 01/2018   Promotion und wissenschaftliche Angestellte am Institut für Anorganische Chemie (KIT), Arbeitskreis Prof. Dr. Peter W. Roesky; Assistentin im anorganisch-chemischen Fortgeschrittenenpraktikum

Stipendien:

06/2014–04/2021   e-fellows.net

07/2015–12/2015   DAAD: PROMOS Stipendium

01/2019–12/2020   Graduiertenförderung (Kekulé Stipendium) des Fonds der Chemischen Industrie (FCI)

8.2 Publikationen und Konferenzbesuche

Publikationen:

1. R. Yadav, <u>M. Dahlen</u>, A. K. Singh, X. Sun, M. T. Gamer, P. W. Roesky, *Dalton Trans.* **2021**, *50*, 8558-8566.

   Nonanuclear Zinc-Gold [Zn_3Au_6] Heterobimetallic Complexes.

2. <u>M. Dahlen</u>,* N. Reinfandt,* C. Jin, M. T. Gamer, K. Fink, P. W. Roesky, *Chem. Eur. J.* **2021**, https://doi.org/10.1002/chem.202102430. Akzeptiertes Manuskript.[#]

   Heterobimetallic Lanthanide-coinage Metal Compounds Featuring Possible Metal-metal Interactions in the Excited State.

3. <u>M. Dahlen</u>, M. Kehry, S. Lebedkin, M. M. Kappes, W. Klopper, P. W. Roesky, *Dalton Trans.* **2021**, *50*, 13412-13420.[#]

   Bi- and trinuclear coinage metal complexes of a PNNP ligand featuring metallophilic interactions and an unusual charge separation.

4. <u>M. Dahlen</u>, E. H. Hollesen, M. Kehry, M. T. Gamer, S. Lebedkin, D. Schooss, M. M. Kappes, W. Klopper, P. W. Roesky, *Angew. Chem., Int. Ed.* **2021**, *60*, 23365-23372.[$]

   Bright luminescence in three phases – A combined synthetic, spectroscopic and theoretical approach.

[*]   Beide Autoren haben zu gleichen Teilen zur Publikation beigetragen.

[#]   Das Manuskript war zum Zeitpunkt der Abgabe in Bearbeitung.

[$]   Das Manuskript war zum Zeitpunkt der Abgabe eingereicht.

Konferenzbesuche:

11.-12.10.2018	3MET Conference
	Karlsruher Institut für Technologie
03.-05.03.2019	15. Koordinationschemietreffen
	Ludwig-Maximilians-Universität München

Danksagung

Viele Menschen habe in verschiedenster Art und Weise zum Gelingen dieser Arbeit beigetragen, dafür möchte ich mich an dieser Stelle bedanken.

Zunächst möchte ich mich bei meinem Doktorvater Peter Roesky bedanken: Danke für die Aufnahme in den Arbeitskreis, die angenehme Arbeitsatmosphäre und Ihr Vertrauen in meine Forschung und die stete Freiheit, eigene Ideen umzusetzen.

Danke an Michael Gamer, für die ganzen Gespräche und deine Mühen mit meinen Kristallstrukturen – sorry, wenn du darüber ein paar (mehr) graue Haare bekommen hast.

Vielen Dank auch an die unverzichtbaren guten Seelen Monika Kayas und Angie Pendl im Sekretariat. Danke für Ihre tolle Arbeit, die Schokolade und den Kaffee, wenn die Maschine mal wieder gestreikt hat.

Vielen Dank an Helga Berberich für die ganzen NMR Messungen und die Mühe, das Beste aus den Spektren zu holen. Danke an Thomas Simler für die Beantwortung meiner vielen Fragen rund um die NMR Spektroskopie. Danke auch an Sibylle Schneider für die ganzen Kristallstrukturen und das Bestreben, immer die schönsten Kristalle zu fischen und selbst aus den gruseligsten Kruschtelkristallen noch eine Bild zu zaubern.

Danke an alle Kooperationspartner des AK Klopper, AK Kappes und AK Fink für die hervorragende Arbeit und die angenehme Kooperation. Ein besonderer Dank geht an Max Kehry, Eike Hollesen sowie an Sergei Lebedkin und Juana Vásquez Quesada.

Danke an meine Vertieferstudentin Michelle Kaiser und meinen Bachelorstudenten Luis Santos Correa für die gute Zusammenarbeit.

Danke an Kalam Munshi für seine Gasbläserarbeiten, an Gabi Leichle für die Betreuung der Chemikalienausgabe und Thomas Schmitt für diverse Reparaturen elektrischer Geräte. Danke auch allen MitarbeiternInnen der Werkstatt, insbesondere Werner Kastner für die Zusammenarbeit bei der Fertigung der Ulbrichtkugel.

Danke an alle derzeitigen und ehemaligen Mitglieder des AK Roesky und AK Breher für die Gespräche, die Kaffeepausen und die tolle Gemeinschaft. Danke insbesondere an Ravi Yadav und Luca Münzfeld für die gelungenen und spannenden Kooperationen. Ein ganz besonderes

Dankeschön außerdem an Niklas Reinfandt: Unsere Wege sind irgendwie die ganze Zeit parallel gelaufen und dann haben wir noch hübsche Chemie zusammen gemacht – mit natürlich den allerschönsten Kristallklunkern überhaupt. Schönheit liegt ja immerhin im Auge des Betrachters. ;) Danke für die schöne Zusammenarbeit, die vielen Kaffees und deine Freundschaft.

Außerdem möchte ich mich bei meinen langjährigen tollen Laborpartnern Thorben Schon und besonders Sebastian Kaufmann bedanken: Danke, dass ihr mich in euer pfälzisches Männerlabor aufgenommen habt, für eure Unterstützung und für die angenehme Arbeitsatmosphäre. Und danke, dass ich die Macht über die Musik haben durfte!! – und vor allem, dass ihr sie ausgehalten und gar geduldet habt. Wie ihr das fertig gebracht habt, bleibt mir ein Rätsel. Aber ihr hattet ja auch ein Vetorecht. :D Im Gegenzug hast du, Sebastian, meinen musikalischen Horizont auch hin und wieder erweitert. Vielen Dank für die schöne Zeit!

Vielen Dank dem Fonds der Chemischen Industrie für die finanzielle Förderung dieser Promotion. Ein weiterer Dank geht an e-fellow.net für die ideelle Förderung seit dem Studium.

Danke auch an dich, liebe Kaffeemaschine, für dein Durchhaltevermögen und den fast immer exzellenten Kaffee (allerdings erst seit du ein Vollautomat bist).

Danke an meine engsten Freundinnen Karo und Tami! Ihr seid schon so lange Bestandteil meines Lebens, dass ich mich an keine Zeit davor erinnern kann.

Danke an Tim Seifert, für deine Unterstützung und mehr, als ich jemals aufzählen könnte.

Danke an meine Familie, für eure Unterstützung, den Rückhalt und alles, was ihr mir ermöglicht habt! Diese Arbeit ist für euch.